高等学校公共基础课系列教材

计算机工程训练与创新实践

(Windows 10 + Office 2016)

主　编　袁　煜　帅剑平　韦绍杰

副主编　周信东　汪　瑾　钟　思

西安电子科技大学出版社

内 容 简 介

本书以培养学生的计算机核心素养为目的，以全新的视角来讲解计算机相关基础知识，以案例驱动的方式来锻炼学生的计算机操作能力。全书共分为三大部分：第一部分为基础理论，主要介绍计算机基础知识及各部分的学习要点与难点；第二部分为常见软件应用，主要介绍计算机常用软件的使用方法；第三部分为编程语言(以 Python 为例)，主要用于提升学生的计算思维能力。每章均配有应用示例和习题，通过示例可引导学生快速掌握各章的要点和操作方法，通过习题可使学生自行检验学习效果。

本书可作为各类院校不同专业的计算机基础课程的教材，也可作为计算机初学者自学的参考书。

图书在版编目(CIP)数据

计算机工程训练与创新实践：Windows 10 + Office 2016 / 袁煜，帅剑平，韦绍杰主编.
—西安：西安电子科技大学出版社，2021.8(2022.7 重印)
ISBN 978-7-5606-6181-0

Ⅰ.①计… Ⅱ.①袁… ②师… ③韦… Ⅲ.①Windows 操作系统 ②办公自动化—应用软件 Ⅳ.①TP316.7 ②TP317.1

中国版本图书馆 CIP 数据核字(2021)第 164285 号

策　　划　陈　婷
责任编辑　陈　婷
出版发行　西安电子科技大学出版社(西安市太白南路 2 号)
电　　话　(029)88202421　88201467　　　　邮　编　710071
网　　址　www.xduph.com　　　电子邮箱　xdupfxb001@163.com
经　　销　新华书店
印刷单位　陕西天意印务有限责任公司
版　　次　2021 年 8 月第 1 版　2022 年 7 月第 3 次印刷
开　　本　787 毫米×1092 毫米　1/16　印 张　22
字　　数　522 千字
印　　数　1801～4800 册
定　　价　49.00 元

ISBN 978-7-5606-6181-0/TP

XDUP 6483001-3
如有印装问题可调换

前　言

21 世纪，发展最快且对人类生活影响最大的学科无疑是计算机科学与信息技术，其应用已经渗透到社会生活的各个方面，成为推动社会进步的重要引擎。

作为高等学校大学计算机基础课程体系的一部分，本书融理论与实践为一体，创新性地将工程认证中的认证点与计算机学科基础知识相结合，通过灵活的案例数据和案例教学方法以及理论知识与课内实践交互进行的方式，提升学生解决实际问题的能力。

全书分为三部分。第一部分为基础理论，包括计算机信息数字化基础、计算机软件和计算机网络；第二部分为常见软件应用，包括常用工具软件、商务文档处理和数据分析基础；第三部分为编程语言(以 Python 为例)。之所以选择 Python 作为实践语言，主要是因为该语言入门相对容易，有大量的配套库，即使没有程序设计的经验，也可以方便地利用计算机解决一些实际问题。

本书涉及计算机领域多个环节的相关知识，对培养学生主动思考、主动实践的研究能力和创新意识，使学生形成理论联系实际的工程观点，提高学生独立解决工程问题的能力等均有积极的促进作用。

本书凝聚了桂林电子科技大学多位从事计算机基础教学的老师的辛勤汗水，书中介绍的案例或方法都是由几位老师从多年的实践教学中提炼得来的，绝大多数的知识、案例、方法都经过了考证或实验验证。本书第一章、第二章由袁煜编写，第三、六章由帅剑平编写，第四、五章由周信东编写，第七章由韦绍杰编写，附录资料及电子资源的收集和整理由汪瑾、钟思完成。全书由袁煜统稿。

由于作者水平有限，书中不当之处在所难免，恳请读者批评指正。

编　者

2021 年 6 月于桂林电子科技大学

目 录

第一部分 基 础 理 论

第二部分 常见软件应用

第三部分 编程语言(以 Python 为例)

第一部分 基础理论

第一章　计算机信息数字化基础

1.1　计算机发展简史

计算机(Computer)俗称电脑，是一种用于高速计算的电子机器，它可以进行数值计算，也可以进行逻辑计算，并具有存储记忆功能。计算机也是一种能够按照程序运行，能够自动、高速处理海量数据的现代化智能电子设备。计算机由硬件系统和软件系统组成，没有安装任何软件的计算机称为裸机。

计算机是 20 世纪最先进的科学技术发明之一，它对人类的生产活动和社会活动产生了极其重要的影响，并仍以强大的生命力飞速发展。它的应用领域从最初的军事科研扩展到社会的各个领域，并已形成了规模巨大的计算机产业，带动了全球范围的技术进步，推动引发了深刻的社会变革。如今，计算机已成为信息社会必不可少的工具。

计算工具的演化经历了由简单到复杂、从低级到高级的不同阶段，即从"结绳记事"中的绳结到算筹、算盘、计算尺再到机械计算机等。它们在不同的历史时期发挥了各自的历史作用，同时也启发了电子计算机的研制和设计思路。

1.1.1　机械计算机

第一台真正的计算机是著名科学家帕斯卡(B.Pascal)于 1642 年发明的机械计算机。

帕斯卡的计算机是一种由系列齿轮组成的装置，外形像一个长方盒子，旋紧发条后才能转动，并且只能做加法和减法。为了解决"逢十进一"的进位问题，帕斯卡采用了一种棘轮装置，当定位齿轮朝 9 转动时，棘爪便逐渐升高，一旦齿轮转到 0，棘爪就跌落下来，推动十位数的齿轮前进一档。

1674 年，以独立发明微积分著称的德国科学家莱布尼茨(Leibniz)改进了帕斯卡的计算机，使之能进行乘法运算，成为一种能够进行连续运算的机器，并首次提出"二进制"数的概念。

1834 年，英国科学家巴贝其(Babbage)提出了分析机的概念，分析机分为三个部分：堆栈、运算器、控制器，图 1-1 为分析机部分组件的实验模型，由巴贝其自制，现藏于伦敦科学博物馆。巴贝其及其助手阿达·洛芙莱斯(Ada Lovelace)为分析机编制了人类历史上第一批计算机程序。他们对计算机的预见起码超前了一个世纪以上，正是他们的辛勤努力，为后来计算机的出现奠定了坚实的基础，并为计算机的发展建立了不朽的功勋。

之后，随着工艺的改进和计算机理论知识体系的发展，西方各国政府和军队都在采购机械计算机，机械计算机的发展在 19 世纪末达到顶峰。

图 1-1　分析机部分组件的实验模型

1.1.2　电子计算机的诞生与发展

1895 年，英国青年工程师弗莱明(J.Fleming)发明了人类第一只电子管。

1930 年，美国科学家范内瓦·布什(Vannevar Bush)造出世界上首台模拟电子计算机。

1946 年 2 月 14 日，由美国军方定制的世界上第一台电子计算机"电子数字积分计算机"(Electronic Numerical Integrator And Calculator，ENIAC)在美国宾夕法尼亚大学问世。ENIAC(埃尼阿克)是美国阿伯丁武器试验场为了满足计算弹道需要而研制的，这台计算机使用了 17 840 支电子管，占地面积约为 170 平方米，重达 30 吨，功耗为 174 千瓦，其运算速度为每秒 5000 次加法运算，造价约为 45 万美元。ENIAC 的问世具有划时代的意义，标志着电子计算机时代的到来。在以后的 60 多年里，计算机技术以惊人的速度发展，其性能价格比甚至在近 30 年内增长了 6 个数量级。

电子计算机的发展经历了以下四代：

第 1 代：电子管数字计算机(1946—1958 年)

· 硬件方面：逻辑元件采用的是真空电子管，主存储器采用汞延迟线、阴极射线示波管静电存储器、磁鼓、磁芯；外存储器采用的是磁带。

· 软件方面：采用的是机器语言、汇编语言。

· 应用领域：以军事和科学计算为主。

· 缺点：体积大、功耗高、可靠性差、速度慢(一般为每秒数千次至数万次)、价格昂贵，但为以后的计算机发展奠定了基础。

第 2 代：晶体管数字计算机(1958—1964 年)

· 硬件方面：采用晶体管制作基本逻辑部件，体积减小，重量减轻，能耗降低，成本下降，计算机的可靠性和运算速度均得到提高，同时开始普遍采用磁芯作为内存储器(或称为核心存储器)，采用磁盘/磁鼓作为外存储器，存储空间逐渐增大。

· 软件方面：操作系统、高级语言及其编译程序应用领域以科学计算和事务处理为主，并开始进入工业控制领域。

- 特点：体积缩小、能耗降低、可靠性提高、运算速度提高(一般为每秒数十万次，最高可达每秒 300 万次)、性能比第 1 代计算机有了很大的提高。

晶体管数字计算机如图 1-2 所示。

图 1-2　晶体管数字计算机

第 3 代：集成电路数字计算机(1964—1970 年)

- 硬件方面：逻辑元件采用中、小规模集成电路(MSI、SSI)，主存储器仍采用磁芯。
- 软件方面：出现了分时操作系统以及结构化、规模化程序设计方法。
- 特点：速度更快(一般为每秒数百万次至数千万次)，可靠性有了显著提高，价格进一步下降，产品走向了通用化、系列化和标准化等。
- 应用领域：开始进入文字处理和图形图像处理领域。

第 4 代：大规模及超大规模集成电路计算机(1970 年至今)

- 硬件方面：逻辑元件采用大规模和超大规模集成电路(LSI 和 VLSI)。
- 软件方面：出现了数据库管理系统、网络管理系统和面向对象语言等。

超大规模集成电路计算机如图 1-3 所示。

图 1-3　超大规模集成电路计算机

1971 年，世界上第一台微处理器在美国硅谷诞生，开创了微型计算机的新时代，计算机应用领域从科学计算、事务管理、过程控制逐步走向家庭。

由于集成技术的发展，半导体芯片的集成度更高，每块芯片可容纳数万乃至数千万个晶体管，并且可以把运算器和控制器都集中在一个芯片上，从而出现了微处理器，并且可以用微处理器和大规模、超大规模集成电路组装成微型计算机，就是我们常说的微电脑或个人计算机(PC)。微型计算机体积小，价格便宜，使用方便，但它的功能和运算速度已经达到甚至超过了过去的大型计算机。此外，利用大规模、超大规模集成电路制造的各种逻辑芯片，已经制成体积并不很大，但运算速度可达每秒一亿甚至几十亿次的巨型计算机。

1.1.3　未来计算机的发展与展望

高速、节能、智能以及无处不在是未来计算机的重要特征。

未来计算机将是具有人工智能的新一代计算机，它具有推理、联想、判断、决策、学习等功能，它将计算机、网络、通信技术三位一体化，把人从重复、枯燥的信息处理中解脱出来，从而改变人们的工作、生活和学习方式，拓展人类和社会的生存和发展空间。

1. 高速超导计算机

高速超导计算机的耗电仅为半导体器件计算机的几千分之一，它执行一条指令只需十亿分之一秒，比半导体元件快几十倍。根据中国科学院 2017 年 11 月启动的一项计划，预计目标是最早在 2022 年建成并运行一种超导计算机的原型机，这台超导计算机的中央处理器运行频率为 770 千兆赫或更高。

2. 激光计算机

激光计算机是利用激光作为载体进行信息处理的计算机，又叫光计算机，它依靠激光束进入由反射镜和透镜组成的阵列中来对信息进行处理。该计算机于 1990 年面世。

预计在 2025 年，将开发出超级光计算机，计算速率将比普通晶体管计算机提升 1000 倍以上。光束在一般条件下互不干扰的特性，使得光计算机能够在极小的空间内开辟很多平行的信息通道，密度大得惊人。

3. 分子计算机

分子计算机目前还较多地停留在理论层次。1999 年 7 月 16 日，美国惠普公司和加州大学宣布已成功地研制出分子计算机中的逻辑门电路，其线宽只有几个原子的宽度。预测未来的分子计算机的运算速度最终将会比普通晶体管计算机快 1000 倍。

4. 量子计算机

量子力学证明，个体光子通常不相互作用，但是当它们与光学谐腔内的原子聚在一起时，相互之间会产生强烈的影响。光子的这种特性可用来发展量子力学效应的信息处理器件——光学量子逻辑门，进而制造量子计算机。量子计算机利用原子的多重自旋，可以在量子位上的 0 和 1 之间进行计算。在理论方面，量子计算机的性能超过了其他任何可以想象的计算机。

5. DNA 计算机

科学研究发现，脱氧核糖核酸(DNA)有能够携带生物体大量基因物质的特性。数学家、生物学家、化学家以及计算机专家从中得到启迪，正在合作研究制造未来的 DNA 计算机。这种 DNA 计算机的工作原理是以瞬间发生的化学反应为基础，通过和酶的相互作用，将发生过程进行分子编码，以此把二进制数翻译成遗传密码的片段，每一个片段就是著名的双螺旋结构的一个链，然后对问题以新的 DNA 编码形式加以解答。和普通的计算机相比，DNA 计算机的优点是体积小，但存储的信息量却超过现在世界上的任何计算机。

1.2 计算机系统的工作原理与硬件组成

1.2.1 图灵机(理论模型)

图灵机是由数学家艾伦·麦席森·图灵(A. M. Turing)提出的一种抽象计算模型，即将人们使用纸笔进行数学运算的过程进行抽象，由一个虚拟的机器代替人们进行数学运算(即它是假想的，不存在的)。

1. 形象化描述

图灵机可以认为是一个五元组或者七元组(五元组再增加 accept 和 reject 即接受和拒绝两种状态)。它可形式化地描述为一个五元组 $\{K, \Sigma, \delta, s, H\}$：

- K 是一个有穷个状态的集合；
- Σ 是字母表，即符号的集合 $\{0, 1, \cdots\}$；
- δ 是转移函数，即控制器的规则集合；
- $s \in K$，是初始状态；
- $H \in K$，是停机状态。

2. 基本思想

图灵机的基本思想是模拟人类用纸和笔进行数学运算的过程，如图 1-4 所示。

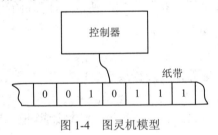

图 1-4　图灵机模型

这个过程可分为三步：

首先，有一条无限长的纸带，人的所有操作都必须在纸带上，人就代表计算机，人怎么做计算机就会怎么做。

其次，人可以把注意力从纸带上的一个地方移到另一个地方，可以在纸带上写字，也可以擦掉纸带上有的字。

最后，人怎么做取决于正在关注的纸带上某个位置的符号和人当前的思维状态。

因此，我们可以构建模型如下：

(1) 这条纸带有无限个格子，格子被编号，从 1 到无穷：每个格子上只有几个符号，这些符号来自一个有限的字母表。

(2) 一个读写头：就如同人的眼睛，每次可以读到一个小格子，并且认出来上面的字母是什么意思。同时，它有一支笔和一个橡皮，它可以写东西，也可以擦掉不想要的东西。

(3) 一套规则：有了这套规则，一切才能有条不紊地正常运行，所有操作都必须遵守规则，这样读写头就知道了自己应该怎么做，下一步去哪里。状态寄存器也听从规则命令，进入全新的状态。

(4) 状态寄存器：就像一个大脑，存储着你的状态——你的大脑现在是什么样，读写头读了什么，它都了如指掌。

1.2.2 现代计算机体系结构(冯·诺依曼结构)

现代计算机发展所遵循的基本结构形式是冯·诺依曼结构。这种结构的特点是"程序存储、共享数据、顺序执行"，方法是 CPU 从存储器取出指令和数据进行相应的计算，如图 1-5 所示。冯·诺依曼结构的主要内容是：

(1) 单处理机结构，机器以运算器为中心；

(2) 采用程序存储思想；

(3) 指令和数据一样可以参与运算；

(4) 数据以二进制表示；

(5) 将软件和硬件完全分离；

(6) 指令由操作码和操作数组成；

(7) 指令顺序执行。

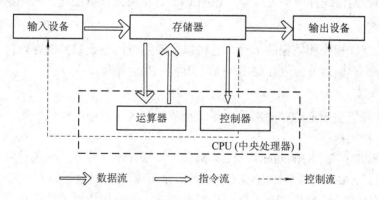

图 1-5 冯·诺依曼结构

1.2.3 计算机的硬件系统

1. 运算器

运算器是计算机中执行各种算术和逻辑运算操作的部件。运算器的基本操作包括加、减、乘、除四则运算，与、或、非、异或等，以及移位、比较和传送等逻辑操作，亦称算术逻辑部件(ALU)。

由于在计算机内各种运算均可归结为相加和移位这两个基本操作，所以运算器的核心是加法器，为了能将操作数和每次运算的中间结果暂时保存，运算器还需要若干个寄存数据的寄存器，若一个寄存器既保存本次运算的结果，又参与下次运算，那么它的内容就是多次累加的和，这样的寄存器叫累加器。

运算器的处理对象是数据，处理的数据来自存储器处理后的结果，通常送回存储器或暂存在运算器中。数据长度和表示方法对运算器的性能影响极大，字长的大小决定了计算机的运算精度，字长越长，所能处理的数的范围越大，运算精度越高，从而处理速度越快。

运算器的性能是衡量计算机性能的重要指标之一，与运算器相关的性能指标包括计算机的字长和运算速度等。

计算机每秒所能执行加法指令的数目为计算机的运算速度，常用百万次/秒来表示，这个指标能直观地反映计算机的速度。

2. 控制器

控制器是计算机的控制中枢，由它指挥全机各个部件协调动作。

控制器的基本功能是根据程序计数器中指定的地址，从内存中取出一条指令，对指令进行译码，再由操作部件有序地控制各部件完成操作码规定的功能。

控制器也记录操作中各部件的状态，使计算机能有条不紊地自动完成程序规定的任务。

从宏观上看，控制器的作用是控制计算机，使各部件协调工作；从微观上看，控制器的作用是按一定程序从内存中取出机器指令以获得执行过程中所需要的全部控制信号，这些控制信号作用于计算机的各个部件，以使其发挥某种功能从而达到执行指令的目的。因此，控制器的真正作用是控制机器指令的执行过程。

控制器由指令寄存器、指令译码器、程序计数器和操作控制器 4 个部件组成。

运算器和控制器统称中央处理器，也叫 CPU。中央处理器是计算机(电脑)的"心脏"。

3. 存储器

存储器是存储程序和数据的部件，它可以自动完成程序或数据的存取，是计算机系统中的记忆设备。存储器分为内存储器(内存)和外存储器(外存)。

1) 内存储器

内存是计算机主板上的存储部件，用于存放计算机运行中的原始数据、中间结果以及指示计算机工作的程序。

(1) 随机存取存储器(Random Access Memory，RAM)。通常所说的计算机内存容量均指 RAM 容量。RAM 有两个特点：第一个特点是可读/写性，既可以对 RAM 进行读操作，又可以进行写操作，读操作时不破坏内存已有的内容，写操作时才改变已有的内容；第二个特点是易失性，即电源断开或异常断电时，RAM 中的内容立即丢失，因此计算机每次启动时都要对 RAM 进行重新装配。

RAM 可分为静态随机存储器(Static RAM，SRAM)和动态随机存储器(Dynamic RAM，DRAM)两种，计算机内存条采用的是 DRAM。DRAM 中动态的含义是指每隔一个固定的时间段，必须对存储信息刷新一次，因为 DRAM 是用电容来存储信息的，而电容存在漏电现象，存储的信息不可能永远保持不变，为了解决这个问题就需要额外设计一个电路，对内存不断地进行刷新。DRAM 的功耗低，集成度高，成本低。

(2) 只读存储器(ROM)。CPU 对只读存储器 ROM 只取不存，ROM 里面存放的信息一般由计算机制造厂写入并经固化处理，用户是无法修改的，即使断电，ROM 中的信息也不会丢失，因此在 RAM 中一般存放计算机系统管理程序，如监控程序、基本输入/输出系统 BIOS 等。

(3) 高速缓冲存储器(Cache)。Cache 主要是为了解决 CPU 和存储器速度不匹配的情况，为提高存储器速度而设计的。Cache 一般使用 SRAM 存储芯片实现，因为 SRAM 比 RAM 速度快，但容量有限。

(4) 内存的性能指标。内存的性能指标主要有两个：容量和速度。存储容量是指一个存储器包含的存储单元总数，这一概念反映了存储空间的大小。目前常见的 DDR4 内存条存储容量一般为 8 GB、16 GB，服务器主板上的内存容量则超过 32 GB。存取速度一般用存取周期(也称读写周期)来表示。存取周期是 CPU 从内存中存取数据所需的时间，半导体存储器的存取周期一般为几纳秒到几十纳秒。

2) 外存储器

外存(简称外存储器)用来存放一些需要长期保存的程序或数据，断电后数据不会丢失，容量比较大，但存取速度慢。当计算机要执行外存里的程序或处理外存中的数据时，需要先把外存里的数据读入内存，然后中央处理器才能进行处理。当前，外存主要有硬盘、光盘和优盘。

(1) 硬盘。硬盘是微型计算机主要的外部存储设备，它由磁盘片、读写控制电路和驱动机构组成。相对其他外存，硬盘具有容量大、存取速度快的优点，操作系统、可运行的程序文件和用户的数据文件一般都保存在硬盘上。

硬盘是以坚硬金属材料制成的涂以磁性介质的盘片，不同容量硬盘的盘片数不等。每个盘片有两面，都可记录信息。盘片被分成许多扇形的区域，每个区域称为一个扇区，每个扇区可存储 128×2^{n} ($n=0$，1，2，3)字节的数据(一般为 512 B)。盘片表面上以盘片中心为圆心、不同半径的同心圆称为磁道。硬盘中不同盘片相同半径的磁道所组成的圆柱称为柱面。磁道与柱面都表示不同半径的圆，在许多场合，磁道和柱面可以互换使用。

当前还有一种固态硬盘(SSD)较为流行，与通常意义上的硬盘不同，固态硬盘作为一种存储设备，它将数据保存在闪存中，而不是硬盘驱动器之类的磁性系统。固态硬盘之所以如此命名，是因为它们不依赖于移动部件或旋转磁盘。相反，数据被保存到一组存储库中，就像可以随身携带的闪存一样。SSD 实际上就是安装在计算机/服务器内部的闪存放大版。

(2) 光盘。光盘是以光信息作为存储的载体并用来存储数据的一种设备。光盘分为不可擦写光盘(如 CD-ROM、DVD-ROM 等)和可擦写光盘(如 CD-RW、DVD-RAM 等)。光盘利用激光原理进行读、写，是迅速发展的一种辅助存储器，可以存放文字、声音、图形、图像和动画等多媒体数字信息。

(3) 优盘。优盘全称为通用串行总线(USB)闪存驱动器，英文名为"USB Flash Disk"，简称为 U 盘。它是一种使用 USB 接口的无需物理驱动器的微型高容量移动存储产品，通过 USB 接口与电脑连接实现即插即用。U 盘连接到计算机的 USB 接口后，U 盘的资料可与计算机交换。相较于其他可携式存储设备，U 盘有许多优点：占用空间小，通常操作速度较快，能存储较多数据，性能较可靠。

4．输入设备

输入设备是用来向计算机输入数据和信息的设备，其主要作用是把人们可读的信息，如命令、程序、数据、文本、图形、图像、音频和视频等转换为计算机能识别的二进制代码，并输入计算机进行处理，是人与计算机系统进行信息交换的主要装置之一，也是计算机与用户或其他设备通信的桥梁。比如说，用键盘输入信息时，敲击键盘上的键产生相应的电信号，再由电路板转换成相应的二进制代码送入计算机。

目前常用的输入设备有键盘、鼠标、触摸屏、摄像头、扫描仪、光笔、手写输入板、游戏杆、语音输入装置、传感装置等。

5．输出设备

输出设备把各种计算结果数据或信息以数字、字符、图像、声音等形式表示出来，是计算机硬件系统的终端设备。输出设备的主要功能是将计算机处理后的各种内部格式信息转化为人们能识别的文字、图形、图像和声音等信息并输出，例如在纸上打印出印刷符号的打印机，在屏幕上显示出字符图形的显示器。常用的输出设备有显示器、打印机、绘图仪、投影仪、音频输出设备、磁记录设备等。

1.3　计算机指令

指令是一组有特殊意义的二进制数，它指示计算机执行某种操作，也叫机器字或指令字，是计算机运行的最小功能单位。一台计算机所有指令的集合构成该机的指令系统，也称为指令集。指令系统是计算机硬件的语言系统，也叫机器语言。

一个指令字中包含的二进制代码位数，称为指令字长度。计算机能直接处理的二进制数据的位数称为机器字长，它决定了计算机的运算精度，机器字长通常与主存单元的位数一致。

1．基本格式

一条指令通常包括操作码和地址码两部分。

(1) 操作码(OP)：指出执行什么操作，如加、减、乘、除、存数、取数等。中央处理器(CPU)中有专门电路来解释操作码，从而执行相应的操作。3 位操作码最多可表示 8 条不同的指令。

(2) 地址码(A)：给出数据或者指令的地址。

2．指令的执行

程序员编写的代码，到底是怎样变成一条条计算机指令，最后被 CPU 执行的呢？

要让这一段代码在操作系统中运行，我们需要把整个程序翻译成汇编语言(Assembly Language)程序，这个过程叫汇编代码的编译(Compile)。

然后再用汇编器(Assembler)将汇编代码翻译成机器码(Machine Code)。这些由"0"和"1"组成的机器码就是一条条的计算机指令。这样一串串的十六进制数字，就是 CPU 能够真正认识的计算机指令，并结合传来的数据进行执行。

3．指令的分类

按照功能划分，指令一般分为如下六类：

(1) 数据处理指令，包括算术运算指令、逻辑运算指令、移位指令、比较指令等。

(2) 数据传送指令，包括寄存器之间、寄存器与主存储器之间的传送指令等。

(3) 程序控制指令，包括条件转移指令、无条件转移指令、转子程序指令等。

(4) 输入-输出指令，包括各种外围设备的读、写指令等。有的计算机将输入-输出指令包含在数据传送指令类中。

(5) 状态管理指令，包括诸如实现存储保护、中断处理等功能的管理指令。

1.4　信息在计算机中的表示

1.4.1　计算机中的数据及其单位

在计算机中，各种信息都是以数据的形式呈现的，数据经过处理后产生的结果为信息，因此数据是计算机中信息的载体。数据本身没有意义，只有经过处理和描述才有实际意义。例如，单独一个数据"42.195"并没有什么实际意义，但将其描述为"马拉松赛的比赛距离为 42.195 公里"时，这条信息就有意义了。

计算机中处理的数据，分为数值数据和非数值数据(字母、汉字和图形等)。它们在计算机内部都是以二进制代码的形式存储和运算的。计算机在与外部交流时会采用人们熟悉和便于阅读的形式表示，如十进制数据、文字表述和图形显示等，这之间的转换由计算机系统来完成。

在计算机内存储和运算数据时，通常涉及的数据单位有以下 3 种：

(1) 位，简记为 b，也称为比特(bit)：计算机中的数据都以二进制代码来表示，二进制代码只有 0 和 1 两个数码。通常采用 0 和 1 的组合来表示一个数，其中每一个数码称为一位。位是计算机中最小的数据单位。

(2) 字节(Byte)：字节是计算机中信息组织和存储的基本单位，也是计算机体系结构的基本单位，在对二进制数据进行存储时，以 8 位二进制代码为一个单元(1 字节)，即 1Byte = 8 bit。在计算机中，通常用 B、KB、MB、GB 或 TB 为单位来表示存储容量，如表述内存的存储容量是 16 GB。存储容量是指存储器中能够容纳的字节数。存储单位的换算关系如下：

1 KB(千字节) = 1024 B(字节) = 2^{10} B

1 MB(兆字节) = 1024 KB(千字节) = 2^{20} B

1 GB(吉字节) = 1024 MB(兆字节) = 2^{30} B

1 TB(太字节) = 1024 GB(吉字节) = 2^{40} B

(3) 字(Word)：计算机的存储数据或执行指令是以机器字为单位的。将计算机能够一次并行处理的二进制代码的位数称为字长。字长是衡量计算机性能的一个重要指标，字长越长，数据所包含的位数越多，计算机的数据处理速度越快。计算机常用的字长为 8 位、16 位、32 位、64 位。

1.4.2　数制及其转换

数制是指用一组固定的数字符号和统一的规则来表示数值的方法。计算机中常用的数制是二进制、八进制、十六进制，说明如下：

二进制(Binary)：包含 0、1，共 2 个符号，逢 2 进 1，如表示为 1001B 或 $(1011)_2$。

八进制(Octal)：包含 0、1、2、3、4、5、6、7，共 8 个符号，逢 8 进 1，如表示为 158O 或 $(136)_8$。

十进制(Decimal)：包含 0、1、2、3、4、5、6、7、8、9，共 10 个符号，逢 10 进 1，

如 38D 或 $(790)_{10}$。

十六进制(Hexadecimal)：包含 0、1、2、3、4、5、6、7、8、9、A、B、C、D、E、F，其中 A～F 代表 10~15，共 16 个符号，逢 16 进 1，如表示为 AA34H 或 $(4ABF)_{16}$。

无论在何种进位计数制中，数值都可以写成按位权展开的形式，如二进制 1001.101B 可以写成：

$$1001.101B = 1 \times 2^3 + 0 \times 2^2 + 0 \times 2^1 + 1 \times 2^0 + 1 \times 2^{-1} + 0 \times 2^{-2} + 1 \times 2^{-3}$$

上式为将数值权位展开的表达式，其中 2 称为二级制数的位权数，其基数为 2，使用不同的基数，便可得到不同的进位计数制。

设 R 表示基数，则称为 R 进制，使用 R 个基本的数码，R^i 就是权位，其加法运算规则是"逢 R 进一"，则任意一个 R 进制数 D 均可以展开表示为

$$(D)_R = \sum_{i=-m}^{n-1} K_i \times R^i$$

式中：K_i 为第 i 位的系数，可以为 0，1，2，3，…，$R-1$ 中的任何一个数；R^i 表示第 i 位的权，如十六进制 4ABFH 可以写成：

$$4ABFH = 4 \times 16^3 + 10 \times 16^2 + 11 \times 16^1 + 16 \times 16^0$$

下面具体介绍四种常用数制之间的转换方法。

1．十进制数转换为非十进制数

将十进制数转换成二进制数、八进制数或十六进制数时，可将数值分成整数和小数分别转换，然后再拼接起来。下面以十进制数 75.625 转换为二进制数为例。

首先，整数部分采用"除 2 取余倒数法"，即将该十进制数除以 2，得到一个商数和一个余数，再将商数除以 2，又得到一个新的商数和一个余数，如此反复，直到商数为零时得到余数，然后将得到的各次余数以最后余数为最高位，最初余数为最低位依次排列，这就是该十进制数对应的二进制数整数部分，如图 1-6 所示。

其次，小数部分采用"乘 2 取整正数法"，即将十进制的小数部分反复乘 2，取乘积中的整数部分作为相应二进制小数点后最高位，再取乘积中的小数部分反复乘 2，逐次得到整数部分的值，直到乘积的小数部分为 0 或位数达到所需的精确度为止，然后把每次乘积所得的整数部分由上而下，即从小数点起从左往右依次排列起来，得到所求的二进制数的小数部分。如图 1-7 所示。

因此，$(75.625)_{10} = (1001011.101)_2$。

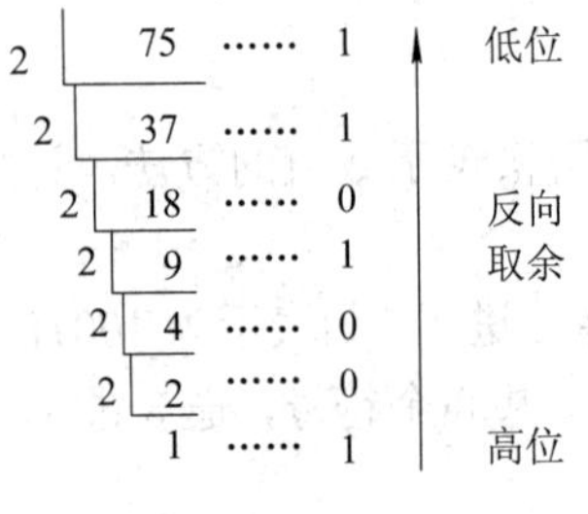

2 ⌐75 ⋯⋯ 1 低位	0.625 低位
2 ⌐37 ⋯⋯ 1	× 2
2 ⌐18 ⋯⋯ 0 反向	1.250 ⋯⋯ 1 正向
2 ⌐9 ⋯⋯ 1 取余	0.25 取余
2 ⌐4 ⋯⋯ 0	× 2
2 ⌐2 ⋯⋯ 0	0.5 ⋯⋯ 0
1 ⋯⋯ 1 高位	× 2
	0.1 ⋯⋯ 1 高位
	= 0.101B

图 1-6 整数部分 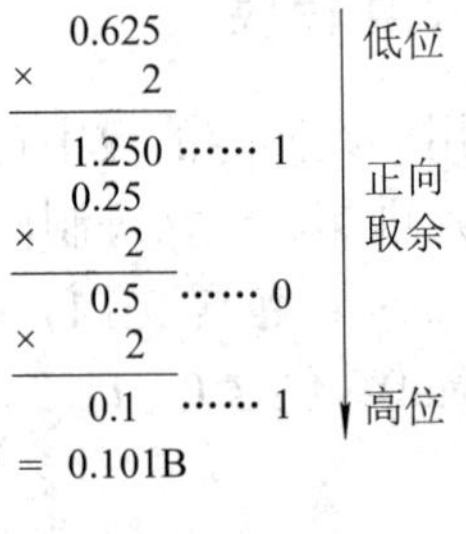　　　　　　　　　图 1-7 浮点数部分

2．非十进制数转换为十进制数

以下以二进制数 1001.101B 转换为十进制数为例：

$$(1001.101)_2 = 1 \times 2^3 + 0 \times 2^2 + 0 \times 2^1 + 1 \times 2^0 + 1 \times 2^{-1} + 0 \times 2^{-2} + 1 \times 2^{-3} = (9.625)_{10}$$

将二进制数、八进制数和十六进制数转换成十进制数时，只需用该数字的个位数乘以各自对应的位权数，然后将乘积相加，按位权展开的方法(每一位的数符 × 该位的权值)，即可得到对应的结果。

3．二进制转换为八进制数、十六进制数

以下以 1001.101B 转换为八进制数和十六进制数为例：

$$(1001.101)_2 = \underline{001\ 001} . \underline{101} = (11.5)_8$$
$$(1001.101)_2 = \underline{1001} . \underline{1010} = (9.A)_{16}$$

二进制数转换成八进制数采用"取 3 合一法"，即以二进制的小数点为分界点，向左(或向右)每 3 位二进制数按位权展开相加得到 1 位八进制数，不足 3 位时补 0。

二进制数转换成十六进制数所采用的转换原则是"4 位分一组"，即以二进制的小数点为分界点，向左(或向右)每 4 位二进制数按位权展开相加得到 1 位十六进制数，不足 4 位时补 0。

4．八进制数、十六进制数转换成二进制数

将一个八进制数或十六进制数的每一位，按照十进制数转换二进制数的方法，变成用 3 位二进制数或 4 位二进制数表示的序列，然后按照顺序排列，即可转换为二进制数。

以下以八进制数$(257.56)_8$和十六进制数$(AF.B8)_{16}$转换为二进制的数为例：

$$(257.56)_8 = \underline{010\ 101\ 111} . \underline{101\ 110}) = (10\ 101\ 111.101\ 11)_2$$
$$(AF.B8)_{16} = \underline{1010\ 1111} . \underline{1011\ 1000}) = (10\ 101\ 111.101\ 11)_2$$

1.4.3　数的原码、反码和补码

计算机处理的基本数据类型包括无符号整型、有符号整型、实型、字符型等多种类型，在此以有符号整型为例来讲解数的表示。

对于有符号数，机器数的最高位是表示正、负号的符号位，其余位则表示数值。原码解决的是计算机加法运算，反码的目的是将计算机的减法运算转变为加法预算，补码则主要解决 0 的符号位和八位、十六位、三十二位、六十四位等数制计算中最高位的计算问题。

1．原码

原码就是符号位加上真值的绝对值，即用第一位表示符号，其余位表示值。比如，如果是 8 位二进制，则

$[+1]_{原} = 00\ 000\ 001$

$[-1]_{原} = 10\ 000\ 001$

原码是人脑最容易理解和计算的表示方式。

2．反码

反码的表示方法是：

(1) 正数的反码是其本身；

(2) 负数的反码是在其原码的基础上，符号位不变，其余各个位取反。

例如：

[+1] = [00 000 001]$_{原}$ = [00 000 001]$_{反}$

[−1] = [10 000 001]$_{原}$ = [11 111 110]$_{反}$

3．补码

补码的表示方法是：

(1) 正数的补码就是其本身；

(2) 负数的补码是在其原码的基础上，符号位不变，其余各位取反，最后+1 (即在反码的基础上+1)。

例如：

[+1] = [00 000 001]$_{原}$ = [00 000 001]$_{反}$ = [00 000 001]$_{补}$

[−1] = [10 000 001]$_{原}$ = [11 111 110]$_{反}$ = [11 111 111]$_{补}$

1.4.4　二进制数的运算

1．二进制数的算术运算

二进制数的算术运算包括加、减、乘、除四则运算，下面分别予以介绍。

1) 二进制数的加法

根据"逢二进一"规则，二进制数加法的法则为：

$0 + 0 = 0$　　　　　　　　$0 + 1 = 1 + 0 = 1$

$1 + 1 = 0$ (进位为 1)　　　$1 + 1 + 1 = 1$ (进位为 1)

例如，1110 和 1011 相加过程如下：

$$
\begin{array}{r}
1\ 1\ 0\ 1 \\
+\quad 1\ 0\ 1\ 1 \\
\hline
1\ 1\ 0\ 0\ 1
\end{array}
$$

2) 二进制数的减法

根据"借一有二"的规则，二进制数减法的法则为：

$0 - 0 = 0$　　　　　$1 - 1 = 0$

$1 - 0 = 1$　　　　　$0 - 1 = 1$ (借位为 1)

例如，1101 减去 1011 的过程如下：

$$
\begin{array}{r}
1\ 1\ 0\ 1 \\
-\quad 1\ 0\ 1\ 1 \\
\hline
0\ 0\ 1\ 0
\end{array}
$$

3) 二进制数的乘法

二进制数乘法过程可仿照十进制数乘法进行，但由于二进制数只有 0 或 1 两种可能的乘数位，导致二进制乘法更为简单。二进制数乘法的法则为：

$$0 \times 0 = 0 \qquad 0 \times 1 = 1 \times 0 = 0 \qquad 1 \times 1 = 1$$

由低位到高位，用乘数的每一位去乘被乘数。若乘数的某一位为 1，则该次部分积为被乘数；若乘数的某一位为 0，则该次部分积为 0。某次部分积的最低位必须和本位乘数对齐，所有部分积相加的结果则为相乘得到的乘积。例如，$(1110)_2 \times (1101)_2 = (10110110)_2$。

4）二进制数的除法

二进制数除法与十进制数除法很类似。可先从被除数的最高位开始，将被除数(或中间余数)与除数相比较，若被除数(或中间余数)大于除数，则用被除数(或中间余数)减去除数，商为 1，并得相减之后的中间余数，否则商为 0。再将被除数的下一位移下补充到中间余数的末位，重复以上过程，就可得到所要求的各位商数和最终的余数。例如，$(1101.1)_2 \div (110)_2 = (10.01)_2$。

1.4.5 字符编码

编码是指把字符转换为数字形式以在计算机中存储和使用的过程，从编程的角度理解就是将字符转换为一个或多个字节来表示。同样，解码就是将一个或多个字节组装为字符的过程。

编码具有三个特性：① 编码是为了计算机使用的；② 编码都是数字的；③ 对同一个字符，可能存在好几种不同的编码。

1．ASCII 表

ASCII 表是美国制定，用于美式英语。在 ASCII 表中共有 128 个字符，这 128 个字符只需要一个 7 位二进制，即一个字节来表示。

2．Unicode 编码

Unicode 是一种国际编码标准，采用 1 个或多个字节编码，能够表示世界上所有书写语言中可能用于计算机通信的文字和其他符号。目前，Unicode 编码在网络及各操作系统和大型软件中得到了应用。

由于对可以用 ASCII 表示的字符使用 Unicode 字要占用一倍的空间，因此，一些中间格式的字符集被创造出来，它们被称为通用转换格式，即 UTF(Universal Transformation Format)。常见的 UTF 有以下三种：

(1) UTF-8：用一个或多个字节存储一个整数。

(2) UTF-16：始终用两个字节存储一个整数。

(3) UTF-32：始终用四个字节存储一个整数。

3．中文编码

(1) GB2312：是由中国国家标准总局 1980 年发布的，用于简体中文显示，采用区位码进行的编码，使用双字节显示。

(2) GBK：是在 GB2312 双字节编码的基础上在进行的扩展，同时包含了简体和繁体。

1.5 新信息技术简介

计算机的应用在我国越来越普遍。新中国成立以来，尤其是改革开放以后，我国计算机用户的数量不断攀升，应用水平不断提高，特别是在移动互联网、通信、多媒体等领域取得了举世瞩目的成绩。截至 2020 年 12 月，我国城镇地区互联网普及率为 79.8%，农村地区互联网普及率为 55.9%，网民中使用手机上网的比例为 99.7%。

近期智研咨询发布的调研报告显示，截至 2020 年年底，我国的网民总体规模已占全球网民的五分之一左右。"十三五"期间，我国网站数量为 443 万个，移动互联网接入流量 1656 亿吉字节，网民规模从 6.88 亿增长至 9.89 亿，五年增长了 43.7 个百分点。其中，即时通信应用用户 98 111 万人，在线教育应用用户规模 34 171 万人，网络视频应用用户 92 677 万人，网络支付应用用户 85 434 万人。

足不出户在线点餐享受快餐美食，刷脸支付、扫码付款方便购物结算，共享单车、网络约车实现便捷出行，听书看视频丰富休闲娱乐，网络在线参政议政，网络在线教育，这些信息技术和信息产业的发展让生活越来越便利、越来越丰富精彩。

1.5.1　人工智能

1．人工智能的定义

人工智能(Artificial Intelligence，AI)是研究、开发用于模拟、延伸和扩展人的智能的理论、方法、技术及应用系统的一门新的技术科学。人工智能是计算机科学的一个分支，它企图了解智能的实质，并生产出一种新的能以人类智能相似的方式作出反应的智能机器，该领域的研究包括机器人、语言识别、图像识别、自然语言处理和专家系统等。人工智能自诞生以来，理论和技术日益成熟，应用领域不断扩大，可以设想，未来人工智能带来的科技产品，将会是人类智慧的"容器"，可以实现对人的意识、思维等信息过程的模拟。

数据、算法、计算力是人工智能发展必备的三要素。

2．人工智能的实现方法

当前，机器学习、深度学习是重要的人工智能实现方法，如图 1-8 所示。

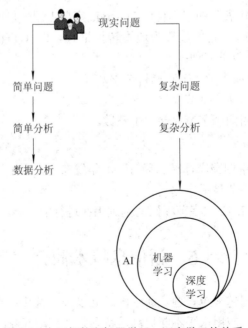

图 1-8　人工智能和机器学习、深度学习的关系

机器学习是实现人工智能的一种具体的方法。它使用算法从数据中进行学习，尝试从数据中找到一种能够拟合这些数据的模型，从而达到使用这个模型对未知的数据进行预测的目的。

自 2012 年之后，随着数据量的增加、计算能力的提升和机器学习新算法(深度学习)的出现，人工智能开始大爆发。深度学习并不是新的学习方法，它使用的方法也是类似机器学习的手段，区别在于深度学习通过深度神经网络来对数据的特征进行学习和表达。

3．人工智能的主要分支

1) 计算机视觉(CV)

计算机视觉(CV)是指机器感知环境的能力。这一技术类别中的经典任务有图像形成、图像处理、图像提取和图像的三维推理。物体检测和人脸识别是其比较成功的研究领域。

计算机视觉现已有很多应用，这表明了这类技术的成就可归入到应用阶段。随着深度学习的发展，机器甚至能在特定的案例中实现超越人类的表现，它能提供人类和机器之间更多的自然交互能力，包括但不仅限于图像、触控识别和身体语言识别等。

2) 自然语言处理(NLP)

自然语言处理(NLP)主要体现在文本挖掘/分类、机器翻译、语音识别等多个场景下的应用，主要目的是研究如何实现数据与文本的相互转换。其通过句法分析、情绪分析和垃圾信息检测等算法来理解、组织和分类结构化或非结构化文本文档，是文本挖掘与分类技术的核心，目前已广泛应用于欺诈探测和信息安全等领域，同时还可用于非结构化数据的挖掘。

机器翻译(MT)是利用机器自动将一种自然语言(源语言)翻译成另一种语言(目标语言)的人工智能，由于神经机器翻译(NMT)的突破，该领域已取得了非常显著的进展，注意力机制也被逐渐引入，但在专业领域的机器翻译(比如医疗领域)表现仍然难以达到应用要求。

语音识别是指识别语音(说出的语言)并将其转换成对应文本的技术，相反的任务——文本转语音(TTS)也是这一领域一个类似的研究主题。最近几年，随着大数据和深度学习技术的发展，语音识别进展迅速，现在已经非常接近社会应用阶段了。

3) 机器人

机器人学(Robotics)研究的是机器人的设计、制造、运作和应用，以及控制它们的计算机系统、传感反馈和信息处理系统。机器人需要不同部件和系统的协作才能实现最优作业。硬件包含传感器、反应器和控制器，能够实现感知能力的软件包含定位、地图测绘和目标识别等。同时，机器人结合云端后台提供的算法、API(应用程序接口)、开发和训练工具包、数据以及计算能力来设计、培训和部署模型到应用程序、流程和其他机器，用以解决各类预测和分类任务，实现仿人类操作的自动化，以支持更高效的商业流程。

1.5.2　大数据

1．大数据的概念

大数据(Big Data)，指无法在一定时间范围内用常规软件工具进行捕捉、管理和处理的大量数据的集合，是需要通过新处理模式才能具有更强的决策力、洞察发现力和流程优化能力的海量、高增长率和多样化的信息资产，也是一种规模大到在获取、存储、管理、分析方面大大超出了传统数据库软件工具能力范围的数据集合，具有海量的数据规模、快速的数据流转、多样的数据类型和价值密度低四大特征。

大数据技术指从各种各样类型的数据中快速获得有价值信息的能力。大数据技术的战略意义不在于掌握庞大的数据信息，而在于对这些含有意义的数据进行专业化处理。换而言之，如果把大数据比作一种产业，那么这种产业实现盈利的关键，在于提高对数据的"加工能力"，通过"加工"实现数据的"增值"。

2. 大数据的核心技术

大数据技术的体系庞大且复杂，基础的技术包含大数据的采集、大数据预处理、分布式存储、非关系型数据库(NoSQL)、数据仓库、机器学习、并行计算、可视化等各种技术范畴和不同的技术层面。从通用化的大数据处理来说，主要分为以下四个方面：

(1) 大数据采集：对于各种来源的数据，包括移动互联网数据、社交网络数据等，这些结构化和非结构化的海量数据是零散的，也就是所谓的数据孤岛，此时这些数据并没有什么意义，大数据采集就是将这些数据写入数据仓库中，把零散的数据整合在一起，对这些数据进行综合分析。大数据采集包括文件日志的采集、数据库日志的采集、关系型数据库的接入和应用程序的接入等。

(2) 大数据预处理：进行数据分析之前，需要先对采集到的原始数据进行诸如"清洗、填补、平滑、合并、规格化、一致性检验"等一系列操作，旨在提高数据质量，为后期分析工作奠定基础。数据预处理主要包括四项内容：数据清理、数据集成、数据转换和数据规约。

(3) 大数据存储：以数据库的形式，存储采集到的数据。目前大数据存储主要包括基于 MPP 架构的新型数据库集群、基于 Hadoop 的技术扩展封装和大数据一体机三种。大数据存储由一组集成的服务器、存储设备、操作系统、数据库管理系统以及为数据查询、处理、分析而预安装和优化的软件组成。大数据存储应尽可能满足良好的稳定性、纵向扩展性、低成本、高性能的目标，以及善于处理非结构、半结构化数据、复杂的 ETL 流程、复杂的数据挖掘和计算模型等要求。

(4) 大数据分析挖掘：从数据质量管理、语义引擎、数据挖掘算法、预测性分析、可视化分析等环节，对杂乱无章的数据，进行萃取、提炼和分析，最终以合适的、便于理解的方式将正确的数据处理结果展示给终端用户。

3. 大数据典型应用场景

(1) 教育行业。信息技术已在教育领域有了越来越广泛的应用，教学、考试、师生互动、校园安全、家校关系等，信息技术应用的地方，各个环节都有大量的数据。通过大数据分析来优化教育机制，可以作出更科学的决策，这将带来潜在的教育革命，在不久的将来，个性化学习终端将会更多地融入学习资源云平台，根据每个学生的不同兴趣爱好和特长，推送相关领域的前沿技术、信息、资源乃至未来职业发展方向。

(2) 医疗行业。医疗行业拥有大量的病例、病理报告、治愈方案、药物报告等，通过对这些数据进行整理和分析将会有效地辅助医生提出治疗方案，帮助病人早日康复。可以构建大数据平台来收集不同病例和治疗方案，以及病人的基本特征，建立针对疾病特点的数据库，帮助医生进行疾病诊断。医疗行业的大数据应用一直在进行，但是数据链并没有完全打通，还存在很多数据孤岛，未来可以将这些数据统一采集起来，纳入统一的大数据平台，为人类健康造福。

(3) 零售行业。零售行业大数据应用有两个层面，一个层面是零售行业可以了解客户的消费喜好和趋势，进行商品的精准营销，降低营销成本；另一个层面是依据客户购买的产品，为客户提供可能购买的其他产品，扩大销售额，也属于精准营销范畴。未来考验零售企业的是如何挖掘消费者需求，以及高效整合供应链满足其需求的能力，因此，信息技术水平的高低将成为能否获得竞争优势的关键。

(4) 智慧城市。通过大数据技术可以了解经济发展情况、各产业发展情况、消费支出和产品销售情况等。依据分析结果，城市可以科学地制定宏观政策，平衡各产业发展，避免产能过剩，有效利用自然资源和社会资源，提高社会生产效率。大数据技术也能帮助政府进行支出管理，透明合理的财政支出将有利于提高政府公信力和监督财政支出。

1.5.3　云计算

1．云计算的基本概念

云计算是一种无处不在的、便捷的、通过互联网访问的可定制的资源(资源包括网络、服务器、存储、应用软件和服务)共享池，采用按使用量付费的模式。它能够通过最低程度的管理或与服务供应商的互动实现计算资源的迅速供给和释放。云计算的核心思想是将大量用网络连接的计算资源统一管理和调度，构成一个计算资源池为用户提供按需服务。

狭义云计算指 IT 基础设施的交付和使用模式，即通过网络以按需、易扩展的方式获得所需资源；广义云计算指服务的交付和使用模式，即通过网络以按需、易扩展的方式获得所需服务。云计算的特点有：

(1) 计算资源集成提高设备计算能力。

(2) 分布式数据中心保证系统容灾能力。

(3) 软硬件相互隔离减少设备依赖性。

(4) 平台模块化设计体现高可扩展性。

(5) 虚拟资源池为用户提供弹性服务。

(6) 按需付费降低使用成本。

2．云计算的分级

(1) IaaS(Infrastructure as a Service，基础架构即服务)。IaaS 通过虚拟化、动态化将 IT 基础资源(计算、网络、存储)聚合形成资源池，完成计算能力的集合，终端用户(企业)可以通过网络获得自己需要的计算资源，运行自己的业务系统。这种方式使用户不必自己建设这些基础设施，通过付费即可使用这些资源。

(2) PaaS(Platform as a Service，平台即服务)。PaaS 除了提供基础计算能力，还提供业务的开发运行环境，提供包括应用代码、软件开发工具包(SDK)、操作系统以及应用程序接口(API)在内的 IT 组件，供个人开发者和企业将相应功能模块嵌入软件或硬件，提高开发效率，为用户业务创新提供快速、低成本的环境。

(3) SaaS(Software as a Service，软件即服务)。SaaS 的软件是"拿来即用"的，不需要用户安装，软件升级与维护也无须终端用户参与。同时，它还是按需使用的软件，与传统软件购买后就无法退货相较，具有无可比拟的优势。

3. 云计算的典型应用

(1) 云安全。云安全通过网状中的大量客户端对网络软件的异常行为进行监测，获取互联网中木马、恶意程序的最新信息，推送到服务器端进行自动分析和处理，再把病毒和木马的解决方案分发到每一个客户端。

(2) 云存储。云存储是在云计算概念上延伸和发展出来的一个新的概念，指通过集群应用、网格技术或分布式文件系统等，将网络中大量各种不同类型的存储设备通过应用软件集合起来协同工作，共同对外提供数据存储和业务访问功能的一个系统。

(3) 云呼叫。云呼叫中心是基于云计算技术而搭建的呼叫中心系统，企业无须购买任何软、硬件系统，只需具备人员、场地等基本条件，就可以快速拥有属于自己的呼叫中心，软硬件平台、通信资源、日常维护与服务由服务器商提供。

(4) 云会议。云会议是基于云计算技术的一种高效、便捷、低成本的会议形式。它是视频会议与云计算的完美结合，带来了最便捷的远程会议体验。

1.5.4　其他新兴技术

1. 物联网

物联网(Internet of Things, IoT)即"万物相连的互联网"，指通过各种信息传感器、射频识别技术、全球定位系统、红外感应器、激光扫描器等装置与技术，实时捕捉任何需要监控、连接、互动的物体或过程，采集其声、光、热、电、力学、化学、生物、位置等信息，通过各类可能的网络接入，实现物与物、物与人的泛在连接，实现对物品和过程的智能化识别、定位、跟踪、监控和管理。物联网是一个基于互联网、传统电信网等的信息承载体，它让所有能够被独立寻址的普通物理对象形成互联互通的网络。物联网的关键技术主要有：

(1) 射频识别技术。射频识别技术(Radio Frequency Identification，RFID)是一种简单的无线系统，由一个询问器(或阅读器)和很多应答器(或标签)组成。标签由耦合元件及芯片组成，每个标签具有扩展词条唯一的电子编码，附着在物体上标识目标对象，它通过天线将射频信息传递给阅读器，阅读器就是读取信息的设备。

RFID 技术让物品能够"开口说话"。这就赋予了物联网一个特性即可跟踪性，使得人们可以随时掌握物品的准确位置及其周边环境。

(2) MEMS 传感网。MEMS 是微机电系统(Micro-Electro-Mechanical Systems)的英文缩写。它是由微传感器、微执行器、信号处理和控制电路、通信接口和电源等部件组成的一体化微型器件系统，其目标是把信息的获取、处理和执行集成在一起，组成具有多功能的微型系统，并集成于大尺寸系统中，从而大幅度提高系统的自动化、智能化和可靠水平。

(3) M2M 系统框架。M2M(Machine to Machine)是一种以机器终端智能交互为核心的、网络化的应用与服务。它使对象实现智能化控制，将数据从一台终端传送到另一台终端，实现机器与机器的对话。M2M 技术涉及 5 个重要的技术部分：机器、M2M 硬件、通信网络、中间件和应用。

(4) 云计算技术。目前，云计算技术已在智能家居、共享单车、车辆防盗、安全监测、自动售货、机械维修、公共交通管理等应用场景中得到了广泛应用。

2. 虚拟现实

虚拟现实是包含虚拟现实 VR(Virtual Reality，真实幻觉、灵境、幻真)、增强现实 AR(Augmented Reality)、介导现实或混合现实 MR(Mixed Reality)、影像现实 CR(Cinematic Reality)、扩展现实 XR(Extended Reality)等一系列借助计算机及最新传感器技术创造的一种崭新的人机交互手段的统称。虚拟现实是利用电脑模拟产生一个三维空间的虚拟世界，提供使用者关于视觉、听觉、触觉等感官的模拟，让使用者如同身临其境，可以及时、没有限制地观察三维空间内的事物。

虚拟现实技术综合计算机图形技术、计算机仿真技术、传感器技术、显示技术等多种科学技术，在多维信息空间上创建出一个与环境有完好的交互作用能力的虚拟信息环境，能使用户有身临其境的沉浸感，并有助于启发构思。因此沉浸、交互、构想是 VR 环境系统的三个基本特性。虚拟现实技术的核心是建模与仿真。目前，虚拟现实技术在娱乐领域、军事航天领域、医学领域、艺术领域、教育领域、文物古迹领域和生产领域等得到了广泛使用。

3. 工业互联网

工业互联网是传统工业系统与互联网全方位深度融合所形成的工业生态体系，它结合软件、大数据、物联网等技术，实现对工业数据全面深度感知、实时传输交换、快速计算处理和高级建模分析等功能，最终将智能设备、网络与人融合，达到智能控制、运营优化、生产组织方式变革、重构工业体系、激发生产力的目的。

工业互联网的具体应用领域包括制造业、建筑业、交通业、能源业、家居业、医疗业、农业、零售业等。依托于工业互联网技术，这些领域的应用主要体现在智能化与数字化技术的应用、实时挖掘各个设备与系统之间的数据、提高彼此之间的协同与互通能力等方面，从而进行人机互动、远程控制、风险预测等操作。

例如，在制造行业推崇打造智慧工厂，进行 AI 技术与传统制造业技术的互动，并通过人、机器设备、信息系统的连接，使生产流程数据、内部管理数据、物流供应数据、消费市场数据联动，从而打通各个环节，真正实现生产智能化、业务流程化。

又如，在农业领域，打造一体化物联网平台，即充分利用物联网技术实现其在生产现场、生产设备、流通体系等多个场景的应用，并通过视频、传感器等数据的采集与联通，进行全方位智能监控，一旦环境发生偏离或即将超出预设阈值，将根据预置信息自动处理或进行远程操作以及时调整，全程不需要过多人工干预。

此外，在零售业领域，推崇全业务智能零售技术，即利用大数据与定位技术的结合，快速获取客户当下位置信息数据，打造无人便利店、无人售货机，实现刷脸支付等技术的运用，并结合数据分析辅助精准营销，提升用户体验。

4. 产业互联网

产业互联网是由互联网延伸出来的概念，是互联网技术与传统产业的结合，即在传统产业间借助云计算、大数据、人工智能等，提升产业间内部效率和对外服务能力，实现"互联网+"时代下的转型升级。

产业互联网定位于解决经营管理与生产管理之间的不协调问题，注重将整体产业链中大量不同体量及分散的上下游厂商进行资源整合，实现传统产业业务链与上下游产业业务链的结合，进而构成大而全的企业与企业、企业与个体之间的整体产业链。

产业互联网领域包括零售业、金融业、地产业、医疗业、通信业、物流业、交通业、服务业等。通过产业互联网的软件化、数字化、服务化能力，快速洞察并得到客户的一手需求，从而快速调整经营策略、生产策略、营销策略等，使之从单一市场变为跨产业的融合市场。

例如，在金融行业打造金融链生态圈，不再将银行、信用机构等作为输出服务的主要对象，而是将产业链条上的各类企业及第三方机构如交易平台、保险公司、行业协会、评估公司、审计公司、财务监管等服务资源进行整合，使其在产业链条上的各个环节发挥专业优势，打造综合型的金融服务平台。

又如，在医疗行业从单点智慧医疗到生态智慧医疗，实现了上下游多业务场景包括线上就医问诊平台、药品销售平台、医学科普资讯平台、卫生监管政策咨询平台等的连接协同；将线下政府医疗卫生服务、监管机构、各个医院诊所、制药企业、药品销售门店等进行一体化业务串联，实现围绕居民大健康的生态圈建设。

本 章 习 题

1. 选择题。

(1) 一个完整的计算机系统包括(　　)。

A. 主机、键盘、显示器　　　　　　　B. 计算机及其外部设备

C. 系统软件与应用软件　　　　　　　D. 计算机的硬件系统和软件系统

(2) 反映计算机存储容量的基本单位是(　　)。

A. 二进制位　　　　B. 字节　　　　C. 字　　　　D. 双字

(3) 微型计算机硬件系统主要包括存储器、输入设备、输出设备和(　　)。

A. 中央处理器　　　B. 运算器　　　C. 控制器　　　D. 主机

(4) 微型计算机的发展是以(　　)的发展为表征的。

A. 微处理器　　　　B. 软件　　　　C. 主机　　　　D. 控制器

(5) 计算机内部使用的数是(　　)。

A. 二进制数　　　B. 八进制数　　　C. 十进制数　　　D. 十六进制数

2. 根据你的理解简述冯·诺依曼结构的组成及其各部分的功能。

3. 计算出$(10086.1008)_{10}$的二进制、八进制和十六进制的值。

4. 计算出$(-1AFG.236)_{16}$的二进制、八进制和十进制的值。

5. 计算出$(-7710.996)_{10}$的原码、反码和补码的值。

6. 从国际互联网中检索出至少 3 个未来可能会使用到的信息技术，并就你的理解进行说明。

第二章 计算机软件

2.1 计算机软件概述

2.1.1 计算机软件的定义

计算机软件(也称软件 Software)是指与计算机系统的操作有关的计算机程序、规程、规则及任何有关的文件。

计算机程序是指为了得到某种结果而由计算机等具有信息处理能力的装置执行的代码化指令序列，或者可被自动转换成代码化指令序列的符号化序列，或者符号化语句序列。这表明程序要有目的性和可执行性，是为了告诉计算机要做什么，按什么方法、步骤去做，程序就是人们把有关处理步骤告诉计算机的载体。

计算机程序就其表现形式而言，可以是机器能够直接执行的代码化的指令序列，也可以是机器虽然不能直接执行但是可以转化为机器可以直接执行的符号化指令序列或符号化语句序列。

除计算机程序以外的相关文件是指用自然语言或者形式化语言所编写的用来描述程序的内容、组成、设计、功能规格、开发情况、测试结构和使用方法的文字资料和图表，例如程序设计说明书、流程图、用户手册等。这些文件不同于程序，程序是为了装入机器以控制计算机硬件的动作，实现某种过程，得到某种结果而编制的；而文件是供有关人员阅读的，通过文件人们可以清楚地了解程序的功能、结构、运行环境和使用方法，方便人们使用和维护软件。因此，在软件概念中，程序和相关文件是一个软件不可分割的两个方面。

计算机硬件是计算机软件赖以工作的物质基础，软件的正常工作是硬件发挥作用的唯一途径，即计算机系统若要充分发挥其硬件的各种功能，必须配备完善的软件系统才能正常工作，也就是说，计算机软件是用户与硬件之间的接口界面，用户主要是通过软件与计算机进行交流。计算机软件随硬件技术的迅速发展而发展，而软件的不断发展与完善又促进硬件的更新，两者密切地交织发展，缺一不可。

2.1.2 计算机软件的分类

在《GB/T 13702—1992 中华人民共和国国家标准 计算机软件分类与代码》中明确指出，计算机软件分为系统软件(System Software)、支持软件(Support Software)和应用软件

(Application Software)三大类，其定义如下：

(1) 系统软件：为特定的计算机系统或一组计算机系统所开发的软件，用于管理计算机系统资源，促进计算机系统及有关程序的运行和维护，如操作系统、系统使用程序等。

(2) 支持软件：所有用于帮助和支持软件开发的软件，如软件开发工具、软件测评工具、界面工具、转换工具、语言处理程序、数据库管理系统、网络支持软件等。

(3) 应用软件：为使一个计算机系统得到某种功能而开发的软件，如文字处理软件、科学和工程计算软件、数据处理软件、图形软件、应用数据库软件、事务管理软件、网络应用程序、游戏软件等。

2.2　操作系统的基本概念

2.2.1　操作系统的定义

操作系统是系统最基本、最核心的软件，是直接运行在计算机硬件之上的最基本的系统，用于控制和管理整个计算机的硬件和软件资源，合理的组织、调度计算机的工作与资源的分配，改善人机工作界面，为其他应用软件提供支持等，使计算机系统中的所有资源能最大限度地发挥作用，并为用户和其他软件提供方便有效的友善服务界面。

2.2.2　操作系统的分类

一般来说，操作系统可以从以下四个角度进行分类：

(1) 从用户的角度分类，操作系统可分为三种：单用户单任务操作系统，如 MS-DOS；单用户多任务操作系统，如 Windows 9x；多用户多任务操作系统，如 Windows 10。

(2) 从硬件的规模角度分类，操作系统可分为微型机操作系统、小型机操作系统、中型机操作系统和大型机操作系统。

(3) 从系统操作方式的角度分类，操作系统可分为批处理操作系统、分时操作系统、实时操作系统、PC 操作系统、网络操作系统和分布式操作系统等。目前，微机上常用的操作系统有 MS-Windows、Linux 操作系统，国产的操作系统有深度、中标麒麟、统信 UOS 等。

(4) 从应用场景的角度分类，操作系统可分为 PC 操作系统和手机操作系统。目前主流的手机操作系统有 Android OS 和 iOS，分别为美国谷歌公司和美国苹果公司所有。

2.2.3　现代操作系统的基本特征

一般来说，操作系统有以下四个基本特征：

(1) 并发性。并发(Concurrency)是指两个或多个事件在同一时间间隔内发生，这些事件在宏观上是同时发生的，在微观上是交替发生的，操作系统的并发性指系统中同时存在着多个运行的程序。

现在的计算机一般是多核 CPU 的，即在同一时刻可以并行执行多个程序，比如 Intel(R)

Core(TM)i5-8300 CPU 是 8 核处理机芯片(如图 2-1 所示)，那么计算机可以在同一时刻并行执行 8 个程序，但是事实上计算机执行的程序并不止 8 个，因此并发技术是必须存在的，并发性必不可少。

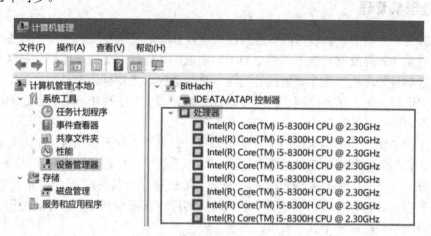

图 2-1　Intel Core(TM)i5-8300 CPU 的设备查看图

(2) 共享性。共享(Sharing)是指多个用户或者程序共享操作系统中的软硬件资源。共享可以提高各种系统资源的使用效率。由于共享资源属性不同，产生了不同的共享方式：

① 互斥共享方式：一段时间内只允许一个程序访问资源。互斥共享的设备有打印机、磁带机、绘图仪等。

② 同时共享方式：允许一段时间内多个程序同时对资源进行访问。有些快速设备，如磁盘，尽管只能让多个程序串行访问，但由于程序访问和释放资源的时间较短，在宏观上可以看成是同时共享。另外，只读数据和数据结构、只读文件和可执行文件等软件资源也可以同时共享。

共享性和并发性相互依存，有一定的依赖关系，它们是操作系统最基本的两个特征。

(3) 虚拟性。虚拟性(Virtuality)是指通过某种技术把一个物理实体变成若干逻辑上对应物的特征。操作系统用到了很多虚拟技术来改善系统的性能，例如：为了提高内存利用率，在内存中装入部分应用程序，其余部分放在虚拟内存，也就是暂时存储在外部硬盘中，在需要时进行数据交换；SPOOLING(外部设备联机并行操作)技术是为了减小等待和请求的重复申请，允许硬件设备虚拟为多台虚拟设备，实现脱机工作的技术。

(4) 异步性。异步性(Asynchronism)是指系统中的多个程序以不可预知的速度向前推进。由于系统中的处理器资源往往是稀缺的，因此程序不可能一气呵成，而是以走走停停的方式运行，即每个进程占用资源的时间不固定，它以不可预知的速度向前推进。

2.3　现代操作系统的功能

操作系统的主要任务是为计算机软硬件提供良好的运行环境，保证程序能有条不紊、高效的运行，并最大限度地提高系统中各种资源的利用率和方便用户的使用。为实现这些任务，现代操作系统应具有处理机管理、存储器管理、设备管理、文件管理、IPO 管理、中断管理和错误处理管理等功能，并向用户提供方便的用户接口。此外，当今已有愈来愈多的计算机接入网络中，操作系统中也增加了面向网络的服务功能。

2.3.1　处理机管理

处理机是计算机的核心资源，所有程序的运行都要靠它来实现。如何协调各个程序之间的运行关系，如何及时反映不同用户的不同要求，如何让众多用户能够公平地得到计算机的资源等都是处理机管理需要解决的问题。具体地说，处理机管理要做如下事情：对处理机的时间进行分配，对不同程序的运行进行记录和调度，实现用户和程序之间的相互联系，解决不同程序在运行时相互发生的冲突。

对于用户来说，计算机执行的是一个个的程序。为了方便操作系统管理，完成各程序并发执行，更高效地利用计算机处理器资源，操作系统引入了进程、进程实体的概念，一个程序可分为多个进程来完成。程序段、数据段、PCB(进程控制块)三部分组成了进程实体，进程是进程实体的运行过程，也是具有独立功能的程序在数据集合上运行的过程，是系统进行资源分配和调度的一个独立单位。

操作系统进行处理机管理，主要是通过对进程的管理来实现的，应具备以下基本功能：

(1) 进程控制。指控制进程的生(创建进程、分配需要的资源)和死(撤销进程、回收分配的资源)以及进程状态的转换。

(2) 进程同步和互斥。为使多个进程有条不紊地执行，需要一定的机制来协调各个进程的运行。常见的协调方式有：① 进程互斥，主要发生在对临界资源的访问时；② 进程同步，主要发生在需要控制进程的执行次序时。最简单的互斥机制就是为临界资源加锁，可以使用信号量机制实现同步。

(3) 进程通信。进程通信常发生在需要多个进程相互合作去实现某一目标的时候，其本质是进程之间的信息交换。当相互合作的进程在同一计算机系统中时，进程通信可以使用发送命令直接将信息放入目标进程的消息队列中；当需要通信的进程不在同一计算机系统中时，需要另外一些策略进行进程通信。

(4) 调度。调度包括作业调度和进程调度。作业调度是通过一定的算法策略从外存上将作业放入内存，分别为它们创建进程和分配资源，使之处于就绪状态。进程调度是从就绪状态的进程队列中选择一定的进程为之分配处理机，使进程运行。

2.3.2　存储器管理

首先，存储器管理要解决容量与需求的矛盾。存储器用来存放用户的程序和数据，存储器越大，存放的数据越多。然而，不管硬件制造者怎样扩大存储的容量，都无法跟上用户对存储容量的需求，因此，存储器管理首先要解决存储器容量不可能无限制增长，与用户需求无限增长之间的矛盾。

其次，存储器管理要解决"多对一"的问题。在多个用户或者程序共用一个存储器时，会带来许多管理上的要求，要求操作系统对存储器管理达到最合适的方案，可为不同的用户或任务划分出分离的存储器区域，以保障各存储器区域不受别的程序干扰。在主存储器区域不够大的情况下，要求使用硬盘等其他辅助存储器来补充主存储器的空间，并自行对存储器空间进行整理。

为实现上述目标，操作系统对存储器的管理至少要具备以下功能：

(1) 内存分配。内存分配为每道进程分配内存空间，需要解决如何分配才能提高存储器的利用效率、减少不必要的空间碎片，如何处理进程在运行时提出的内存申请等问题。分配策略上包括静态分配和动态分配。静态分配是指作业可使用的空间大小在作业装入的时候就已经确定，不允许运行时申请以及移动，动态分配则相反。

(2) 内存保护。存在两种内存保护，一是用户进程只能在自己的内存空间中运行，不得使用其他非共享用户进程的内存空间；二是用户进程不得访问操作系统的程序和数据。常见的内存保护机制是设置两个界限寄存器，标志可使用空间的上界和下界，系统对每条指令所要访问的地址进行越界检查。

(3) 地址映射。编译和链接所得到的可执行文件，其程序地址是从 0 开始的，需要操作系统将从 0 开始的逻辑地址转换为物理地址，地址映射需要硬件支持。

(4) 内存扩充。内存扩充是指通过虚拟存储技术，从逻辑上扩充存储器的大小，使更多的用户进程可以并发执行。常见的内存扩充机制主要包括请求调入和置换功能。请求调入允许在仅装入部分程序和数据的情况下就启动该程序的执行，当所需要的指令或者数据不在内存空间时，通过向操作系统发出请求，由操作系统将所需要的部分调入内存。置换则是指允许将内存中暂时不用的程序和数据移至硬盘，以腾出内存空间。

2.3.3 设备管理

计算机主机连接着许多设备，有专门用于输入/输出(I/O)数据的设备，也有用于存储数据的设备，还有用于某些特殊要求的设备，这些设备又来自不同的生产厂家，型号五花八门。如果操作系统没有设备管理功能，用户将难以使用这些设备。

设备管理的任务是：① 为用户提供设备的独立性，使用户不管是通过程序逻辑还是命令来使用设备时都不需要了解设备的具体操作，设备管理在接到用户的要求后，将用户提供的设备与具体的物理设备进行连接，再将用户要处理的数据送到物理设备上；② 对各种设备信息的记录、修改；③ 对设备行为的控制。

操作系统主要通过以下功能来实现对设备的管理：

(1) 缓冲管理：通过在 CPU 和 I/O 设备之间设置缓冲，有效解决 I/O 设备和 CPU 的速度不匹配问题，提高 CPU 的利用率，提高系统的吞吐量。常见策略包括单缓冲、双缓冲以及缓冲池等。

(2) 设备分配：根据用户 I/O 请求、系统现有资源状况以及设备分配策略来分配设备。同时还需要考虑设备分配完后系统是否安全等问题。

(3) 设备处理：检查 I/O 请求是否合理，了解设备状态，读取有关的参数和设置设备的工作方式，然后向设备控制器发出 I/O 命令，启动 I/O 设备完成相应操作，或响应中断请求并调用相应中断处理程序。

2.3.4 文件管理

文件管理指操作系统对信息资源的管理，文件是一个在逻辑上具有完整意义的一组相关信息的有序集合，每个文件都有一个文件名。操作系统对文件管理主要包含以下方面。

(1) 文件存储空间的管理：由文件系统统一管理文件以及文件的存储空间以提高外存

的利用率和读取速度，为此系统需要设置相应的数据结构，用于记录文件存储空间的使用情况。

(2) 目录管理：为每个文件建立一个目录项，以记录文件的详细情况，并通过对目录项的管理提供文件共享及快速目录查询等功能，提高文件检索速度。

(3) 文件处理：包含创建文件、删除文件、读文件、写文件、打开文件、关闭文件等，对文件的读写管理主要体现在对文件读写指针的管理，通过防止未经核准的用户存取文件以及防止用户以错误方式使用文件来实现对文件的安全管理。

2.3.5　I/O 管理

"I/O"就是"输入/输出"，操作系统通过 I/O 管理，实现通过 I/O 接口将数据输入到计算机，或者接收计算机的输出数据。操作系统通过联机用户接口、脱机用户接口和程序用户接口的管理来实现 I/O 管理。

(1) 联机用户接口：由一组键盘操作命令及命令解释程序组成。通过在终端或者控制台输入一条命令然后通过命令解释程序解释执行来实现对用户作业的控制。

(2) 脱机用户接口：为批处理作业用户提供，用户首先将对作业进行的控制和干预命令写到作业控制说明书上，然后将其同作业一起提交给系统，系统处理作业的时候会通过命令解释程序对作业控制说明书上的命令解释执行，以此实现用户对其作业的控制。

(3) 程序用户接口：分为图形用户接口和程序接口两种。图形用户接口是指通过图形化的操作界面，用容易识别的各种图标来将系统的各项功能、各种应用程序和文件直观表现出来，如以鼠标取代命令的键入等。程序接口主要为用户的程序使用操作系统的服务提供访问系统资源提供便利，它由一组系统调用组成，是用户程序取得系统服务的唯一途径。

2.3.6　中断处理和错误处理管理

现代操作系统除了以上五大功能以外，还需要具备以下两个基本功能。

1. 中断处理

在系统的运行过程中可能发生各种各样的异常情况，如硬件故障、电源故障、软件本身的错误，以及程序设计者所设定的意外事件，这些异常一旦发生都会影响系统的运行。因此，操作系统必须对这些异常先有所准备，这就是中断处理的任务。中断处理功能针对可预见的异常配备了中断处理程序及调用路径，当中断发生时暂停正在运行的程序而转去处理中断处理程序，它可对当前程序的现场进行保护并执行中断处理程序，在返回当前程序之前进行现场恢复直到当前程序再次运行。

2. 错误处理

当用户程序在运行过程中发生错误时，操作系统的错误处理功能既要保证错误不影响整个系统的运行，又要向用户提示发现错误的信息。因此，我们常常可以看到显示器上给出了发生错误的类型及名称，并提示用户如何进行改正，在错误改正后用户程序才可以顺利运行。

针对可能出现的错误，错误处理功能首先将可能出现的错误进行分类，并配备对应的错误处理程序，一旦错误发生，它就自动实现纠错功能。它一方面找出问题所在，另一方面自动保障系统的安全。正是有了错误处理功能，系统才表现出一定的坚固性。

2.4　Windows 10 的基本操作

2.4.1　启动与关闭 Windows 10

　　启动与关闭 Windows 10 与计算机的硬件有密切的关系。若计算机有打印机、扫描仪、移动硬盘、优盘等外部设备，按照以下启动步骤进行：

　　(1) 打开打印机、扫描仪电源，确认外部设备的连接线已经正确连入计算机相关接口。

　　(2) 开启计算机显示器电源。

　　(3) 开启计算机主机箱电源，计算机硬件进行自检。

　　(4) Windows 10 初始化引导载入程序，进行硬件检测，载入 Windows 10 的内核文件，初始化内核，这时屏幕上就会显示 Windows 10 的标志，操作系统在后台执行创建硬件注册表键，对控制装置(Control Set)注册表键进行复制、载入和初始化设备驱动，以及启动服务。

　　(5) 进入 Windows 10 欢迎界面，若不需要输入密码，则直接进入 Windows 10 桌面，否则，需要选择用户并输入正确的密码才能进入系统。

　　(6) 建议进入 Windows 10 系统后，用户再插入移动硬盘、优盘等外部设备。

　　关闭 Windows 10，按照以下关机、关电步骤进行：

　　(1) 保存并关闭 Windows 10 中正在编辑的所有文档。

　　(2) 点击 Windows 10 主菜单中的"电源 / 关机"按钮，如图 2-2 所示。

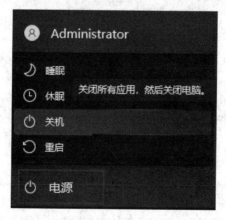

图 2-2　Windows 10 关机步骤

　　(3) 待主机的电源 LED 灯熄灭后，关闭显示器的电源。

　　(4) 关闭打印机、扫描仪电源。

2.4.2　认识 Windows 10 桌面、窗口和开始菜单

　　Windows 具有个性化的操作系统，它不仅提供各种精美的桌面壁纸，还提供更多的外观，提供不同的背景主题和灵活的声音方案，让用户随心所欲地绘制属于自己的个性桌面。图 2-3 所示为 Windows 10 桌面。

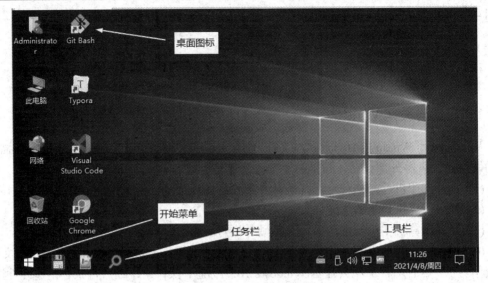

图 2-3　Windows 10 桌面

2.4.3　Windows 10 的资源管理器

资源管理器是 Windows 系统提供的资源管理工具,用户可以使用它查看计算机中的所有资源,特别是它提供的树形文件系统结构,能够让使用者更清楚直观地认识计算机中的文件和文件夹。资源管理器的启动方法有以下几种:

(1) 双击桌面文件"资源管理器"快捷方式图标。

(2) 单击任务栏中的"资源管理器"快捷方式图标。

(3) 右击任务栏上的"开始"→"资源管理器"。

(4) 鼠标右击桌面上的"此电脑(我的电脑)"系统图标,从菜单中选择"资源管理器"命令。

(5) 使用快捷键:"Win+E"。

另外,资源管理器程序(explorer.exe)还可以在运行中直接打开,输入"explorer"(搜索)即可。

资源管理器主要由以下几部分组成,如图 2-4 所示。

(1) 左窗口:左窗口显示各驱动器及内部各文件夹列表等。选中(单击文件夹)的文件夹称为当前文件夹,此时其图标呈打开状态,名称行有颜色映射。文件夹左方有"+"标记的表示该文件夹有尚未展开的下级文件夹,单击"+"可将其展开(此时变为"-"),没有标记的表示没有下级文件夹。

(2) 右窗口:右窗口显示当前文件夹所包含的文件和下一级文件夹。右窗口的显示方式可以改变:右击或选择菜单"查看→大图标、小图标、列表、详细资料或缩略图"改变查看方式。右窗口的排列方式也可以改变:选择菜单"排列图标→按名称、按类型、按大小、按日期或自动排列"改变排列方式。

(3) 窗口左右分隔条:拖动可改变左右窗口大小。

(4) 此外,资源管理器中还有菜单栏、状态栏、工具栏等选项,这里不再一一说明。

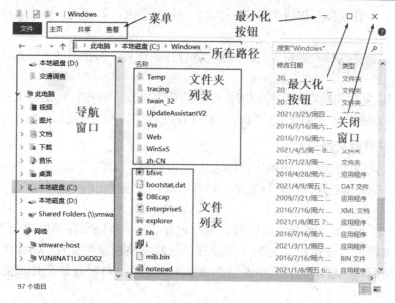

图 2-4　Windows 10 资源管理器

2.4.4　Windows 10 中文件夹和文件的基本操作

1．创建文件夹

启动资源管理器，确定新建文件夹位置后，选择菜单文件或右击→"新建"→"文件夹"。

注意：给新建文件夹命名时，由于文件夹名称默认已选择，因此可以直接输入新名，不必删除。

2．选定文件或文件夹

(1) 选定单个文件夹或选定文件：单击左、右窗口的文件夹图标或单击右窗口文件图标即可。

(2) 连续选择、间隔选择、全部选定和取消选定。

· 连续选择：　先单击第一个文件(夹)，再按住"Shift"键不放单击最后一个，或拖动鼠标框选。

· 间隔选择：按住"Ctrl"键不放，逐一单击。

· 全部选定：选择菜单工具栏中的"编辑"→"全部选定"；也可按"Ctrl+A"快捷键。

· 取消选定：在空白区单击则取消所有选定；若取消某个选定，可按住"Ctrl"键不放，鼠标单击要取消的文件(夹)。

3．移动与复制文件(夹)

(1) 用剪贴板移动与复制(优选)。

· 移动：选定→剪切→定位→粘贴。

· 复制：选定→复制→定位→粘贴。

(2) 用鼠标移动与复制。

• 移动：按住鼠标左键将文件(夹)拖动到目标文件夹，如在同一驱动器中操作则不用按键。

• 复制：按住鼠标左键将文件(夹)拖动到目标文件夹，如在不同驱动器间操作则不用按键。

(3) 剪切、复制和粘贴的三种方式：即在菜单中操作，或在目标图标上右击鼠标在快捷菜单中操作，或使用快捷组合键"Ctrl + X"(剪切)、"Ctrl + C"(复制)、"Ctrl + V"(粘贴)。

4．删除文件或文件夹

(1) 删除方法。用鼠标左键单击目标选定，而后使用"DEL"键删除；也可以使用"菜单"中"删除"按钮删除或在目标上单击鼠标右键，并在弹出的菜单中使用"删除"选项删除。

(2) 回收站的使用。回收站是硬盘上的特定存储区，用来暂存被删除的文件(夹)，它是保护信息安全的一项措施。它的工作原理是回收站将删除的文件(夹)排成一个指针队列，当回收站满时，最先送到其中的信息将被永久删除。对回收站文件或文件夹的操作有两种：

① 恢复删除：打开回收站，选定文件→点击"还原"。

② 永久删除有两种方法：

• 删除所有文件：右击回收站→点击"清空回收站"或打开回收站后选择"清空回收站"。

• 删除选定文件：选定后按"Shift + Del"。

5．文件或文件夹重命名

(1) 打开文件→选定菜单项"文件"→"重命名"，输入新文件名后回车。

(2) 右击文件(夹)→"重命名"。

(3) 选定文件→再单击，片刻即出现重命名状态。

(4) 选定文件→按"F2"键。

6．查找及属性浏览

(1) 调整对象显示方式：右击右窗口空白处→选择一种查看模式。

(2) 调整图标排列方式：右击右窗口空白处→排列图标或菜单查看→排列图标。

(3) 查找文件(夹)和应用程序：工具栏→搜索或开始按钮→搜索。

(4) 浏览系统的属性：右击此电脑→属性或选定我的电脑→菜单文件→属性。

(5) 浏览磁盘驱动器属性：设置方法同上，只是选定的是驱动器。

(6) 浏览文件(夹)属性：设置方法同上，只是选定的是文件(夹)。属性可单击相应的复选框改变。文件(夹)有三种属性：

• 只读属性：选中后文件不能被修改。

• 隐藏属性：选中后文件(夹)就不显示(必须与菜单工具→文件夹选项配合)。

• 存档属性：最常见的属性，表示该文件(夹)已经存档。

2.4.5　使用 Windows 10 的控制面板

控制面板对于 Windows 系统而言，可以说是 Windows 设置的中枢功能区。用户做的大多数系统设置，包括外观主题更改、网络设置、程序卸载、安全维护等操作，都需要用到控制面板。

进入控制面板的方法：在 Windows 10 开始菜单中找到 Windows 系统，点击控制面板，在弹出窗口中选择需要操作的功能，如图 2-5 所示。

图 2-5　Windows 10 控制面板

2.4.6　通过 Windows 10 连入无线网络

通过点击 Windows 10 桌面右下角的无线网络图标，弹出可搜索到的无线网络列表，点击需要的无线网络名称，输入正确的密码即可连入无线网络。也可点击控制面板下的网络和共享中心界面中的网络，进行网络连接，如图 2-6 所示。

图 2-6　Windows 10 网络和共享中心

2.4.7　通过 Windows 10 下载、安装、启动和卸载软件

1. 下载软件

一般来说，很多软件在网上都有下载的页面，使用者可以根据需要，通过互联网上软

件的开发公司页面、官方的软件下载页面或者安全的软件下载集合页面进行下载，例如需要 QQ 软件，可以到 QQ 官网、腾讯软件中心等官方网址下载，如图 2-7 所示。

图 2-7　腾讯软件中心

2．安装软件

软件下载后有压缩文件和非压缩文件两种状态。部分压缩文件解压缩后不需要安装即可使用；而对于其他压缩文件和大多数软件来说，都需要安装后才能使用，这类软件可以双击解压缩或下载后的安装执行文档安装后使用。如图 2-8 所示为"钉钉"软件的安装首页。

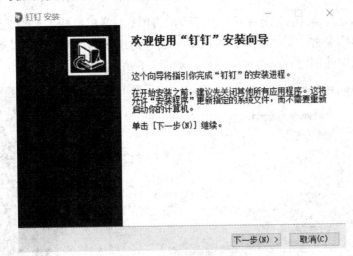

图 2-8　钉钉软件的安装首页

3．启动软件

软件安装好后，会在开始菜单建立软件启动快捷方式，有的软件也会在桌面或者任务栏创建快捷方式，用户可以通过单击开始菜单或任务栏的快捷方式，也可以通过双击桌面上的快捷方式来启动软件。

4．卸载软件

打开控制面板，选择"程序和功能"项，在弹出的窗口中找到需要卸载的软件，双击软件名称，之后按照软件给出的步骤即可完成卸载软件的任务，如力 2-9 所示。也可以使用第三方软件来实现软件卸载功能。

图 2-9 软件的卸载界面

2.4.8 通过 Windows 10 查看计算机硬件信息

打开控制面板，选择"设备管理器"项，在弹出的窗口中即可查看当前所用计算机硬件设备的信息，如所用处理器、磁盘驱动器、存储控制器等，如图 2-10 所示。

图 2-10 设备管理器使用界面

2.4.9 在 Windows 10 中使用中文输入法

Windows 10 操作系统在安装时会自动安装微软输入法，用户也可以通过安装输入法软件的方式来使用第三方公司的中文输入法，常用的中文输入法有搜狗输入法、QQ 输入法、科大讯飞输入法、百度输入法等。图 2-11 所示为通过使用的输入法在记事本中输入中文。

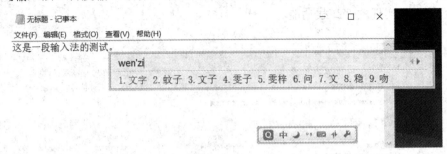

图 2-11　通过使用 QQ 输入法在记事本中输入中文

在 Windows 10 中，使用"Ctrl + Space"组合键可实现中英文输入法切换，使用"Ctrl+Shift"组合键可实现输入法之间的切换。

2.4.10　在 Windows 10 中设置日期和时间

出于使用者的需要，有时候要设置本机系统的当前日期和时间，需要使用鼠标右键点击桌面右下角的日期时间位置区域，在弹出的菜单中选择"调整日期/时间"，再在弹出的窗口中通过点击"更改"按钮来实现日期和时间的设置，如图 2-12 所示。

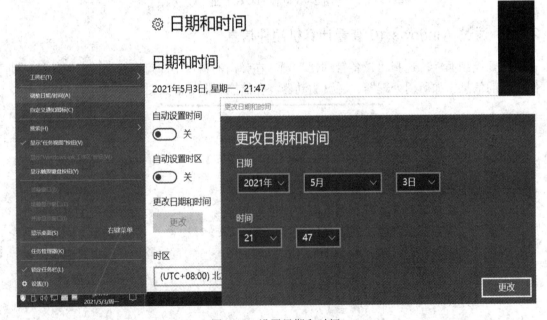

图 2-12　设置日期和时间

2.4.11　Windows 10 的安全配置

1. Windows 10 自带的安全防护

打开控制面板，选择"安全和维护"选项，在弹出的窗口中即可对本机的安全和维护参数进行设置，或者依托于 Windows 10 筛选机制进行系统问题的检查，如图 2-13 所示。

图 2-13 安全和维护界面

2. Windows 10 防火墙

Windows 10 防火墙有助于防止黑客或恶意软件通过 Internet 或网络访问或攻击计算机。

打开控制面板，选择"Windows 防火墙"选项，在弹出的窗口中即可以对 Windows 防火墙进行启用或关闭操作，也可以在高级设置中单独对某些软件或特殊端口进行入站规则、出站规则、连接安全规则及监视等设置，如图 2-14 所示。

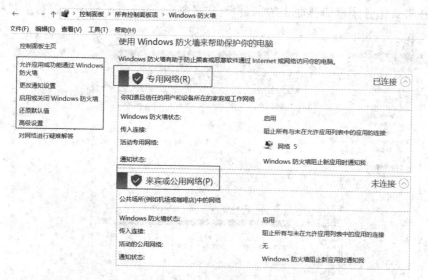

图 2-14 Windows 防火墙主界面

3. 第三方杀毒/防护软件

安全防护软件有许多，除了 Windows 10 自带的安全软件以外，还有其他软件公司研发的第三方安全软件，如火绒安全软件、360 杀毒软件、腾讯电脑管家、金山毒霸、卡巴斯基杀毒软件等。图 2-15 所示为一款第三方安全软件主界面。

图 2-15   一款第三方安全软件主界面

2.4.12   通过 Windows 10 实现磁盘管理

这里的磁盘管理主要指分区和格式化。Windows 10 将文件存放在磁盘中，但新磁盘不是买来后就能直接用的，新购买的磁盘需要进行分区、格式化才能使用。需要特别提醒的是，一旦磁盘进行了分区和格式化，磁盘中存放的文件和数据将难以恢复，因此，对于存有数据的磁盘，要谨慎进行此操作。

对磁盘的分区操作是：鼠标右键点击此电脑（"我的电脑"）→"管理"（或 Win+X 键）→选择"磁盘管理"，进入磁盘管理之后，对于未分配的磁盘，单击右键，选择"新建简单卷…"（如图 2-16 所示），点击下一步，输入简单卷大小，点击下一步，分配盘符，点击下一步，在格式化分区窗口界面上输入卷标（非必要），再点击下一步，等待磁盘格式化完成即可。

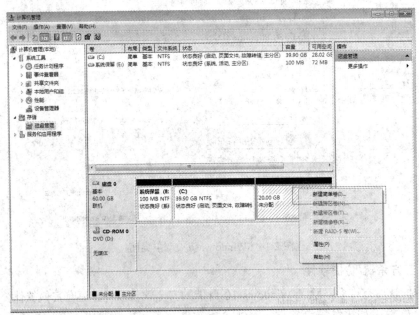

图 2-16   磁盘分区管理

2.4.13 使用 Windows 10 安装打印机

首先，单击桌面左下角的"开始"选项，或者直接按下"Win"键，之后单击"设置"，在弹出的界面中，选择"设备"，然后选择"打印机和扫描仪"，单击"添加打印机或扫描仪"前面的加号，如图 2-17 所示。等待电脑自动扫描出打印机，然后设置扫描出来的打印机为默认设备。

有的打印机需要单独安装打印机驱动程序，用户可以使用打印机自带驱动或自行到打印机出品方网站下载打印机的驱动。

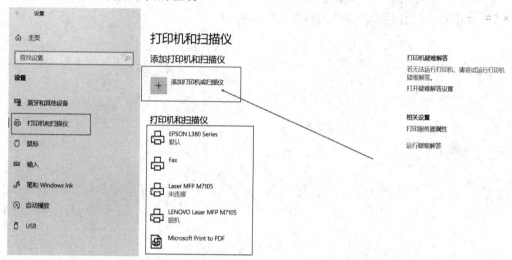

图 2-17 Windows 10 安装打印机主要操作步骤图

本 章 习 题

1．选择题。

(1) Windows 10 操作系统是一个( )。

A．单用户多任务操作系统　　　　B．单用户单任务操作系统

C．多用户单任务操作系统　　　　D．多用户多任务操作系统

(2) 若将一个应用程序添加到( )文件夹中，则以后启动 Windows 10，即会自动启动该应用程序。

A．控制面板　　　B．启动　　　C．文档　　　D．程序

(3) 以下( )文件被称为文本文件或 ASCII 文件。

A．以 .exe 为扩展名的文件　　　　B．以 .txt 为扩展名的文件

C．以 .com 为扩展名的文件　　　　D．以 .doc 为扩展名的文件

(4) 未联网的个人计算机感染病毒的可能途径是( )。

A．从键盘上输入数据　　　　　　B．运行经过严格审查的软件

C．优盘表面不清洁　　　　　　　D．使用来路不明或不知底细的优盘

(5) 下列说法中错误的是( )。

A. 操作系统是一种软件

B. 计算机是资源的集合体，包括软件资源和硬件资源

C. 计算机硬件是操作系统工作的实体，操作系统的运行离不开硬件的支持

D. 操作系统是独立于计算机系统的，它不属于计算机系统

2. 处理机管理有哪些主要功能？它们的主要任务是什么？

3. 文件管理有哪些主要功能？其主要任务是什么？

4. 操作系统的 4 个特征是什么？试用自己的理解分别描述出来。

5. 影响实现分时系统的关键问题是什么？应如何解决？

6. 操作系统具有异步性特征的原因是什么？

第三章 计算机网络

3.1 计算机网络概述

3.1.1 初识网络

21世纪是一个以网络为核心的信息时代，它的重要特征就是数字化、网络化和信息化。现如今，网络对社会生活的很多方面以及对社会经济的发展已经产生了不可估量的影响，已经成为信息社会的命脉和发展知识经济的重要基础。

在我们身边有三大类网络，即电信网络、有线电视网络和计算机网络。按照最初的服务分工，电信网络向用户提供电话电报及传真等服务。有线电视网络向用户传送各种电视节目。计算机网络则使用户能够在计算机之间传输数据文件。不过，虽说这三种网络在信息化过程中都起到了十分重要的作用，但其中发展最快的并起到核心作用的则是计算机网络。

随着信息技术的发展，电信网络和有线电视网络都逐渐融入了现代计算机网络，扩大了原有的服务范围，而计算机网络也能够向用户提供电话通信、视频通信等服务。把上述三种网络融合成一种网络就能够提供三种网络所提供的服务，这就是很早以前就提出来的"三网融合"。三网融合并不意味着三大网络的物理合一，而主要是指高层业务应用的融合。三网融合应用广泛，遍及智能交通、环境保护、政府工作、公共安全、平安家居等多个领域。

现代计算机网络指以Internet为主的计算机网络。自20世纪90年代以来，以Internet为代表的计算机网络得到了飞速的发展，已从最初的仅供美国人使用的免费教育科研网络，逐步发展成为供全球使用的商业网络。可以毫不夸大地说，Internet是人类自印刷术发明以来，在储存和交换信息领域的最大变革。

互联网时代正在改变和影响着我们的生活，全世界人类的生产生活正在经历着翻天覆地的重大变革。互联网、人工智能和科技信息化的今天，互联网从方方面面给人们带来方便和快捷。互联网的出现是时代进步的必然要求，是科技发展的重要标志。如今，互联网已经融入世界的每一个角落，人们的情感理念、价值取向、思维方式、生活行为习惯等，都在互联网的普及和影响下发生了巨大而深刻的变化。

信息化发展取得的历史性成就，给人民群众带来了实实在在的获得感。政务、公安、医疗、教育、物联、消防等不断互联互通。共享经济、移动支付及通过互联网改善社会服务和民生保障等已成为互联网应用的典范，并传播到更多更广的地方，尤其是"互联网+"

战略的实施，成为传统产业升级、制造业提质的推动力，也为更多人提供了创新创业和创造商业的机会，在促进中国经济发展乃至带动全球经济发展方面，创造了新的价值与机遇。

3.1.2　计算机网络的定义

人们对计算机网络的定义，大致可以分为以下四类：

1．广义观点
能实现远程信息处理的系统或能进一步达到资源共享的系统，都是计算机网络。

2．资源共享观点
计算机网络是以能够相互共享资源的方式互联起来的自治计算机系统的集合。该定义符合目前计算机网络的基本特征，它包含以下三层含义。

(1) 目的：资源共享。

(2) 组成单元：分布在不同地理位置的多台独立的"自治计算机"。

(3) 网络中的计算机必须遵循的统一规则——网络协议。

3．用户透明性观点
该观点把计算机网络形容为一个能为用户自动管理资源的网络操作系统，它能够调用用户所需要的资源。整个网络就像一个大的计算机系统一样，对用户是透明的，用户使用网络就像使用一台单一的超级计算机，无需了解网络的存在和资源的位置信息。用户透明性观点的定义描述了一个分布式系统，它是网络未来发展追求的目标。

4．通用观点
该观点把计算机网络形容为利用通信线路将地理上分散的、具有独立功能的计算机系统和通信设备按不同的形式连接起来，以功能完善的网络软件及协议实现资源共享和信息传递的系统。

3.1.3　计算机网络的组成

计算机网络的组成分为如下几类：

1．从组成部分上看
一个完整的计算机网络主要由硬件、软件、协议三大部分组成，缺一不可。

(1) 硬件主要由主机、通信链路(如双绞线、光纤)、交换设备(路由器、交换机等)和通信处理机(如网卡)等组成。

(2) 软件主要包括各种实现资源共享的软件和方便用户使用的各种工具软件(如网络操作系统、邮件收发系统、FTP 程序、通信聊天程序等)。

(3) 协议是计算机网络的核心，协议规定网络传输数据所遵循的规范。

2．从工作方式上看
计算机网络(这里主要指 Internet)可分为边缘部分和核心部分。边缘部分由所有连接到因特网上、供用户直接使用的主机组成，用来进行通信(如传输数据、音频或视频等)和资源共享；核心部分由大量的网络和连接这些网络的路由器组成，它为边缘部分提供连通性和交换服务。

3．从功能组成上看

计算机网络由通信子网和资源子网组成。通信子网由各种传输介质、通信设备和响应的网络协议组成，它使网络具有数据传输、交换、控制和存储的能力，实现联网计算机之间的数据通信。资源子网是实现资源共享功能的设备及其软件的结合，其向网络用户提供共享其他计算机上的硬件、软件和数据资源的服务。

3.1.4　计算机网络的功能

计算机网络主要有以下五大功能。

1．数据通信

数据通信是计算机网络最基本和最重要的功能，用来实现联网计算机间的各种信息的传输，并将分散在不同地理位置的计算机联系起来进行统一的调配、控制和管理。比如，文件传输、电子邮件等应用，离开了计算机网络将无法实现。

2．资源共享

资源共享可以是软件共享、数据共享，也可以是硬件共享，即是计算机网络中资源的互通有无、分工协作，从而极大地提高硬件、软件和数据资源的利用率。

3．分布式处理

当计算机网络中的某个计算机系统负荷过重时，可以将其处理的某些复杂任务分配给网络中的其他计算机承担，从而利用空闲计算机资源提高整个系统的利用率。

4．提高可靠性

计算机网络中的各台计算机可以通过网络互为替代机以提高系统的可靠性。

5．负载均衡

将工作任务均衡地分配给计算机网络中的各台计算机。

3.1.5　计算机网络的发展演变

1．第一阶段：面向终端的计算机网络

20 世纪 50～60 年代，计算机网络进入到面向终端的阶段，将地理上分散的多个终端通过通信线路连接到一台中心计算机上，并以这台中心计算机为主机，实现与远程终端的数据通信，如图 3-1 所示。典型应用是美国航空公司与 IBM 在 20 世纪 50 年代初开始联合研究，20 世纪 60 年代投入使用的飞机订票系统 SABRE_I。它由一台计算机和全美范围内 2000 个终端组成(终端硬件仅包括阴极射线显像管(CRT)、键盘，没有 CPU、内存和硬盘)。

这一阶段的主要特点是：数据集中式处理，数据处理和通信处理都通过主机完成，数据的传输速率就受到了限制；系统的可靠性和性能完全取决于主机的可靠性和性能，但便于维护和管理，数据的一致性也较好；主机的通信开销较大，通信线路利用率低，对主机依赖性大。

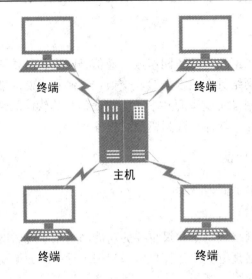

图 3-1　面向终端的计算机网络

2. 第二阶段：多台计算机互连的计算机网络

计算机网络发展的第二个阶段是以通信子网为中心的网络阶段(又称为"计算机-计算机网络阶段")，它是在 20 世纪 60 年代中期发展起来的，由若干台计算机(称为主机)相互连接成一个系统，即利用通信线路将多台计算机连接起来，实现了计算机与计算机之间的通信，如图 3-2 所示。

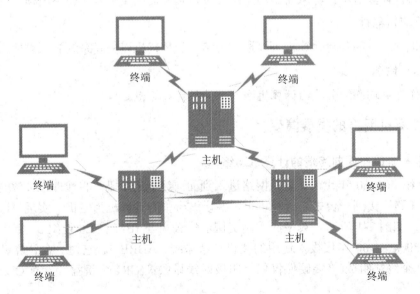

图 3-2　多机互连的计算机网络

这一阶段主要有两个标志性成果：

(1) 提出分组交换技术(将用户传送的数据划分成一定的长度，每个部分叫做一个分组，通过分组的方式传输信息的技术)。

(2) 形成 TCP/IP 协议雏形。在这阶段最引人注目的是 1969 年阿帕网(ARPAnet)的建立,高等研究计划署网络(Advanced Research Projects Agency Network,缩写 ARPAnet)是美国国防高等研究计划署开发的在世界上运营的第一个数据包交换网络,已经具备网络的基本形态和功能,是全球互联网的鼻祖。阿帕网的诞生通常被认为是网络传播的"创世纪"。

不过,在阿帕网问世之际,大部分电脑还互不兼容。于是,如何使硬件和软件都不同的计算机实现真正的互联,就是人们力图解决的难题,这个过程中,被称为"互联网之父"的温顿·瑟夫为此做出了首屈一指的贡献,如图 3-3 所示。这预示着网络标准化阶段的来临。

温顿·瑟夫(Vinton G. Cerf)博士 1943 年出生于美国康涅狄格州,斯坦福大学数学学士学位、加州大学洛杉矶分校的计算机科学硕士和博士学位。TCP/IP 协议的发明者,现为 Google 副总裁兼首席互联网顾问。

图 3-3 温顿·瑟夫简介

面向终端的计算机网络与分组交换网的区别,如图 3-4 所示。

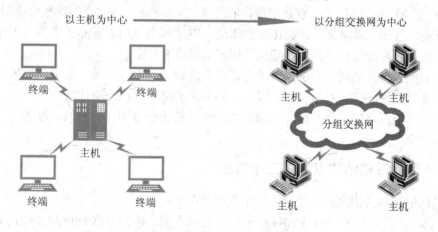

图 3-4 两个阶段网络的对比

早期的面向终端的计算机网络是以单个主机为中心的星形网,各终端通过通信线路共享昂贵的中心主机的硬件和软件资源。分组交换网则是以网络为中心,主机都处在网络的外围。用户通过分组交换网可共享连接在网络上的许多硬件和各种丰富的软件资源。

3. 第三阶段:面向标准化的计算机网络

20 世纪 70 年代末至 80 年代初,微型计算机得到了广泛的应用,各机关和企事业单位为了适应办公自动化的需要,迫切要求将内部众多的计算机连接起来,以达到资源共享和相互传递信息、提高数据传输效率的目的。但是,这一时期计算机之间的组网是有条件的,在同网络中只能存在同一厂家生产的计算机,其他厂家生产的计算机无法接入。在此期间,各大公司都推出了自己独有的网络体系结构和执行标准:

- IBM 公司(1974) SNA(系统网络体系结构)
- DEC 公司 DNA(数字网络系统结构)
- Univac 公司 DCA(数据通信体系结构)
- Burroughs 公司 BNA(宝来网络体系结构)

这些网络技术标准只在一个公司范围内有效,对其他公司或产品不能兼容,造成各网络之间不能相互通联,使网络通信市场各自为政,而这种状况不利于多厂商之间的公平竞争,更不利于网络全球化的发展。于是,1977 年国际标准化组织(ISO)组织的 TC97 信息处理系统技术委员会开始着手制定系统开放互连参考模型。1984 年公布的 ISO7498,即 ISO/OSI-RM 国际标准,开创了一个具有统一网络体系结构、遵循国际标准的开放式和标准化网络。该模型把网络划分为七个层次,并规定计算机之间只能在对应层进行通信,在简化网络通信方面均卓有成效,已被国际社会普遍接受,成为目前计算机网络系统结构的基础。

后续发展过程中,在后来出现的 ARPAnet 等基础上,形成了以 TCP/IP 为核心的因特网。因特网规定,任何一台计算机只要遵循 TCP/IP 协议簇标准,并有一个合法的 IP 地址,就可以接入到 Internet。TCP 和 IP 是 Internet 所采用的协议簇中最核心的两个,分别称为传输控制协议(Transmission Control Protocol, TCP)和互联网协议(Internet Protocol, IP)。

4. 第四阶段:面向全球互连的计算机网络

20 世纪 90 年代以后,随着数字通信的出现,计算机网络进入到第四个发展阶段,其主要特征是综合化、高速化、智能化和全球化。1993 年美国政府发布了名为《国家信息基础设施行动计划》的文件,其核心是构建国家信息高速公路。

这一时期在计算机通信与网络技术方面以高速率、高服务质量、高可靠性等为指标,出现了高速以太网、虚拟专用网络(VPN)、无线网络、P2P 网络(对等网络)、下一代网络(NGN)等技术,计算机网络的发展与应用渗透到人们生活的各个方面,计算机网络进入一个多层次的发展阶段。

3.1.6 互联网基础结构发展的三个阶段

互联网的基础结构大体上经历了三个阶段的演进。

(1) 第一阶段是从单个网络 ARPAnet 向互联网发展。1969 年美国国防部创建的第一个分组交换网 ARPAnet 最初只是一个单个的分组交换网(并不是一个互联的网络)。所有要连接在 ARPAnet 上的主机都直接与就近的结点交换机相连,但到了 20 世纪 70 年代中期,人们已认识到不可能仅使用一个单独的网络来满足所有的通信问题,于是 ARPANET 开始研究多种网络(如分组无线电网络 PRNET)互联的技术,这就导致了互联网络的出现,并成为现今互联网(Internet)的雏形。

(2) 第二阶段的特点是建成了三级结构的互联网。1986 年,美国 NSF 建立了国家科学基金网(NSFNET),因特网逐步形成了三级层次架构,主干网、地区网和校园网(企业网),如图 3-5 所示。

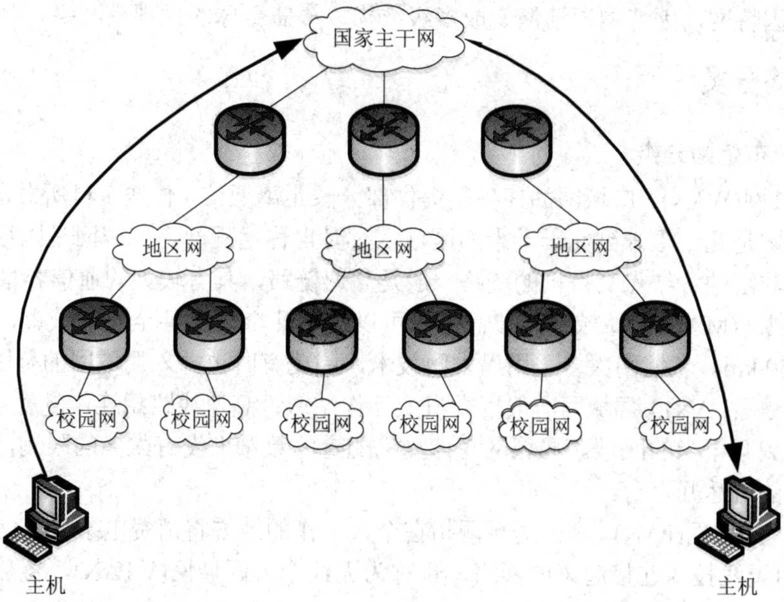

图 3-5　三级层次架构

这种三级计算机网络覆盖了全美国主要的大学和研究所，并且成为互联网的主要组成部分。

(3) 第三阶段的特点是逐渐形成了多层次 ISP 结构的互联网，如图 3-6 所示。从 1993 年开始，由美国政府资助的 NSFNET 逐渐被若干个商用的互联网主干网替代，而政府机构不再负责互联网的运营。这样就出现了一个新名词：互联网服务提供者 ISP (Internet Service Provider)。在许多情况下，ISP 就是一个进行商业活动的公司，因此 ISP 又常译为互联网服务提供商。例如，中国电信和中国移动等公司都是我国的 ISP。

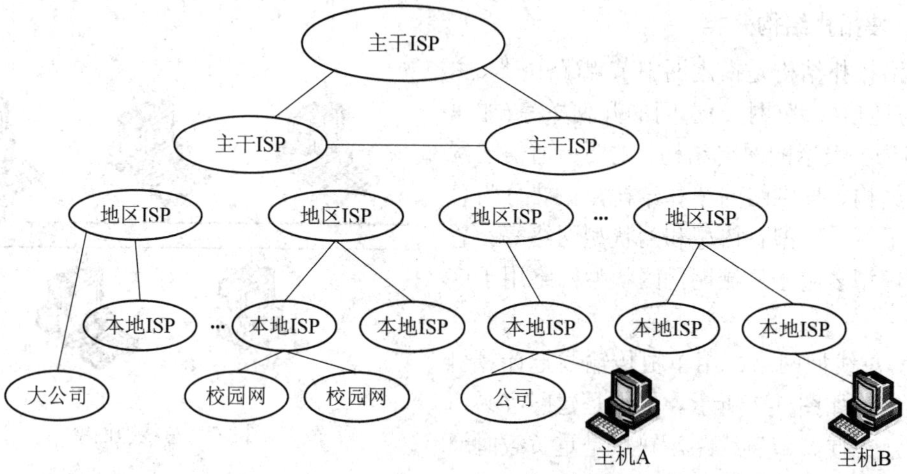

图 3-6　多层次 ISP 结构的互联网

NSF(美国国家科学基金会)从 1994 年开始创建了纽约、华盛顿特区、芝加哥和旧金山 4 个网络接入点 NAP (Network Access Point)，它们由最初美国财政支持的因特网转变成为商业运作的因特网，因特网逐渐演变成多级结构、覆盖全球的大规模网络。

3.1.7　网络分类

1．按分布范围分类

(1) 广域网(WAN)。广域网的任务是提供部分长距离通信，传送主机所发送的数据，其覆盖范围通常是几十千米到几千千米的区域，有时也称远程网。广域网是因特网的核心部分。链接广域网的各结点交换机的链路一般是高速链路，具有较大的通信容量。

(2) 城域网(MAN)。城域网的覆盖范围可以跨越几个街区甚至几个城市，一般覆盖范围约为 5～50 km。城域网大多采用以太网技术，因此有时也并入局域网的范围进行讨论。

(3) 局域网(LAN)。局域网一般用微机或工作站通过高速线路相连，覆盖范围较小，通常为几十米到几千米的区域。局域网在计算机配置的数量上没有太多的限制，少的可以只有两台，多的可达几百台。

(4) 个人局域网(PAN)。个人局域网指在个人工作的地方将消费电子设备(平板电脑、智能手机等)用无线技术连接起来的网络，也称为无线个人区域网(WPAN)，覆盖区域直径约为 10 m。

2．按传输技术分类

(1) 广播式网络：所有联网计算机都共享一个公共通信信道。当一台计算机利用共享通信信道发送报文分组时，所有其他的计算机都会收听到这个分组。接收到该分组的计算机将通过检查目的地址来决定是否接受该分组。

(2) 点对点网络：每条物理线路连接一对计算机。如果通信的两台主机之间没有直接连接的线路，那么它们之间的分组传输就要通过中间节点进行接收、存储和转发，直至目的节点。是否采用分组存储转发与路由选择机制是点对点式网络与广播式网络的重要区别，广域网基本都属于点对点网络。

3．按拓扑结构分类

网络拓扑结构是指由网中节点(路由器、主机等)与通信线路(网线)之间的几何关系(如总环形、环形)表示的网络结构，主要指通信子网的拓扑结构。按网络的拓扑结构，主要分为总线型、星型、环型、树型和网状型网络等。总线型和环型多用于局域网，网状型网络用于广域网。

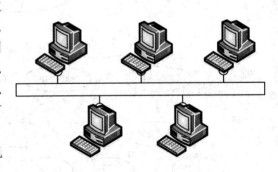

图 3-7　总线型网络

(1) 总线型网络：用单根传输线把计算机连接起来，如图 3-7 所示。优点是建网容易，增减结点方便、节省线路。缺点是重负载时通信效率不高、总线任意一处对故障敏感。

(2) 星型网络：每个终端或计算机都以单独的线路与中央设备相连，如图 3-8 所示。中央设备早期是计算机，现在一般是交换机或路由器。优点是便于集中控制和管理，因为端用户之间的通信必须经过中央设备。缺点是成本高，中心结点对故障敏感。

(3) 环型网络：所有计算机接口设备连接成一个环，如图 3-9 所示。环状网络最典型的例子是令牌环局域网。环可以是单环，也可以是双环，环中信号是单向传输的。

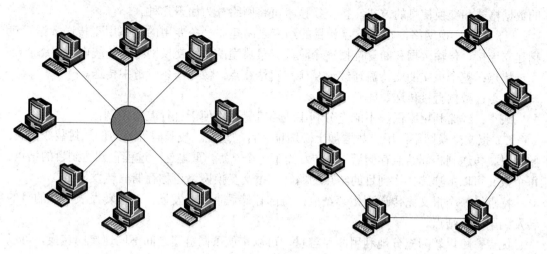

图 3-8 星型网络　　　　　　　　　图 3-9 环型网络

(4) 树型网络：是一种层次结构，结点按层次连接，信息交换主要在上下结点之间进行，相邻结点或同层结点之间一般不进行数据交换，如图 3-10 所示。优点是连接简单、维护方便，适用于汇集信息的应用要求。

(5) 网状型网络：一般情况下，每个结点至少有两条路径与其他结点相连，多用在广域网中，如图 3-11 所示。有规则型和非规则型两种。优点是可靠性高，有效解决线路瓶颈和故障问题。缺点是控制复杂、线路成本高。

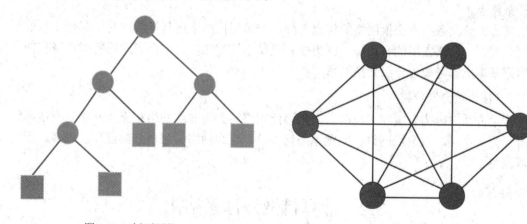

图 3-10 树型网络　　　　　　　　图 3-11 网状型网络

4．按使用者分类

(1) 公用网(Public Network)：指电信公司建造的大型网络。"公用"的意思是指所有愿意按电信公司的规定缴纳费用的人都可以使用这种网络，因此也称公众网。

(2) 专用网(Private Network)：指为满足本单位特殊业务的需要而建造的网络，这种网络不向本单位以外的人提供服务，例如铁路、电力、军队等部门的专用网。

5．按交换技术分类

交换技术是指各主机之间、各通信设备之间或主机与通信设备之间为交换信息所采用的数据格式和交换信息的方式。按交换技术可将网络分为如下几种。

(1) 电路交换网络：在源结点和目的结点之间建立一条专用的通路用于传送数据，包括建立连接、传输数据和断开连接三个阶段。最典型的电路交换网络是传统电话网络。

特点：整个报文的比特流连续地从源点直达终点，像在一条管道中传送。

优点：数据直接传送、时延低。

缺点：线路利用率低，不能充分利用线路容量，不便于进行差错控制。

(2) 报文交换网络：用户数据加上源地址、目的地址、校验码等辅助信息封装成报文。整个报文传送到相邻结点存储后，再转发给下一个结点，重复这一过程直到达到目的结点。每个报文可以单独选择达到目的结点的路径，报文交换网络也称存储—转发网络。

特点：整个报文先传送到相邻结点，全部存储后查找转发表，并按转发表记载的目的转发到下一个结点。

优点：可以较为充分地利用线路容量，可以实现不同链路之间不同速率的转换，可以实现格式转换，可以实现一对多、多对一的访问，可以实现差错控制。

缺点：增大了资源开销(如辅助信息导致处理时间和存储资源的开销)，增加了缓冲时间，需要额外的控制机制来保证多个报文的顺序不乱，缓冲区难以管理(因为报文的大小不确定，接收方在接收到报文之前不能预知报文的大小)。

(3) 分组交换网络，也称包交换网络：原理是将数据分成较短的固定长度的数据块，在每个数据块中加上目的地址、源地址等辅助信息组成分组(包)，以存储—转发方式传输。

特点：单个分组(它是整个报文的一部分)传送到相邻结点，存储查找转发表，转发到下一个结点。

优点：除具备报文交换网络的优点之外，分组交换网络还具有缓冲易于管理、包的平均时延更低、网络占用的平均缓冲区更少、更易于标准化、更适合应用的特点。现在的主流网络基本上都可视为分组交换网络。

6．按传输介质分类

传输介质可分为有线和无线两大类，因此网络可分为有线网络和无线网络。有线网络又分为光纤网络、双绞线网络、同轴电缆网络等。无线网络又可以分为蓝牙、微波、无线电等网络。

3.2　计算机网络体系结构

3.2.1　网络协议

网络协议是网络上所有设备(网络服务器、计算机及交换机、路由器、防火墙等)之间通信规则的集合，它规定了通信时信息必须采用的格式和这些格式的意义。这些为网络数据通信而制定的规则、约定与标准被称为网络协议(Protocol)。网络协议主要由以下三个要素组成。

(1) 语法：指用户数据与控制信息的结构与格式。用来规定信息格式、数据及控制信息的格式、编码及信号电平等。

(2) 语义：需要发出何种控制信息，以及完成的动作和作出的响应。用来说明通信双方应当怎么做，用于协调差错处理的控制信息。

(3) 时序：对事件实现顺序的详细说明，定义了何时进行通信、先讲什么、后讲什么、讲话的速度等，比如是采用同步传输还是异步传输。

为了保证在计算机网络中大量的计算机之间能有条不紊地交换数据，必须制定一系列的通信协议，因此网络(通信)协议是计算机网络中一个重要且基本的元素。

3.2.2　计算机网络的层次结构

一个功能完备的计算机网络需要制定一整套复杂的协议集，对于结构复杂的网络协议来说，最好的组织方式是层次结构模型方式，计算机网络协议就是按照层次结构模型来组织的。我们将网络层次结构模型与各层协议的集合定义为网络体系结构。该体系结构对计算机网络应该实现的功能进行了精确的定义，而这些功能是用什么样的硬件和软件去完成，则是具体的实现问题。体系结构是抽象的，而实现是具体的，它指能够运行的一些硬件和软件。计算机网络采用的层次结构，具有以下优点：

(1) 各层之间相互独立。某一层可以使用其下一层提供的服务而不需要知道服务是如何实现的。

(2) 灵活性好。当某一层发生变化时，只要其接口关系不变，则这层以上或以下的各层均不受影响。

(3) 结构上可分割开。各层可以采用最合适的技术来实现，各层实现技术的改变不影响其他层。

(4) 易于实现和维护。整个系统被分解为若干个易于处理的部分，这种结构使得每一个部分的实现和维护比较容易，进而降低了整体的实现和维护难度。

(5) 能促进标准化工作。每层的功能与所提供的服务都已有精确的说明，因此有利于促进标准化的进程。

3.2.3　OSI 参考模型

网络刚刚出现的时候，很多大型的公司都有自己的网络技术，公司内部计算机可以相互连接，但因为没有一个统一的规范，使得内部计算机之间相互传输的信息其他公司不能理解，所以不能与其他公司互联。随着信息技术的发展，为了使网络应用更为普及，各种计算机系统联网和各种计算机网络的互联成为了人们迫切需要解决的课题，OSI 参考模型在这种时代背景下应运而生。

OSI 参考模型(开放系统互连参考模型)定义了开放系统的层次结构、层次之间的相互关系及各层所包含的可能的服务。在 OSI 中的"开放"是指一个系统可以与位于世界上任何地方、同样遵循同一 OSI 标准的其他任何系统进行通信。

OSI 参考模型并没有提供一个可以实现的方法，OSI 参考模型只是描述了一些概念，用来协调进程间通信标准的制定。也就是说，OSI 参考模型并不是一个标准，而只是一个在制定标准时所使用的概念性的框架。

OSI 制定过程中所采用的方法是将整个庞大而复杂的大问题划分为若干个容易处理的小问题，这就是分层的体系结构方法，如图 3-12 所示。

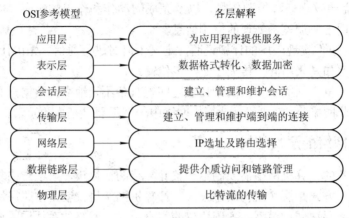

图 3-12　OSI 七层参考模型

1．物理层

　　物理层是参考模型的最底层，主要定义了系统的电气、机械、过程和功能标准。如：电压、物理数据速率、最大传输距离、物理连接器和其他的类似特性。物理层的主要功能是利用传输介质为数据链路层提供物理连接，负责数据流的物理传输工作。物理层传输的基本单位是比特流，即 0 和 1，也就是最基本的电信号或光信号——这些是最基本的物理信息。

2．数据链路层

　　数据链路层是在通信实体间建立数据链路连接，传输的基本单位为"帧"，并为网络层提供差错控制和流量控制服务。数据链路层由 MAC(介质访问控制子层)和 LLC(逻辑链路控制子层)组成。介质访问控制子层的主要任务是规定如何在物理线路上传输帧。逻辑链路控制子层对在同一条网络链路上的设备通信进行管理。

3．网络层

　　网络层主要为数据在结点之间传输创建逻辑链路，通过路由选择算法为分组选择最佳路径，从而实现拥塞控制、网络互联等功能。网络层是以路由器为最高结点、俯瞰网络的关键层，它负责把分组从源网络传输到目标网络的路由选择工作。

4．传输层

　　传输层是网络体系结构中高、低层之间衔接的一个接口层。传输层不仅仅是一个单独的结构层，而是整个分层体系协议的核心。传输层主要为用户提供 End-to-End(端到端)服务，负责处理数据报错、数据包次序、流量控制等传输问题。传输层是计算机通信体系结构中关键的一层，它向高层屏蔽了下层数据的通信细节，使用户完全不用考虑物理层、数据链路层和网络层工作的详细情况。

5．会话层

　　会话层的主要功能是负责维护两个节点之间的传输连接，确保点到点传输不中断，以及管理数据交换等功能。会话层在应用进程中建立、管理和终止会话，会话层还可以通过对话控制来决定使用何种通信方式，是全双工通信，还是半双工通信。会话层还提供在数据流中插入同步点的机制，使得数据传输因网络故障而中断后，可以不必从头开始而仅重传最近一个同步点以后的数据。

6．表示层

表示层是指为在应用过程之间传送的信息提供表示方法的服务。表示层以下各层主要完成的是从源端到目的端可靠的数据传送，而表示层更关心的是所传送数据的语法和语义。表示层的主要功能是处理两个通信系统交换信息的表示方式，主要包括数据格式变化、数据加密与解密、数据压缩与解压等。表示层为应用层所提供的服务包括：语法转换、语法选择和连接管理。

7．应用层

应用层是 OSI 模型中的最高层，是直接面向用户的一层，用户的通信内容要由应用进程解决，这就要求应用层采用不同的应用协议来解决不同类型的应用要求，并且保证这些不同类型的应用所采用的低层通信协议是一致的。应用层中包含了若干独立的用户通用服务协议模块，为网络用户之间的通信提供专用的程序服务。需要注意的是应用层并不是应用程序，而是为应用程序提供服务。

以下是对 OSI 模型各层形象通俗的理解(以和女朋友用书信的方式进行通信为例)：

(1) 应用层：你应该有需要表达的内容，可以说你爱她，也可以说你恨她。

(2) 表示层：你需要有一种合适的语言，你用普通话还是用方言？或者是英语？

(3) 会话层：你要把信纸装进一个信封，贴上一张邮票(一封信就是一个会话)。

(4) 传输层：你要选择什么方式寄信(挂号信或平信，即 TCP 或 UDP)。

(5) 网络层：选择一个快递公司或邮局，告诉它们地址，邮局根据地址选择运输方式(根据 IP 地址选择路由)。

(6) 数据链路层：邮政局对货物进行再包装，写上装箱单(相当于 CRC，即循环冗余校验码)，供接收地的邮局核对。

(7) 物理层：运输工具，比如火车、汽车、飞机。

3.2.4　TCP/IP 参考模型

OSI 的七层协议体系结构概念清楚，理论也比较完整，但它既复杂又不实用。而 TCP/IP 模型因其开放性和易用性在实践中得到了广泛的应用，现在 TCP/IP 协议簇已成为互联网的主流协议。Internet 上的 TCP/IP 之所以能够迅速发展，重要的一点是它适应了世界范围内的数据通信的需要。TCP/IP 具有以下几个特点：

(1) 开放的协议标准，可以免费使用，并且独立于特定的计算机硬件与操作系统。

(2) 独立于特定的网络硬件，可以运行在局域网、广域网等网络中，更适用于互联网。

(3) 统一的网络地址分配方案，使得每个 TCP/IP 设备在网中都具有唯一的地址。

(4) 标准化的高层协议，可以提供多种可靠的用户服务。

TCP/IP 参考模型包括应用层、传输层、网络层和网络接口层。TCP/IP 参考模型与 OSI 参考模型有较多相似之处，各层也有一定的对应关系，如图 3-13 所示。

应用层	应用层
表示层	
会话层	
传输层	传输层
网络层	网络层
数据链路层	网络接口层
物理层	

图 3-13　OSI 模型和 TCP/IP 模型对应关系

1．网络接口层

处于 TCP/IP 参考模型的最低层，它负责通过网络发送和接收 IP 数据报。实现了网卡接口的网络驱动程序，以便数据在物理媒介(比如以太网、令牌环等)上的传输。

2．网络层

网络层是整个 TCP/IP 协议簇的核心，对应于 OSI 七层参考模型的网络层。主要是解决数据由一个计算机的 IP 如何路由到目标计算机的过程规范问题，即我们的计算机消息发送出去后，要经过哪些处理才能正确地找到目标计算机。网络层除了实现路由的功能外，还可以实现不同类型网络(异构网)互联的功能。

3．传输层

在 TCP/IP 模型中，传输层的功能是使源端主机和目标端主机上的对等实体可以进行会话。在传输层定义了两种服务质量不同的协议，即传输控制协议 TCP(Transmission Control Protocol)和用户数据报协议 UDP(User Datagram Protocol)。传输层只关心通信的起始端和目的端，而不在乎数据包的中转过程。

4．应用层

在 TCP/IP 参考模型中，应用层是参考模型的最高层，对应于 OSI 的应用层、表示层和会话层。这一层直接作用于操作系统的内核，用于会话管理、数据加密/解密、为应用程序提供服务等。应用层协议众多，主要有以下几种：

(1) 远程登录协议(Telnet)；

(2) 文件传输协议(File Transfer Protocol，FTP)；

(3) 简单邮件传输协议(Simple Mail Transfer Protocol，SMTP)；

(4) 域名系统(Domain Name System，DNS)；

(5) 简单网络管理协议(Simple Network Management Protocol, SNMP)；

(6) 超文本传输协议(Hyper Text Transfer Protocol, HTTP)。

应用层协议可以分为三类：一类依赖于面向可靠连接的 TCP 协议，有电子邮件协议、文件传输协议等；另一类依赖于不可靠、无连接的 UDP 协议，有简单网络管理协议；此外，还有一类既依赖 TCP 又依赖 UDP 的协议，主要有域名系统。

3.3　应用层协议

3.3.1　Telnet 协议

Telnet 协议是 TCP/IP 协议簇中的一员，是 Internet 远程登录服务的标准协议和主要方式。它为用户提供了在本地计算机上完成远程主机工作的能力：首先，在终端使用者的电脑上使用 Telnet 程序，用它连接到服务器；而后，终端使用者可以在 Telnet 程序中输入命令，这些命令会在服务器上运行，就像直接在服务器的控制台上输入一样，这样就达到了在本地控制服务器的目的。实际操作中，要开始一个 Telnet 会话，必须输入用户名和密码来登录服务器，请求过程如图 3-14 所示。Telnet 是常用的远程控制 Web 服务器的方法。

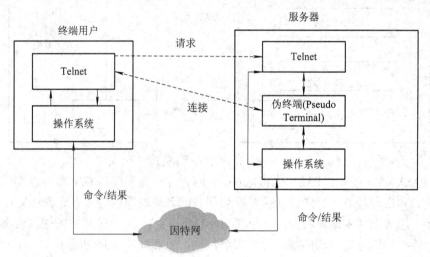

图 3-14　Telnet 请求及响应

Telnet 可以让我们坐在自己的计算机前通过 Internet 网络登录到另一台远程计算机上，这台计算机可以是在隔壁的房间里，也可以是在地球的另一端。当登录上远程计算机后，本地计算机就等同于远程计算机的一个终端，我们可以用自己的计算机直接操纵远程计算机，享受和远程计算机本地终端同样的操作权限。

3.3.2　FTP 协议

FTP(File Transfer Protocol，文件传输协议)是 TCP/IP 协议簇中的协议之一，它是从一个主机向另一个主机传输文件的协议。FTP 工作在 OSI 模型的第七层、TCP 模型的第四层，即应用层，使用 TCP 传输而不是 UDP，而且是面向连接，为数据传输提供可靠保证。FTP 协议包括两个组成部分，其一为 FTP 服务器，其二为 FTP 客户端。FTP 服务器用来存储文件，FTP 客户端用来通过 FTP 协议访问位于 FTP 服务器上的资源。

FTP 有两种工作模式，分别是主动模式(PORT)和被动模式(PASV)，这两种模式是从 FTP 服务器的"角度"来说的，即在传输数据时，如果是服务器主动连接客户端，那就是主动模式；如果是客户端主动连接服务器，那就是被动模式。

(1) PORT(主动模式)。PORT 工作原理是：FTP 客户端连接到 FTP 服务器的 21 端口，发送用户名和密码登录，登录成功后要罗列列表或者读取数据时，客户端随机开放一个端口(1024 以上)，并发送 PORT 命令到 FTP 服务器，告诉服务器客户端采用主动模式并开放端口，FTP 服务器端收到 PORT 主动模式命令和端口后，通过服务器的 20 端口和客户端开放的随机端口连接，发送数据，原理如图 3-15 所示。

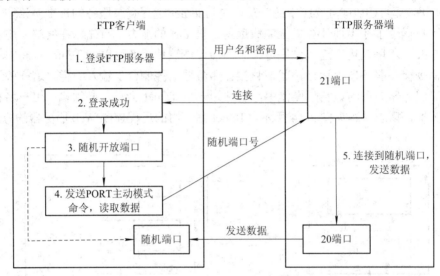

图 3-15　FTP 主动模式

(2) PASV(被动模式)。PASV 工作原理是：FTP 客户端连接到 FTP 服务器端的 21 端口，发送用户名和密码登录，登录成功后要罗列列表或者读取数据时，发送 PASV 命令到 FTP 服务器端，服务器在本地随机开放一个端口(1024 以上)，然后把开放的端口告诉客户端，客户端再连接到服务器开放的端口进行数据传输，原理如图 3-16 所示。

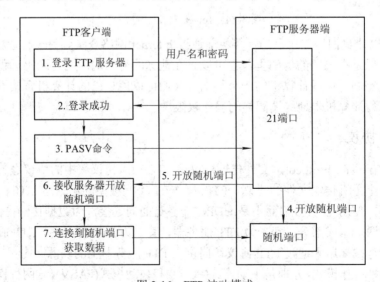

图 3-16　FTP 被动模式

3.3.3 SMTP 和 POP3 协议

邮件服务是 Internet 最常用的服务之一，它提供了与操作系统平台无关的通信服务，使用邮件服务，用户可通过电子邮件在网络之间交换数据信息。邮件传输包括将邮件从发送者客户端发往邮件服务器，以及接收者从邮件服务器将邮件取回到接收者客户端。在 TCP/IP 协议簇中，一般使用 SMTP 协议发送邮件，POP3 协议接收邮件。

SMTP 的全称是 Simple Message Transfer Protocol，中文名为简单邮件传输协议，工作在 TCP/IP 协议簇的应用层。SMTP 采用 Client/Server 工作模式，默认使用 TCP 25 端口，提供可靠的邮件发送服务。

POP3 的全称是 Post Office Protocol 3，中文名为第三版邮局协议，工作在 TCP/IP 协议簇的应用层。POP3 也采用 Client/Server 工作模式，默认使用 TCP 110 端口，提供可靠的邮件接收服务。

SMTP 工作原理如下：

(1) 客户端使用 TCP 协议连接 SMTP 服务器的 25 端口；

(2) 客户端发送 HELO 报文将自己的域地址告诉给 SMTP 服务器；

(3) SMTP 服务器接受连接请求，向客户端发送请求账号密码的报文；

(4) 客户端向 SMTP 服务器传送账号和密码，如果验证成功，向客户端发送一个 OK 命令，表示可以开始报文传输；

(5) 客户端使用 MAIL 命令将邮件发送者的名称发送给 SMTP 服务器；

(6) SMTP 服务器发送 OK 命令做出响应；

(7) 客户端使用 RCPT 命令发送邮件接收者地址，如果 SMTP 服务器能识别这个地址，就向客户端发送 OK 命令，否则拒绝这个请求；

(8) 收到 SMTP 服务器的 OK 命令后，客户端使用 DATA 命令发送邮件的数据。

(9) 客户端发送 QUIT 命令终止连接。

POP3 工作原理如下：

(1) 客户端使用 TCP 协议连接邮件服务器的 110 端口；

(2) 客户端使用 USER 命令将邮箱的账号传给 POP3 服务器；

(3) 客户端使用 PASS 命令将邮箱的密码传给 POP3 服务器；

(4) 完成用户认证后，客户端使用 STAT 命令请求服务器返回邮箱的统计资料；

(5) 客户端使用 LIST 命令列出服务器里邮件数量；

(6) 客户端使用 RETR 命令接收邮件，接收一封后便使用 DELE 命令将邮件服务器中的邮件置为删除状态；

(7) 客户端发送 QUIT 命令，邮件服务器将将置为删除标志的邮件删除，连接结束。

3.3.4 DNS 协议

1. 域名

DNS 是域名系统 (Domain Name System) 的缩写，该系统用于命名组织到域层次结构中的计算机和网络服务。

我们知道，IP 地址可以唯一标识计算机网络中的主机，但是那是不方便记忆与使用的一串数字，所以网络中便使用 DNS 协议将 IP 地址转换为域名，同时，也可以将域名地址转换为相应的 IP 地址。即可以使用 DNS 协议将 IP 地址与域名进行相互映射（一个 IP 地址可以供多个域名解析，但域名解析到的地址只有一个）。人们把只记忆域名，通过 DNS 转换成 IP 地址，最终得到该域名对应的 IP 地址的过程叫做域名解析。

为了达到唯一性的目的，因特网在命名域名的时候采用了层次结构的命名方法，具体内容是：

(1) 每一个域名(只讨论英文域名)都是一个标号序列，用字母(A～Z 或 a～z，大小写等价)、数字(0～9)和连接符(-)组成；

(2) 标号序列总长度不能超过 255 个字符，它由点号分割成一个个的标号；

(3) 每个标号应该在 63 个字符之内，每个标号都可以看成域名的一个层次；

(4) 级别低的域名写在左边，级别高的域名写在右边。

比如我们熟悉的百度域名"www.baidu.com"的含义是：

(1) com：一级域名，表示这是一个企业域名。同级的还有"net"(网络)，"org"(非营利组织) 等。

(2) baidu：二级域名，指公司名。

(3) www：一种习惯用法。

2. 域名的分级

域名可以划分为各个子域，子域还可以继续划分为子域的子域，这样就形成了顶级域名、二级域名、三级域名等，如图 3-17 所示。

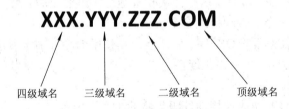

图 3-17　域名分级

顶级域名又分为国家顶级域名、通用顶级域名和反向域名，如表 3-1 所示。

表 3-1　顶级域名类别表

国家顶级域名	中国：cn；美国：us；英国：uk；日本：jp；等等
通用顶级域名	公司企业：com；教育机构：edu；政府部门：gov；国际组织：int；军事部门：mil；网络：net；非营利组织：org；等等
反向域名	arpa，用于 PTR 查询(IP 地址转换为域名)

3.3.5　HTTP 和 HTTPS 协议

1. HTTP 协议

HTTP 协议即超文本传输协议，是用于从网络服务器传输超文本到本地浏览器的传送协议，被用于在 Web 浏览器和网站服务器之间传递信息。HTTP 协议工作于客户端/服务端架构之上，浏览器作为 HTTP 客户端通过 URL 向 HTTP 服务端即 Web 服务器发送所有请求，Web 服务器根据接收到的请求，向客户端发送响应信息，如图 3-18 所示。

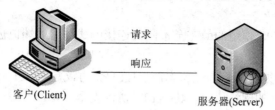

图 3-18　HTTP 协议请求

HTTP 协议采用了请求/响应模型。HTTP 请求/响应的步骤如下：

(1) 客户端连接到 Web 服务器：HTTP 客户端与 Web 服务器的 HTTP 端口(默认为 80)建立一个 TCP 套接字连接。

(2) 发送 HTTP 请求：通过 TCP 套接字，客户端向 Web 服务器发送一个文本的请求报文，一个请求报文由请求行、请求头部、空行和请求数据 4 部分组成。

(3) 服务器接收请求并返回 HTTP 响应：Web 服务器解析请求，定位请求资源。服务器将资源复本写到 TCP 套接字，由客户端读取。一个响应由状态行、响应头部、空行和响应数据 4 部分组成。

(4) 释放 TCP 连接：若连接模式为关闭，则服务器主动关闭 TCP 连接，客户端被动关闭连接，释放 TCP 连接；若连接模式为保持，则该连接会保持一段时间，在该时间内可以继续接收请求。

(5) 客户端浏览器解析 HTML 内容。

2. HTTPS 协议

HTTP 协议传输的数据都是未加密的，也就是明文的，因此使用 HTTP 协议传输隐私信息非常不安全。为了保证这些隐私数据能加密传输，于是网景通信公司设计了安全套接字协议(Secure Sockets Layer，SSL)协议用于对 HTTP 协议传输的数据进行加密，从而诞生了 HTTPS。简单来说，HTTPS 协议是由 SSL+HTTP协议构建的可进行加密传输、身份认证的网络协议，它要比 HTTP 协议安全，如图 3-19 所示。

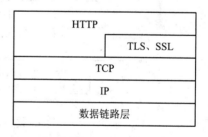

图 3-19　HTTPS

HTTPS 就是在常规的 TCP 协议层之上加入了一层 TLS 或者 SSL 协议，其端口也不是常规的 HTTP 的 80 端口，变成了 443 端口。

HTTPS 有如下特点：

(1) 内容加密，采用混合加密技术，中间者无法直接查看明文内容。

(2) 验证身份，通过证书认证客户端访问的是自己的服务器。

(3) 保护数据完整性，防止传输的内容被中间人篡改。

3. HTTP 与 HTTPS 的区别

(1) HTTPS 协议需要到 CA(也称为电子商务认证中心)申请证书，一般免费证书较少，因而需要支付一定费用。

(2) HTTP 是超文本传输协议,信息是明文传输,HTTPS 则是具有安全性的 SSL 加密传输协议。

(3) HTTP 和 HTTPS 使用的是完全不同的连接方式,用的端口也不一样,前者是 80,后者是 443。

(4) HTTP 的连接很简单,是无状态的;HTTPS 协议是由 SSL+HTTP 协议构建的可进行加密传输、身份认证的网络协议,比 HTTP 协议安全。

3.3.6　SNMP 协议

简单网络管理协议(Simple Network Management Protocol,SNMP)是由互联网工程任务组(Internet Engineering Task Force,IETF)定义的一套网络管理协议。利用 SNMP 管理工作站可以远程管理所有支持这种协议的网络设备,协议内容包括监视网络状态、修改网络设备配置、接收网络事件警告等。为什么要使用 SNMP 协议?因为网络设备可能来自不同的厂商,如果每个厂商都提供一套独立的管理接口,将使网络管理变得越来越复杂。若想对网络中来自不同厂商的设备进行监控,用基于 SNMP 开发的软件进行管理是最方便的,因为大部分的设备都支持 SNMP 协议,如图 3-20 所示。

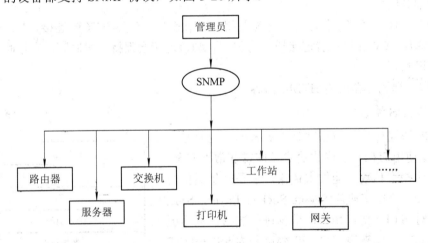

图 3-20　SNMP 协议的管理设备

SNMP 网络架构由三部分组成:NMS(网络管理站)、Agent(被管设备)、MIB(管理信息库)。

(1) NMS(网络管理站)。NMS 是网络中的管理者,是一个利用 SNMP 协议对网络设备进行管理和监视的系统。可以是一台专门用来进行网络管理的服务器,也可以是某个设备管理功能的一个应用程序。NMS 可以向 Agent 发出请求,查询或修改一个或多个具体的参数值。

(2) Agent(被管设备)。Agent 是网络设备中的一个应用模块,用于维护被管理设备的信息数据,并响应 NMS 的请求,把管理数据汇报给发送请求的 NMS。Agent 接收到 NMS 的请求信息后,完成查询或修改操作,并把操作结果发送给 NMS,完成响应。

(3) MIB(管理信息库)。任何一个被管理的资源都可以表示成一个对象,这个对象称为被管理对象，MIB 就是被管理对象信息的集合。它定义了被管理对象的一系列属性：对象的名称、对象的访问权限和对象的数据类型等。每个 Agent 都有自己的 MIB，MIB 也可以看作是 NMS 和 Agent 之间的一个接口，通过这个接口，NMS 可以对 Agent 中的每一个被管理对象进行读/写操作，从而达到管理和监控设备的目的。

NMS、Agent 和 MIB 之间的关系如图 3-21 所示。

图 3-21　SNMP 架构

3.4　传输层协议

3.4.1　TCP 协议

传输控制协议(Transmission Control Protocol，TCP)是一种面向连接的、可靠的、基于字节流的传输层通信协议，由 IETF 的 RFC 793 定义。随着时间的推移，已经对其作了许多改进，各种错误和不一致的地方逐渐被修复。互联网络与单个网络有很大的不同，因为互联网络的不同部分可能有截然不同的拓扑结构、带宽、延迟、数据包大小和其他参数。TCP 的设计目标是能够动态地适应互联网络的这些特性，而且在面对各种故障时具备健壮性。

TCP 的特点如下：

(1) TCP 是面向连接的传输层协议。

(2) TCP 是点到点的，每条 TCP 连接只能有两个端点。

(3) 提供可靠交付的服务(流量控制以及拥塞控制)。

(4) TCP 提供全双工服务(由于 TCP 的发送—确认机制)。

(5) 面向字节流。

1. 三次握手建立连接

TCP 是一个面向连接的协议，无论哪一方向另一方发送数据，都必须先在双方之间建立一条连接，TCP 建立连接时要传输三个数据包，俗称三次握手(Three-way Handshake)，如图 3-22 所示。

第一次握手：客户机的 TCP 首先向服务器的 TCP 发送一个连接请求报文段。这个特殊的报文段中不含应用层数据，其首部中的同步序列编号(SYN)标志位被置为 1。另外，客户机会随机选择一个起始序列号 seq = x(连接请求报文不携带数据，但要消耗掉一个序号)。

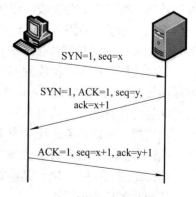

图 3-22　三次握手

第二次握手：服务器的 TCP 收到连接请求报文段后，如同意建立连接，就向客户机发回确认，并为该 TCP 连接分配 TCP 缓存和变量。在确认报文段中，SYN 和 ACK 标志位都被置为 1，确认(序)号(ack)字段的值为 x+1，并且服务器随机产生起始序列号 seq=y(确认报文不携带数据，但也要消耗掉一个序号)。确认报文段同样不包含应用层数据。

第三次握手：当客户机收到确认报文段后，还要向服务器给出确认，并且也要给该连接分配缓存和变量。这个报文段的 ACK 标志位被置为 1，ack 确认序号字段为 x+1，确认号字段 ack=y+1。该报文段可以携带数据，如果不携带数据则不消耗序号。

三次握手可以形象地比喻为下面的对话：

[第一次握手] A："你好 B，我这里有数据要传送给你，建立连接吧。"

[第二次握手] B："好的，我这边已准备就绪。"

[第三次握手] A："谢谢你受理我的请求。"

2．四次挥手断开连接

建立连接非常重要，它是数据正确传输的前提；断开连接同样重要，它让计算机释放不再使用的资源。如果连接不能正常断开，不仅会造成数据传输错误，还会持续占用资源，如果并发量高，服务器压力堪忧。建立连接需要三次握手，断开连接需要四次挥手，如图 3-23 所示。

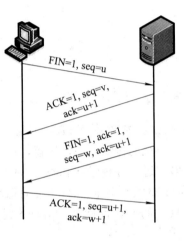

图 3-23　四次挥手

第一次挥手：客户端打算关闭连接，就向其服务端发送一个连接释放报文段，并停止再发送数据，主动关闭 TCP 连接，该报文段的 FIN 标志位被置为 1，seq = u，它等于前面已传送过的数据的最后一个字节的序号加 1(FIN 报文段即使不携带数据，也要消耗一个序号)。TCP 是全双工的，即可以想象成是一条 TCP 连接上有两条数据通路。当发送 FIN 报文时，发送 FIN 报文的一段就不能再发送数据，也就是关闭了其中一条数据通路，但服务端还可以发送数据。

第二次挥手：服务器收到连接释放报文段后即发出确认，确认号是 ack = u+1，而这个报文段自己的序号 seq 是 v，等于它们前面已传送过的数据的最后一个字节的序号加 1。此时，从客户机到服务器这个方向的连接就释放了，TCP 连接处于半关闭状态，但服务器若发送数据，客户机仍要接收，即从服务器到客户机这个方向的连接并未关闭。

第三次挥手：若服务器已经没有要向客户机发送的数据，就通知 TCP 释放连接，此时其发出 FIN=1 的连接释放报文段。

第四次挥手：客户机收到连接释放报文段后，必须发出确认。在确认报文段中，ACK 字段被置为 1，确认号 ack = w+1，序号 seq = u+1。此时 TCP 连接还没有释放掉，必须经过时间等待计时器设置的时间后，才真正进入到连接关闭状态。

四次挥手可以形象地比喻为下面的对话：

[第一次挥手] A："任务处理完毕，我希望断开连接。"

[第二次挥手] B："哦，是吗？请稍等，我准备一下。"

等待片刻后……

[第三次挥手] B："我准备好了，可以断开连接了。"

[第四次挥手] A："好的，谢谢合作。"

3.4.2　UDP 协议

UDP 是 User Datagram Protocol 的简称，中文名是用户数据报协议，是 OSI 参考模型中的传输层协议，它是一种无连接的传输层协议，提供面向事务的简单不可靠信息传送服务。UDP 的正式规范是 IETF RFC768。

相比 TCP 协议而言，UDP 是一个无连接、不保证可靠性的传输层协议，也就是说发送端不关心发送的数据是否到达目标主机、数据是否出错等，收到数据的主机也不会告诉发送方是否收到了数据，它的可靠性由上层协议来保障。既然 UDP 有这样的缺点，那为什么进程还愿意使用它呢？因为 UDP 也有优点，UDP 的首部结构简单，在数据传输时能实现最小的开销，如果进程想发送很短的报文而不关心可靠性，就可以使用 UDP。使用 UDP 发送很短的报文时，在发送端和接收端之间的交互要比使用 TCP 时少得多。因此，相比 TCP 协议，UDP 传输数据速度更快，效率更高。

使用情形：由于使用 UDP 协议消耗资源小，通信效率高，所以通常都会用于音频、视频和普通数据的传输，例如视频会议都使用 UDP 协议，因为这种情况即使偶尔丢失一两个数据包，也不会对接收结果产生太大的影响。但是在使用 UDP 协议传送数据时，由于 UDP 的面向无连接性，不能保证数据的完整性，因此在传输重要数据时不建议使用 UDP 协议。

TCP 与 UDP 区别总结：

(1) TCP 面向连接(如打电话要先拨号建立连接)；UDP 是无连接的，即发送数据之前不需要建立连接。

(2) TCP 提供可靠的服务。也就是说，通过 TCP 连接传送的数据，无差错，不丢失，不重复，且按序到达；UDP 尽最大努力交付，但不保证可靠交付。

(3) TCP 面向字节流，实际上 TCP 把数据看成一连串无结构的字节流；UDP 是面向报文的，UDP 没有拥塞控制，因此网络出现拥塞不会使源主机(软件包块存储所在的系统)的发送速率降低(对实时应用很有用，如 IP 电话、实时视频会议等)。

(4) 每一条 TCP 连接只能是点到点的；UDP 支持一对一、一对多、多对一和多对多的交互通信。

(5) TCP 首部开销 20 字节；UDP 的首部开销小，只有 8 个字节。

(6) TCP 的逻辑通信信道是全双工的可靠信道，UDP 则是不可靠信道。

3.5　网络层协议

3.5.1　IP 协议

IP(Internet Protocol，互联网协议)主要用于互联网通信。IP 协议用于将多个包交换(即分组交换)网络连接起来，它在源地址和目的地址之间传输数据包，还提供对数据大小的重新组装功能，以适应不同网络对数据包大小的要求。IP 协议是 TCP/IP 协议簇的核心协议，最常用的 IP 协议的版本号是 4，即 IPV4，它的下一个版本是 IPV6。

IP 不提供可靠的传输服务，它不提供端到端的确认，对数据没有差错控制，它只使用报头的校验码，不提供重发和流量控制。很多情况都可以导致 IP 数据报发送失败，比如，某个中转路由器发现 IP 数据报在网络上存活的时间太长，会将其丢弃并返回一个 ICMP 错误消息给发送端。因此，使用 IP 服务的上层协议需要自己实现数据确认、超时重传等机制以达到可靠传输的目的。

　　IP 实现两个基本功能：寻址和分段。IP 可以根据数据包包头中包括的目的地址将数据报传送到目的地址，在此过程中 IP 负责选择传送的道路，这种道路选择功能称为路由功能。如果有些网络只能传送小数据报，IP 可以将数据报重新组装并在报头域内注明。这些 IP 模块存在于网络中的每台主机和网关上，而且这些模块(特别在网关上)有路由选择和其他服务功能。对 IP 来说，数据报之间没有什么联系。

　　IP 报文的基本格式如表 3-2 所示。

表 3-2　IP 报文的基本格式

4 位版本号	4 位首部长度	8 位服务类型	16 位总长度	
16 位标志			3 位标志	13 位片偏移
8 位生存时间(TTL)		8 位协议	16 位首部校验和	
32 位源 IP 地址				
32 位目的 IP 地址				
选项				
数据				

　　(1) 4 位版本号：指定 IP 协议的版本。对于 IPv4 来说，其值是 4(二进制表示为 0100)，设置为 0110 则表示 IPv6。目前使用的 IP 协议版本号是 4。

　　(2) 4 位首部长度：标识该 IP 头部有多少个 32 位(4 字节)。因为首部长度最大能表示为 15 字节，所以 IP 头部最长是 60 字节。

　　(3) 8 位服务类型：包括一个 3 位的优先权字段，4 位的服务条款(TOS)字段和 1 位的保留字段(必须置 0)。4 位的 TOS 字段分别表示：最小时延、最大吞吐量、最高可靠性和最小费用。其中最多有一个能置为 1，应用程序应该根据实际需要来设置它。比如像 SSH 和 Telnet 这样的登录程序需要的是最小时延服务，而文件传输程序 FTP 则需要最大吞吐量的服务。

　　(4) 16 位总长度：是指整个 IP 数据报的长度(即首部和数据之和)，以字节为单位，因此 IP 数据报的最大长度为 $2^{16}-1=65535$ 字节。但由于 MTU 的限制，长度超过 MTU 的数据报都将被分片传输，所以实际传输的 IP 数据报的长度都远远没有达到最大值。

　　(5) 16 位标志：唯一地标识主机发送的每一个数据报。其初始值由系统随机生成，每发送一个数据报，其值就加 1。该值在数据报分片时被复制到每个分片中，因此同一个数据报的所有分片都具有相同的标识。

　　(6) 3 位标志：用于标识数据报是否分片。字段的第一位保留，第二位表示"禁止分片"。如果设置了这个位，IP 模块将不对数据报进行分片。在这种情况下，如果 IP 数据报长度超过最大传输单元(MTU)的话，IP 模块将丢弃该数据报并返回一个网络控制消息协议(ICMP)差错报文。第三位表示"更多分片"。除了数据报的最后一个分片外，其他分片都要把它置为 1。

(7) 13 位片偏移：在接收方进行数据报重组时用来标识分片的顺序，是分片相对原始 IP 数据报开始处(仅指数据部分)的偏移。由于分段到达时可能错序，所以位偏移字段可以使接收者按照正确的顺序重组数据包。

(8) 8 位生存时间(TTL)：是数据报到达目的地之前允许经过的路由器跳数。TTL 值被发送端设置(常见值为 64)。数据报在转发过程中每经过一个路由，该值就被路由器减 1。当 TTL 值减为 0 时，路由器将丢弃数据报，并向源端发送一个 ICMP 差错报文。TTL 值可以防止数据报陷入路由循环。

(9) 8 位协议：用来标识是哪个协议向 IP 传送数据。其中 ICMP 是 1，网络组管理协议(IGMP)为 2，TCP 是 6，UDP 是 17，通过路由封装(GRE)为 47，封装安全载荷(ESP)为 50。

(10) 16 位首部校验和：由发送端填充，接收端对其使用循环冗余检验(CRC)算法以检验 IP 数据报头部在传输过程中是否损坏。

(11) 32 位源 IP 地址和 32 位目的 IP 地址：用来标识数据报的发送端和接收端。一般情况下，不论它中间经过多少个中转路由器，这两个地址在整个数据报的传递过程中保持不变。

(12) 选项：该字段是可变长的可选信息。这部分最多包含 40 个字节，因为 IP 头部最长是 60 字节(其中还包含前面讨论的 20 字节的固定部分)。

1．IP 地址及分类

IP 地址是指互联网协议地址(Internet Protocol Address，又译为网际协议地址)。IP 地址是 IP 协议提供的一种统一的地址格式，整个互联网就是一个单一的、抽象的网络。IP 地址就是给互联网上的每一台主机(或路由器)的每一个接口分配的在全世界范围内唯一的 32 位的标识符(IPv4 版本)，它使我们可以在互联网上很方便地进行寻址。通俗一点来讲，IP 地址就是用来给 Internet 上的电脑(PC)加一个编号，因此，我们日常见到的情况是每台联网的 PC 上都需要有 IP 地址才能正常通信，如果把"个人电脑"比作"一部电话"，那么"IP 地址"就相当于"电话号码"。

大多数用户熟悉并且流行的 IP 地址是 IPv4 格式，它由一个 32 位的二进制数组成，用点分四组十进制的表示方法表示，例如 165.195.130.107 和 192.168.1.2，每一组数字都是非负整数，范围在 0～255 之间，如表 3-3 所示。

表 3-3　IPv4 地址

十进制表示	二进制表示
0.0.0.0	00000000 00000000 00000000 00000000
1.2.3.4	00000001 00000010 00000011 00000100
10.0.0.255	00001010 00000000 00000000 11111111
165.195.130.107	10100101 11000011 10000010 01101011
255.255.255.255	11111111 11111111 11111111 11111111

而 IPv6 是由 128 位二进制组成的，长度是 IPv4 的 4 倍，并且其表示方式是分块的八组四个十六进制数，例如：5f05:2000:80ad:5800:0058:0800:2023:1d71，每个块之间都用":"隔开。

IP 地址既然是作为识别特定主机的唯一标识，它是如何被识别的呢？其实在长度为 32 位的 IPv4 地址中，有一段连续位称为网络号，还有一段连续位称为主机号。

在同一个网络中，可能会有多台主机，例如把一个计算机教室看成一个网络，教室中有 120 台电脑，那么这 120 台电脑就属于这个教室所处的网络，而每台电脑又需要在该网络下单独分配一个唯一的标识。因此，在识别 IP 地址时，先通过识别 IP 地址中的网络号来确认目的地址处于哪个网络区域，然后再识别主机号来确认这个网络中特定的主机。

根据网络号和主机号的不同划分，我们将 IP 地址分为 5 类：A 类、B 类、C 类、D 类、E 类，区别如图 3-24 所示。

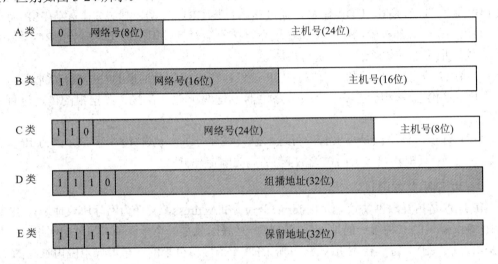

图 3-24　IP 地址分类

各类 IP 地址特征如表 3-4 所示。

表 3-4　各类 IP 地址特征

类别	特征	地址范围	网络数	主机数
A	网络号共 8 位，首位固定为 0	0.0.0.0～127.255.255.255	2^7	2^{24}
B	网络号共 16 位，前两位固定为 10	128.0.0.0～191.255.255.255	2^{14}	2^{16}
C	网络号共 24 位，前三位固定为 110	192.0.0.0～223.255.255.255	2^{21}	2^8
D	组播地址，共 32 位，前四位固定为 1110	224.0.0.0～239.255.255.255	—	—
E	保留地址，共 32 位，前四位固定为 1111	240.0.0.0～255.255.255	—	—

其中，A、B、C 类地址大多都是单播地址，可用于接口分配，但有几个地址不作为单播地址使用，一般都是地址块中的第一个地址和最后一个地址，所以假设分配得到的地址块为 127.0.0.0，那么实际能分配的单播地址数就为 $2^{24}-2$ 个。

2．子网寻址

上述的 A 类地址可使用的主机数有 $2^{24}-2$ 个，但是当分配了 A 类 IP 地址后，却发现并没有那么多的主机，这样就造成了剩余可用主机数的浪费；或者说被分配了 C 类地址后，却发现有上万台主机，而 C 类地址可用的主机数只有 2^8-2 个，因此只能给其多分配几个 C 类地址，那么 C 类地址就很容易被消耗完。

为了解决上述问题，采用了一种叫做子网寻址的方法，即假设当一个站点被分配了 B 类地址，那么我们可以将 B 类地址的主机号部分继续分成两部分，分别为子网号和主机号，这两者所占的位数可以根据实际需求自由分配，例如分配给子网号 8 位，分配给主机号 8 位，即平分，结果如图 3-25 所示。

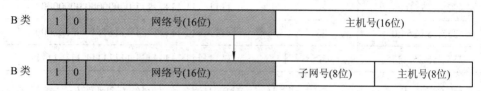

图 3-25　子网寻址结果示意图

此时的站点可以支持 $2^8=256$ 个子网，每个子网中最多可支持 $2^8-2=254$ 台主机(每个子网的第一个地址和最后一个地址不会被使用)。路由器就可以根据子网号和主机号监测到不同子网的流量了，如图 3-26 所示。

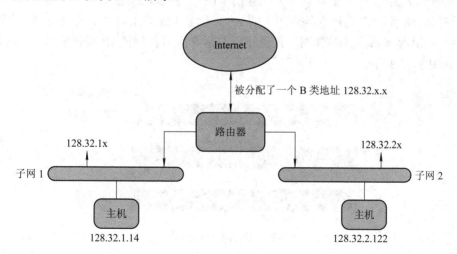

图 3-26　子网寻址示例

上图中，该站点被分配了一个 B 类地址 128.32.x.x，而此时选择将其继续划分为多个子网，如图中的子网 1 和子网 2，它们分别开始于 128.32.1 和 128.32.2，并且左右两台主机都分别属于各自的子网。

那么此时路由器是如何在地址中寻找子网号的呢？这时候就需要设置一个名为子网掩码的参数。

3．子网掩码

子网掩码是由一台主机或路由器使用的分配位，用以确定如何从一台主机对应的 IP 地址中获得网络和子网信息，即通过它可以确定一个 IP 地址的网络/子网部分的结束和主机部分的开始。

子网掩码跟 IP 地址的长度相等(IPv4 为 32 位，IPv6 为 128 位)，对于 IPv4 来说，子网掩码也是用点分四组十进制来表示的。各种类型的子网掩码举例如表 3-5 所示。

表 3-5　各种类型的子网掩码举例

十进制表示	前缀长度	二进制表示
128.0.0.0	1	10000000 00000000 00000000 00000000
255.0.0.0	8	11111111 00000000 00000000 00000000
255.255.0.0	16	11111111 11111111 00000000 00000000
255.255.254.0	23	11111111 11111111 11111110 00000000
255.255.255.255	32	11111111 11111111 11111111 11111111

子网掩码是如何使用的，其二进制位 1 对应 IP 地址的网络/子网部分；相反 0 对应 IP 地址的主机号部分，即子网掩码第一个 0 所对应 IP 地址的位为主机号的第一位；也可以借用前缀长度来判断，即前缀长度后一位对应的也是 IP 地址主机号的第一位。

例如，将 B 类地址 128.32.x.x 的主机位划分为 8 位的子网号和 8 位的主机号，那么它就会提前设置好一个长度为 16 + 8 = 24 的子网掩码，即 255.255.255.0，表示前 24 位是网络/子网部分，那么路由器在处理图中的 IPv4 地址 128.32.1.14 时，会先查看一下子网掩码，此时将 IP 地址和子网掩码对应的位进行与运算即可获得该 IP 所属的是哪个子网，运算过程如图 3-27 所示。

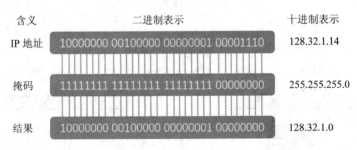

图 3-27　IP 所属子网的计算

结果中的 128.32.1.0 就是 IP 地址 128.32.1.14 所属的子网。

3.5.2　ICMP 协议

IP 协议是一种面向无连接的数据报协议，它是一种不可靠的协议，它不提供任何差错检验。因此网际报文控制协议(Internet Control Message Protocol，ICMP)出现了，从 TCP/IP 的分层结构看，ICMP 属于网络层，用于 IP 主机与路由器之间传递控制消息，这里的控制消息可以包括很多种：数据报错误信息、网络状况信息、主机状况信息等，虽然这些控制消息并不传输用户数据，但对于用户数据报的有效递交起着重要作用，它配合着 IP 数据报的提交，提高 IP 数据报递交的可靠性。ICMP 协议就像奔波于网络中的一名医生，它能及时检测并汇报网络中可能存在的问题，为解决网络错误或拥塞提供有效的手段。ICMP 的报文封装如图 3-28 所示。

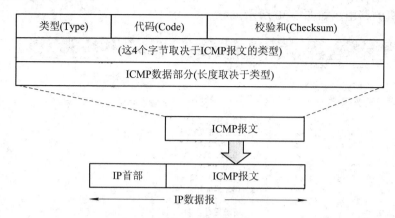

图 3-28　ICMP 报文封装过程

ICMP 报文是使用 IP 数据报来封装和发送的，携带 ICMP 报文的 IP 数据报完全像其他类型的数据报那样在网络中被转发，没有额外的可靠性和优先级，但由于 IP 数据报本身被放在底层物理数据帧中进行发送，因此，ICMP 报文本身也可能丢失或者出现传输错误。

ICMP 报文包含在 IP 数据报中，IP 报头在 ICMP 报文的最前面。一个 ICMP 报文包括 IP 报头(至少 20 字节)、ICMP 报头(至少 8 字节)和 ICMP 报文数据(属于 ICMP 报文的数据部分)。当 IP 报头中的协议字段值为 1 时，就说明这是一个 ICMP 报文。

8 位的类型字段标识了该 ICMP 报文的具体类型，8 位的代码字段进一步指出产生这种类型 ICMP 报文的原因，每种类型报文的产生原因可能有多个，如对目的站不可达报文而言，其产生的原因可能有主机不可达、协议不可达、端口不可达等。16 位校验和字段包括整个 ICMP 报文，即包括 ICMP 首部和数据区域。首部中的剩余 4 个字节在每种类型的报文中都有特殊的定义。

ICMP 主要应用在 Ping 和 Tracert 命令中。通常使用 Ping 命令检测目标主机是不是可连通。原理是用类型码为 0 的 ICMP 发请求，受到请求的主机则用类型码为 8 的 ICMP 回应。Ping 程序计算间隔时间，并计算有多少个包被送达，用户据此可以判断大致的网络情况，如图 3-29 所示。

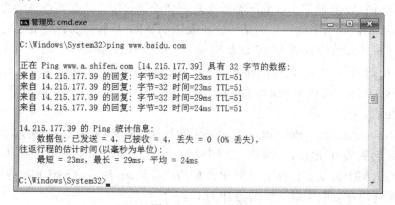

图 3-29　Ping 命令

Tracert(Trace Route 的缩写)是路由跟踪实用程序,用于确定 IP 数据报访问目标所采取的路径。Tracert 命令用 IP 生存时间 (TTL)字段和 ICMP 错误消息来确定从一个主机到网络上其他主机的路由, 如图 3-30 所示。

```
管理员: cmd.exe

C:\Windows\System32>tracert www.baidu.com

通过最多 30 个跃点跟踪
到 www.a.shifen.com [14.215.177.38] 的路由:

  1     1 ms     1 ms     1 ms   192.168.1.1
  2     3 ms    18 ms     3 ms   202.193.73.254
  3    10 ms     3 ms     2 ms   10.36.254.57
  4     7 ms     3 ms     2 ms   10.36.253.10
  5     2 ms     1 ms     1 ms   10.0.1.6
  6     6 ms     4 ms     5 ms   202.103.243.97
  7     8 ms     6 ms     3 ms   180.140.105.249
  8    13 ms    13 ms    13 ms   180.140.104.49
  9     *        *        *      请求超时。
 10     *        *        *      请求超时。
 11    25 ms    26 ms    32 ms   113.96.4.205
 12    31 ms   117 ms   147 ms   102.96.135.219.broad.fs.gd.dynamic.163data.com.c
n [219.135.96.102]
 13    63 ms    28 ms    26 ms   14.29.121.206
 14     *        *        *      请求超时。
 15     *       49 ms    24 ms   14.215.177.38

跟踪完成。

C:\Windows\System32>
```

图 3-30　Tracert 命令

3.5.3　ARP 和 RARP 协议

　　ARP(Address Resolution Protocol)即地址解析协议,是根据 IP 地址获取物理地址的一个协议。工作方法是主机发送信息时将包含目标 IP 地址的 ARP 请求广播到网络上的所有主机,并接收返回消息,以此确定目标的物理地址,收到返回消息后将该 IP 地址和物理地址存入本机 ARP 缓存中并保留一定时间,下次请求时直接查询 ARP 缓存以节约资源。

　　地址解析协议是建立在网络中各个主机互相信任的基础上的, 网络上的主机可以自主发送 ARP 应答消息,其他主机收到应答报文时不会检测该报文的真实性就会将其记入本机的 ARP 缓存;由此攻击者就可以向某一主机发送伪 ARP 应答报文,使其发送的信息无法到达预期的主机或到达错误的主机,这就构成了一个 ARP 欺骗。ARP 命令可用于查询本机 ARP 缓存中 IP 地址和 MAC 地址的对应关系,添加或删除静态对应关系等。相关协议有代理 ARP(Proxy ARP), NDP(Neighbor Discovery Protocol, 邻居发现协议)则用于在 IPv6 中代替地址解析协议。

　　RARP(Reverse Address Resolution Protocol)即反向地址转换协议,是将局域网中某个主机的物理地址转换为 IP 地址,比如局域网中有一台主机只知道物理地址而不知道 IP 地址,那么可以通过 RARP 协议发出征求自身 IP 地址的广播请求,然后由 RARP 服务器负责回答。RARP 协议广泛用于获取无盘工作站的 IP 地址。

反向地址转换协议(RARP)允许局域网的物理机器从网关服务器的 ARP 表或者缓存上请求其 IP 地址。网络管理员在局域网网关路由器里创建一个表以映射物理地址(MAC)和与其对应的 IP 地址。当设置一台新的机器时，其 RARP 客户机程序需要向路由器上的 RARP 服务器请求相应的 IP 地址。假设在路由表中已经设置了一个记录，RARP 服务器将会返回 IP 地址给机器，此机器就会存储起来以便日后使用。RARP 可以使用于以太网、光纤分布式数据接口及令牌环局域网(LAN)。

3.5.4 IGMP 协议

IGMP(Internet Group Management Protocol)作为 Internet 组管理协议，是 TCP/IP 协议簇中负责 IP 组播成员管理的协议，到目前为止，IGMP 有三个版本：IGMPv1 版本(由 RFC1112 定义)、IGMPv2 版本(由 RFC2236 定义)和 IGMPv3 版本(由 RFC3376 定义)。IGMP 用来在 IP 主机和与其直接相邻的组播路由器之间建立和维护组播组成员关系。

主机 IP 软件需要进行组播扩展，才能使主机能够在本地网络上收发组播分组，但仅靠这一点是不够的，因为跨越多个网络的组播转发必须依赖于路由器。路由器为建立组播转发路由，必须了解每个组员在 Internet 中的分布，这就要求主机必须能将其所在的组播组通知给本地路由器，这也是建立组播转发路由的基础。主机与本地路由器之间使用 Internet 组管理协议(IGMP)来进行组播组成员信息的交互。

若一个主机想要接收发送到一个特定组的组播数据包，它需要监听发往那个特定组的所有数据包。为解决 Internet 上组播数据包的路径选择，主机需通知其子网上的组播路由器来加入或离开一个组，组播中采用 IGMP 来完成这一任务。这样，组播路由器就可以知道网络上组播组的成员，并由此决定是否向它们的网络转发组播数据包。当一个组播路由器收到一个组播分组时，它检查数据包的组播目的地址，仅当接口上有那个组的成员时才向其转发。

IP 主机通过发送 IGMP 报文宣布加入某组播组。本地组播路由器通过周期性地发送 IGMP 报文轮询本地网络上的主机，确定本地组播组成员信息。

3.6 网络接口层协议

3.6.1 HDLC 协议

高级数据链路控制(High level Data Link Control，HDLC)是面向比特的数据链路控制协议的典型代表，主要特点是不依赖于任何一种字符编码集；数据报文可透明传输，用于实现透明传输的"0 比特插入法"易于硬件实现；全双工通信，有较高的数据链路传输效率；所有帧采用 CRC 检验，对信息帧进行顺序编号，可防止漏收或重份，传输可靠性高；传输控制功能与处理功能分离，具有较大灵活性。

3.6.2 PPP 协议

点对点协议(Point to Point Protocol，PPP)是为在同等单元之间传输数据包这样的简单链路设计的链路层协议。它是在 SLIP 的基础上发展起来的，由于 SLIP 只支持异步传输方式，无协商过程，所以逐渐被 PPP 协议所替代。PPP 协议作为一种提供在点到点链路上封装、传输网络层数据包的数据链路层协议，处于 OSI 参考模型的第二层，主要被设计用来支持在全双工的同异步链路上进行点到点之间的传输。

PPP 的设计目的主要是用来通过拨号或专线方式建立点对点连接发送数据，使其成为各种主机、网桥和路由器之间简单连接的一种共通的解决方案。PPP 具有以下功能：

(1) PPP 具有动态分配 IP 地址的能力，允许在连接时刻协商 IP 地址。

(2) PPP 支持多种网络协议，比如 TCP/IP、NetBEUI、NWLINK 等。

(3) PPP 具有错误检测能力，但不具备纠错能力，所以 PPP 是不可靠传输协议。

(4) 无重传的机制，网络开销小、速度快。

(5) PPP 具有身份验证功能。

(6) PPP 可以用于多种类型的物理介质上，包括串口线、电话线、移动电话和光纤(例如 SDH)，PPP 也用于 Internet 接入。

3.6.3　PPPOE 协议

PPPOE(Point-to-Point Protocol Over Ethernet)是指以太网上的点对点协议，是将点对点协议(PPP)封装在以太网(Ethernet)框架中的一种网络隧道协议。由于协议中集成 PPP 协议，所以能实现传统以太网不能提供的身份验证、加密以及压缩等功能，也可用于缆线调制解调器(Cable Modem)和数字用户线路(DSL)等以以太网协议向用户提供接入服务的协议体系。本质上，它是一个允许在以太网广播域中两个以太网接口间创建点对点隧道的协议。

PPPOE 使用传统的基于 PPP 的软件来管理一个不使用串行线路而是使用类似于以太网的有向分组网络线路的连接。这种有登录名和口令的标准连接，方便了接入供应商的计费。并且，连接的另一端仅当 PPPOE 连接接通时才分配 IP 地址，所以允许 IP 地址的动态复用。PPPOE 是由 UUNET、Redback Networks 和 RouterWare 所开发的，发表于 RFC 2516 说明中。

3.6.4　ATM 协议

ATM(Asynchronous Transfer Mode)顾名思义就是异步传输模式，它是基于宽带综合服务数字网(B-ISDN)标准而设计的用来提高用户综合访问速度的一项技术。ATM 是国际电信联盟 ITU-T 制定的标准，实际上在 20 世纪 80 年代中期，人们就已经开始进行快速分组交换的实验，建立了多种命名不相同的模型，欧洲重在图像通信，把相应的技术称为异步时分复用(ATDM)而美国重在高速数据通信，把相应的技术称为快速分组交换(FPS)，国际电联经过协调研究，于 1988 年正式命名了 Asynchronous Transfer Mode(ATM) 技术，推荐其为宽带综合业务数据网 B-ISDN 的信息传输模式。

ATM 是一种传输模式，在这一模式中，信息被组织成信元，包含来自某用户信息的各个信元不需要周期性出现，因此这种传输模式是异步的。ATM 信元是固定长度的分组，共有 53 个字节，分为 2 个部分。前面 5 个字节为信头，主要完成寻址的功能；后面的 48 个字节为信息段，用来装载来自不同用户、不同业务的信息。话音、数据、图像等所有的数字信息都要经过切割，封装成统一格式的信元在网中传递，并在接收端恢复成所需格式。

由于 ATM 技术简化了交换过程,去除了不必要的数据校验,采用易于处理的固定信元格式,所以 ATM 交换速率大大高于传统的数据网交换速率,如 x.25、数字数据网络(DDN)、帧中继等。

ATM 适用于局域网和广域网,它具有高速数据传输率和支持许多种类型如声音、数据、传真、实时视频、CD 质量音频和图像的通信。

3.6.5 以太网协议

数据链路层使用以太网协议进行传输,基于 MAC 地址的广播方式实验数据传输,只能在局域网内广播。起初各个公司都有自己的分组方式,后来形成统一标准,即以太网协议——Ethernet 协议。

目前主要有两种格式的以太网贴:Ethernet Ⅱ 和 IEEE 802.3。它由 6 个字节的目的 MAC 地址、6 个字节的源 MAC 地址、2 个字节的类型域(用于标示封装在这个 Frame 里面的数据的类型)、46~1500 字节的数据和 4 字节的帧校验组成。以太网报文结构如下:

(1) 报头:8 字节,前 7 个 0、1 交替的字节(10 101 010)用来同步接收站,一个 1 010 101 011 字节指出帧的开始位置。报头提供接收器同步和帧界定服务。

(2) 目标地址:6 个字节,单播、多播或者广播。单播地址为 MAC 地址,广播地址为全 0xFF FFF FFF 地址。

(3) 源地址:6 个字节,用来指出发送节点的单点广播地址。

(4) 以太类型:2 个字节,用来指出以太网帧内所含的上层协议。即帧格式的协议标识符。对于 IP 报文来说,该字段值是 0x0800;对于 ARP 信息来说,以太类型字段的值是 0x0806。

(5) 有效负载:由一个上层协议的协议数据单元 PDU(Protocal Data Unit,协议数据单元,指对等层之间传递的数据单位)构成。可以发送的最大有效负载是 1500 字节。由于以太网的冲突检测特性,有效负载至少是 46 个字节。如果上层协议数据单元长度少于 46 个字节,必须增补到 46 个字节。

(6) 帧检验序列:4 个字节,验证比特完整性。

3.7 数据通信基础及网络互连

网络传输介质是指在网络中传输信息的载体,常用的传输介质分为有线传输介质和无线传输介质两大类。不同的传输介质特性各不相同,它们不同的特性对网络中数据通信质量和通信速度有较大影响。

3.7.1 网络传输介质

1. 双绞线

双绞线是最常用的古老传输介质,它由两根采用一定规格并排绞合、相互绝缘的铜导线组成,绞合可以减少对相邻导线的电磁干扰。为了进一步提高抗电磁干扰能力,可在双绞线的外面再加上一个由金属丝编织成的屏蔽层,这就是屏蔽双绞线(Shielded Twisted Pair,STP),如图 3-31 所示。无屏蔽层的双绞线称为非屏蔽双绞线(Unshielded Twisted Pair ,UTP)

如图 3-32 所示。

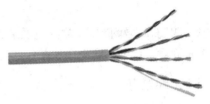

图 3-31　屏蔽双绞线　　　　　　　　图 3-32　非屏蔽双绞线

现代双绞线中有 8 条线缆，线缆两端针脚引线的排列有两种类型：直通线和交叉线。针脚引线是指电缆中使用的彩色线缆与 RJ-45 接口特定位置的针脚关系，有 T568A 和 T568B 两种标准的针脚引线，如表 3-5 所示。

表 3-6　双绞线 T568A 和 T568B 的标准针脚引线

标准	1	2	3	4	5	6	7	8
T568A	绿/白	绿	橙/白	蓝	蓝/白	橙	棕/白	棕
T568B	橙/白	橙	绿/白	蓝	蓝/白	绿	棕/白	棕

(1) 直通双绞线的两端使用同一种标准，即同时采用 T568A 或 T568B 标准。

(2) 交叉双绞线的一端采用 T568B 标准，另一端采用 T568A 标准。

(3) 直通双绞线主要应用于数据终端设备(Data Terminal Equipment，DTE)到数据通信设备(Data Communication Equipment，DCE)的连接。

(4) 交叉双绞线主要用于将一台 DTE 设备连接到其他 DTE 设备上，或者将一台 DCE 设备连接到其他 DCE 设备上。

DTE 主要为路由器、PC 或服务器，而 DCE 为广域网交换机或路由器。

2. 同轴电缆

同轴电缆由内导体、绝缘层、网状编织屏蔽层和塑料外层构成，如图 3-33 所示。按阻抗数值的不同，通常将同轴电缆分为两类：50 Ω 同轴电缆和 75 Ω 同轴电缆。其中，50 Ω 同轴电缆主要用于传送基带数字信号，又称基带同轴电缆，它在局域网中被广泛使用；75 Ω 同轴电缆主要用于传送宽带信号，又称宽带同轴电缆，主要用于有线电视系统。

图 3-33　同轴电缆

3. 光纤

光纤通信就是利用光导纤维(简称光纤)传递光脉冲来进行的通信，一般由纤芯、包层、外部保护层组成，如图 3-34 所示。有光脉冲表示为 1，无光脉冲表示为 0，而可见光的频

率大约是 10^8 MHz，因此光纤通信系统的带宽远远大于目前其他各种传输介质的带宽。

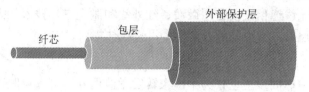

图 3-34　光纤

光纤在发送端有光源，可以采用发光二极管或半导体激光器，它们在电脉冲作用下能产生光脉冲；在接收端用光电二极管做成光检测器，在检测到光脉冲时可还原出电脉冲。光纤主要由纤芯和包层构成，光波通过纤芯进行传导，包层较纤芯有较低的折射率。当光线从高折射率的介质向低折射率的介质传播时，其折射角将大于入射角。因此，如果入射角足够大，就会出现全反射，即光线碰到包层时就会折射回纤芯，这个过程不断重复，光也沿着光纤传输下去。

根据组成的结构差异，光纤可分为单模光纤和多模光纤。

(1) 单模光纤：只用一种"颜色"(频率)的光传输信号，光束以直线方式前进，没有折射，光纤芯直径小于 10 μm，通常采用激光作为光源。单模光纤运行在 100 Mb/s 或 1 Gb/s 的数据速率，传输距离至少可以达到 5 公里。通常情况下，单模光纤用于远程信号传输，如果没有说明，单模光纤一般都是黄色。

(2) 多模光纤：可同时传输几种"颜色"(频率)的光，光束以波浪式向前传输，光纤芯大多在 50～100 μm，通常采用发光二极管作为光源。由于多模光纤中传输的模式多达数百个，各个模式的传播常数和群速率不同，因此多模光纤的带宽窄、色散大、损耗也大，只适于中短距离和小容量的光纤通信，千兆多模光纤传输距离最高为 2000 米。如果没有说明，多模光纤一般都是橙色。

光纤具有以下几个特点：

① 传输带宽非常宽，通信容量很大；
② 传输损耗小、中继距离长，特别适用于长距离传输；
③ 抗雷电和抗电磁干扰能力强；
④ 保密性好，不易被窃听或截取数据；
⑤ 体积小、重量轻；
⑥ 误码率低，传输可靠性高。

3.7.2　无线传输介质

可以在自由空间利用电磁波发送和接收信号的通信就是无线传输，地球上的大气层(即常说的无线传输介质)为大部分无线传输提供了物理通道。无线传输根据频谱可分为无线电波、微波、红外线、激光传输等。

1. 无线电波

无线电波具有较强穿透能力，可以传输很长距离，广泛应用于通信领域，如无线数据通信、计算机网络中的无线局域网(WLAN)等，无线电波使信号向所有方向传播，有效距离范围内无需对准某个方向即可与发射者进行通信，大大简化了通信连接。

2．微波、红外线和激光

目前高带宽的无线通信主要使用微波、红外线和激光三种技术，需要发送方和接收方之间存在一条视线通路，有很强的方向性，沿直线传播。

3．卫星通信

卫星通信利用地球同步卫星作为中继来转发微波信号，可以克服地面微波通信距离的限制。卫星通信容量大、距离远、覆盖广，但端到端传播时延长。

3.7.3　网络互连设备

1．中继器

中继器(RP，Repeater)又称转发器，是连接网络线路的一种装置，如图 3-35 所示，工作在物理层，主要作用是将信号中的数据分离出来，按照原来的形式进行再生，并发送出去，常用于两个网络节点之间物理信号的双向转发工作。

由于损耗的原因，在线路上传输的信号功率会逐渐衰减，衰减到一定程度时将造成信号失真，因此会导致接收错误，中继器就是为解决这一问题而

图 3-35　中继器

设计的。中继器负责在两个结点的物理层上按位传递信息，完成信号的复制、调整和放大功能，以此来延长网络的长度。它完成物理线路的连接，对衰减的信号进行放大，并使其保持与原数据相同。

中继器的工作特点有：

(1) 中继器两端连接内容：中继器两端网络部分是网段，不是子网；

(2) 被连接网络完全相同：中继器可以将完全相同的网络互连，两个网段速率必须相同；

(3) 电气部分作用：中继器将一条电缆段的数据发送到另一条电缆段，其仅作用于信号的电气部分，不会校验数据的正确性；

(4) 两端协议相同：中继器两端网段的协议必须是同一个协议。

2．集线器

集线器的英文称为"Hub"，是"中心"的意思，因此集线器的主要功能是对接收到的信号进行再生整形放大，以扩大网络的传输距离，并把所有结点集中在以它为中心的结点上，如图 3-36 所示。

集线器工作在物理层，可以看作是具有多个端口的中继器，工作原理和中继器类似。集线器发送的数据都是没有针对性的，且采用广播方式发送，也就是说当它要向某节点发送数据时，不是直接把数据发送到目的节点，而是把数据包发送到与集线器相连的所有节点。

图 3-36　集线器

按结构和功能分类，集线器可分为未管理的集线器、堆叠式集线器和底盘集线器三类。

(1) 未管理的集线器。把最简单的集线器连接到以太网总线为中央网络提供连接，并以星形的形式连接起来，这些最简单的集线器就称为未管理的集线器。未管理的集线器只用于很小型的至多 12 个结点的网络中(在少数情况下，可以更多一些)，它没有管理软件或协议来提供网络管理功能，这种集线器可以是无电源(无源)的，也可以是有电源(有源)的，有源集线器使用得更多。

(2) 堆叠式集线器。堆叠式集线器是稍微复杂的集线器。堆叠式集线器最显著的特征是 8 个转发器可以直接彼此相连，这样只需简单地添加集线器并将其连接到已经安装的集线器上就可以扩展网络。这种方法不仅成本低，而且简单易行。

(3) 底盘集线器。底盘集线器是一种模块化的设备，在其底板电路板上增加了可以插入多种类型模块的端口，有些集线器带有冗余的底板和电源，有些模块允许用户不必关闭整个集线器便可替换那些失效的模块。

3. 网桥

网桥(Bridge)是工作在数据链路层的网络互联设备，在网络互联中起到数据接收、地址过滤与数据转发的作用，用来实现多个网络系统之间的数据交换。网桥像一个"聪明"的中继器，中继器从一个网络电缆里接收信号，放大并将其送入下一个电缆。网桥是一种对帧进行转发的技术，它根据 MAC 分区块，它的两个端口分别有一条独立的交换信道，不是共享一条背板总线，可隔离冲突域。网桥比集线器(Hub)性能更好，集线器上各端口都是共享同一条背板总线的。

网桥将两个相似的网络连接起来，并对网络数据的流通进行管理，如图 3-37 所示。它工作于数据链路层，不但能扩展网络的距离或范围，而且可提高网络的性能、可靠性和安全性。网桥可以是专门的硬件设备，也可以由计算机加装网桥软件来实现。

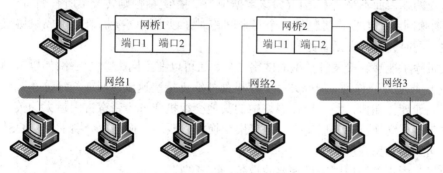

图 3-37 网桥的工作过程

网桥的基本特征如下：

(1) 网桥在数据链路层上实现局域网互联；

(2) 网桥能够互联两个采用不同数据链路层协议、不同传输介质与不同传输速率的网络；

(3) 网桥以接收、存储、地址过滤与转发的方式实现互联的网络之间的通信；

(4) 网桥需要互联的网络在数据链路层以上采用相同的协议；

(5) 网桥可以隔离信息，防止其他网段内的用户非法访问隔离出的安全网段，使各网段相对独立。

4．交换机

交换(Switching)是按照通信两端传输信息的需要，用人工或设备自动完成的方法，把要传输的信息送到符合要求的相应路由上的技术的统称。广义的交换机就是一种在通信系统中完成信息交换功能的设备，如图3-38所示。

图 3-38　交换机

在计算机网络系统中，交换概念的提出改进了共享工作模式。前面介绍的集线器(Hub)就是一种共享设备，但基于集线器的工作方式，同一时刻在网络上只能传输一组数据帧，甚至发生碰撞还得重试，但是交换机的出现弥补了这一缺点。

交换机的主要功能包括物理编址、错误校验、流量控制等。目前交换机还具备了一些新的功能，如对 VLAN(虚拟局域网)的支持、对链路汇聚的支持，甚至有的还具有防火墙的功能。除此之外，交换机还有以下功能：

(1) 学习：以太网交换机了解每一端口相连设备的 MAC 地址，并将地址同相应的端口映射起来存放在交换机缓存中的 MAC 地址表中。

(2) 转发/过滤：当一个数据帧的目的地址在 MAC 地址表中有映射时，它被转发到连接目的节点的端口而不是所有端口(如该数据帧为广播/组播帧则转发至所有端口)。

(3) 消除回路：当交换机包括一个冗余回路时，以太网交换机通过生成树协议避免回路的产生，同时允许存在后备路径。

交换机除了能够连接同种类型的网络之外，还可以在不同类型的网络(如以太网和快速以太网)之间起到互联作用。如今许多交换机都能够支持快速以太网或光纤分布式数据接口(FDDI)等高速连接端口，用于连接网络中的其他交换机或者为带宽占用量大的关键服务器提供附加带宽。交换机有二层交换机、三层交换机、四层交换机，分别工作在 OSI 模型的第二层、第三层和第四层。

交换机是中小型局域网中最重要的设备，知名的品牌也很多，如思科、华为、H3C、TP-Link、D-Link等，品牌间差异并不明显。相对来说，交换机的类型是选择交换机更重要的标准，不同类型交换机的性能和价格的差异也很大。下面介绍几种常见的交换机。

(1) SOHO 交换机。SOHO(Small Office Home Office)交换机的意思是小型家庭办公交换机，可以简单理解为家庭局域网交换机，如图 3-39 所示。这种小型交换机多数是两层交换机，价格在几十元到几百

图 3-39　SOHO 交换机

元，适合在拥有几台计算机的家庭或小型公司局域网中使用。

（2）快速以太网交换机。快速以太网交换机是传统的以太网交换机的升级型，结构和功能上没有太大的改变，如图 3-40 所示。其特点是数据传输稳定、结构简单、使用方便。这种交换机大多是二层交换机，价格在几百元到上千元，适用于 10 台以上计算机组成的中小型局域网。

图 3-40　快速以太网交换机

（3）千兆以太网交换机。千兆以太网交换机相比传统的以太网交换机，在性能上有很大的提升，传输速度更快，缺点是设置复杂，需要专业人员进行操作。这种千兆以太网交换机有两层也有三层，价格从几千元到上万元不等，适用于网吧、对网络要求较高的中型企业局域网。千兆以太网交换机如图 3-41 所示。

图 3-41　千兆以太网交换机

5．路由器

路由就是寻径，是指路由器在收到 IP 包后，去查找自己的路由信息进行转发的过程，实物如图 3-42 所示。路由器(Router)作为不同网络互联的枢纽，构成了基于 TCP/IP 的国际互联网的主体脉络。路由器工作在 OSI 模型的第三层，它会根据信道的情况自动选择和设定路由，以最佳路径、按前后顺序发送数据，并提供了路由与转发两种重要机制。在网络通信中，路由器具有判断网络地址以及选择 IP 路径的作用，可以在多个网络环境中，构建灵活的连接系统，通过不同的数据分组以及介质访问方式对各个子网进行连接。

图 3-42　路由器

路由器之所以在互联网中处于关键地位，是因为它处于网络层，一方面能够跨越不同的物理网络类型(DDN、FDDI、以太网等)，另一方面在逻辑上将整个互联网分割成逻辑上独立的网络单位，使网络具有一定的逻辑结构。路由器的主要工作就是为经过路由器的每个数据帧寻找一条最佳传输路径，并将该数据有效地传送到目的站点。路由器的基本功能是把数据(IP 报文)传送到正确的网络，细分则包括：

(1) IP 数据报的转发，包括数据报的寻径和传送；

(2) 子网隔离，抑制广播风暴；

(3) 维护路由表，并与其他路由器交换路由信息，这是 IP 报文转发的基础；

(4) IP 数据报的差错处理及简单的拥塞控制；

(5) 实现对 IP 数据报的过滤和记账。

作为不同网络之间互联的枢纽，路由器系统构成了基于 TCP/IP 的国际互联网络的主体脉络，也可以说，路由器构成了 Internet 的骨架。它的处理速度是网络通信的主要瓶颈之一，它的可靠性则直接影响着网络互联的质量，因此，在园区网、地区网乃至整个 Internet 研究领域中，路由器技术始终处于核心地位，其发展历程和方向，成为整个 Internet 发展的一个缩影。

路由器可从不同方面进行分类：

(1) 功能上可以划分为骨干级、企业级和接入级路由器。骨干级路由器数据吞吐量较大，是企业级网络实现互联的关键。骨干级路由器要求高速及高可靠性，网络通常采用热备份、双电源和双数据通路等技术来确保其可靠性。

(2) 结构上可以划分为模块化和非模块化路由器。模块化路由器可以实现路由器的灵活配置，适应企业的业务需求；非模块化路由器只能提供固定单一的端口。通常情况下，高端路由器是模块化结构的，低端路由器是非模块化结构的。

(3) 按所处网络位置划分为边界路由器和中间节点路由器。边界路由器位于网络边缘，连接不同网络路由器；中间节点路由器位于网络中间，连接不同网络。

6. 网关

从一个房间走到另一个房间，必然要经过一扇门。同样，从一个网络向另一个网络发送信息，也必须经过一道"关口"，这道关口就是网关。顾名思义，网关(Gateway)就是一个网络连接到另一个网络的"关口"。

网关又称网间连接器、协议转换器，如图 3-43 所示。网关在网络层以上实现网络互联，是复杂的网络互联设备，仅用于两个高层协议不同的网络互联。网关既可以用于广域网互联，也可以用于局域网互联。网关是一种充当转换重任的计算机系统或设备，用于不同通信协议、数据格式或语言甚至体系结构完全不同的两种系统间。网关是一个翻译器，与网桥只是简单地传达信息相比，网关对收到的信息要重新打包，以适应目的系统的需求。同时网关也可以提供过滤和安全功能，大多数网关运行在 OSI 模型七层协议的顶层——应用层。

网关工作在网络层以上，用于连接网络层之上执行不同协议的子网，将传输层、会话层、表示层以及应用层的协议相互转换，使其能够相互通信。网关的协议较复杂，因此它的传输效率较低，而且透明性不好，所以常用它进行某种特殊用途的专用互联。人们也常把网络层及其以上的网络设备叫作网关。

图 3-43　网关

网关实现一个 IP 地址到另一个 IP 地址的转换功能。比如，有网络 A 和网络 B，网络 A 的 IP 地址范围为"192.168.1.1-192. 168.1.254"，子网掩码为 255.255.255.0；网络 B 的 IP 地址范围为"192.168.2.1-192.168.2.254"，子网掩码为 255.255.255.0。在没有路由器的情况下，两个网络之间是不能进行 TCP/IP 通信的，即使是两个网络连接在同一台交换机(或集线器)上，TCP/IP 协议也会根据子网掩码(255.255.255.0)判定两个网络中的主机处在不同的网络里。而要实现这两个网络之间的通信，则必须通过网关。如果网络 A 中的主机发现数据包的目的主机不在本地网络中，就把数据包转发给它自己的网关，再由网关转发给网络 B 的网关，网络 B 的网关再转发给网络 B 的某个主机。

3.8　无线网络和移动网络

无线网络，是指无需布线就能实现各种通信设备互联的网络。无线网络技术应用范围广泛，从允许用户建立远距离无线连接的全球语音和数据网络，到优化近距离无线连接的红外线和无线电频率技术。通常使用无线网络的设备有便携式计算机、台式计算机、平板电脑、个人数字设备(PDA)、移动电话等。

根据网络覆盖范围的不同，可以将无线网络划分为以下几种：

(1) 无线广域网(Wireless Wide Area Network，WWAN)。

(2) 无线城域网(Wireless Metropolitan Area Network，WMAN)。

(3) 无线局域网(Wireless Local Area Network，WLAN)。

(4) 无线个人局域网(Wireless Personal Area Network，WPAN)。

3.8.1　无线广域网(WWAN)

无线广域网 WWAN(Wireless Wide Area Network)主要是满足超出一个城市范围的信息交流和网际接入需求，让用户可以和在遥远地方的公共或私人网络建立无线连接。无线广域网的通信一般要了解下面知识，包括常见的通信方式如 GSM、CDMA、3G、4G 和 5G 以及不同代数据通信中实现数据分组功能的 GPRS 通信服务。

1. GSM

GSM 是 Global System for Mobile Communications 的缩写，意为全球移动通信系统，是世界上主要的蜂窝系统之一。20 世纪 80 年代，GSM 兴起于欧洲，1991 年在芬兰正式投入使用，到 1997 年底，GSM 已经在 100 多个国家实施运营，到 2004 年，在全世界的 183 个国家已经建立了 540 多个 GSM 通信网络，其发展之迅速，从实际意义上来讲已成为欧洲和亚洲的通信标准。GSM 基于窄带时分多址(TDMA)技术制式，允许在一个射频同时进行 8 组通话，包括 GSM900 MHz、GSM1800 MHz 及 GSM1900 MHz 等几个频段。GSM 系统具有通话质量高、通话死角少、稳定性强、不易受外界干扰、SIM 卡防盗能力佳、网络容量大、号码资源丰富、信息灵敏、设备功耗低等重要特点。

2. GPRS

GPRS 是通用分组无线服务(General Packet Radio Service)的缩写,是欧洲电信协会 GSM 系统中对分组数据所规定的标准。GPRS 是在 GSM 网络上开通的一种新的分组数据传输技术,它和 GSM 一样采用 TDMA 方式传输语音,但是采用分组的方式传输数据。GPRS 提供端到端的、广域的无线 IP 连接及高达 115.2 kb/s 的空中接口传输速率。

GPRS 采用的分组交换技术,可实现若干移动用户同时共享一个无线信道或一个移动用户同时使用多个无线信道。当用户进行数据传输时占用信道,无数据传输时则把信道资源让出来,这样不仅极大地提高了无线频带资源的利用率,同时也提供了灵活的差错控制和流量控制,正因如此,GPRS 是按传输的数据量来收费的,即按流量收费,而不是按时间来计费的。

GPRS 还具有数据传输与语音传输可同时进行并自如切换等特点。总之,相对于原来 GSM 以拨号接入的电路数据传送方式,GPRS 是分组交换技术,具有实时在线、高速传输、流量计费和数据与语音自如切换等优点,它能全面提升移动数据通信服务。因而,GPRS 技术广泛地应用于多媒体、交通工具的定位、电子商务、智能数据和语音、基于网络的多用户游戏等方面。

3. CDMA

CDMA 是 Code Division Multiple Access 的缩写,全称为码分多址,它是在数字技术的分支——扩频通信技术上发展起来的一种崭新而成熟的无线通信技术。CDMA 最早由美国高通公司研制出来用于商业时,GSM 正统领着移动通信市场,因此,几乎没有一个移动通信运营商使用它。最后是在 20 世纪 90 年代初,韩国政府致力于寻找发展本国电子制造业的机会,发现欧洲几乎已经垄断了 GSM 市场之后,才果断地决定发展 CDMA,CDMA 也从那时起才开始发展起来。

CDMA 具有频谱利用率高、语音质量好、保密性强、掉话率低、电磁辐射小、系统容量大、覆盖广等优点。它的这些优点一方面是扩频通信系统所固有的,另一方面是因为 CDMA 采用了很多的技术:

① CDMA 系统是由扩频、多址接入、蜂窝组网和频率复用等几种技术结合而成的,因此具有抗干扰性好、抗信号路径衰弱能力强、保密安全性高、同频率可在多个小区内重复使用,以及系统容量大的优点;

② CDMA 系统采用码分多址技术,所有移动用户都占用相同带宽和频率,通过复用方式使得频谱利用率很高;

③ CDMA 系统采用软切换技术,完全克服了硬切换所带来的容易掉话的缺点,使得掉话率降低;

④ CDMA 采用功率控制和可变速率声码器,使 CDMA 无线发射功耗低及语音质量好,同时 CDMA 也是第三代移动通信系统(3G)的技术基础。

4. 3G

3G(Third Generation)是国际电联(ITU)于 2000 年确定的,意为"第三代移动通信",并正式命名为 IMT-2000。3G 的设计目标是在与已有的第二代系统良好兼容的基础上，提供比第二代系统更大的系统容量和更好的通信质量，并能在全球范围内更好地实现无缝漫游及为用户提供包括语音、数据及多媒体等在内的多种业务，因而第三代移动通信系统的主要特征是可提供丰富多彩的移动多媒体业务，其传输速率在高速移动环境中支持 144 kb/s，步行慢速移动环境中支持 384 kb/s，静止状态下支持 2 Mb/s。

第三代移动通信系统的技术基础是码分多址(CDMA)。第一代移动通信系统采用频分多址(FDMA)的模拟调制方式，采用 FDMA 的系统具有频谱利用率低、信令干扰语音业务的缺点。第二代移动通信系统主要采用时分多址(TDMA)的数字调制方式，与第一代相比，虽然提高了系统容量，并采用独立信道传送信令，使系统性能大大改善，但它的系统容量仍然很有限，而且越区切换性能还不完善。而 CDMA 系统以其频率规划简单、系统容量大、频率复用率高、抗多径衰落能力强、通话质量好、软容量、软切换等特点显示出巨大的发展潜力，因而第三代移动通信系统把 CDMA 作为其技术基础。目前，3G 推荐的主流技术标准有三种，分别为 WCDMA、CDMA2000 及由中国大唐电信公司提出的 TD-SCDMA，虽然是三个不同的标准，但三种系统所使用的无线电核心频段都在 2000 Hz 左右。

5. 4G

4G 是第四代的移动通信技术，第四代通信技术集 3G 与 WLAN 为一体，可以在一定程度上实现数据、音频、视频的快速传输，比以往我国使用的 ADSL 家用宽带快 25 倍。第四代通信技术是在数据通讯、多媒体业务的背景下产生的，我国是在 2001 年开始研发 4G 技术，并在 2011 年正式投入使用的。

4G 移动通信技术具有的优势有很多，主要体现在以下几方面：首先，4G 移动通信技术的数据传输速率较快，可以达到 100 Mb/s，与 3G 通信技术相比是其 20 倍。其次，4G 通信技术具有较强的抗干扰能力，可以利用正交分频多任务技术进行多种增值服务，防止其他信号对其造成的干扰。最后，4G 通信技术的覆盖能力较强，在传输的过程中智能性极强。

整体而言，4G 网络提供的业务数据大多为全 IP 化网络数据，所以在一定程度上可以满足移动通信业务的发展需求。然而，随着经济社会及物联网技术的迅速发展和云计算、社交网络、车联网等新型移动通信业务的不断产生，用户对通信技术提出了更高层次的需求。将来，移动通信网络将会完全覆盖办公娱乐、休息区和住宅区等，且每一个场景对通信网络的要求完全不一样，例如一些场景对移动性要求较高，一些场景对流量密度要求较高等，然而对于这些需求 4G 网络难以满足，因此应重点探究更加高速、更加先进的移动网络通信技术。

6. 5G

5G 技术是第五代移动通信系统，以其快速的传输速度，在近几年受到较大关注。5G 的性能目标是高数据速率、减少延迟、节省能源、降低成本、提高系统容量和大规模设备连接。5G 网络的主要优势在于，数据传输速率远远高于以前的蜂窝网络，最高可达 10 Gb/s，比 4G LTE 蜂窝网络快 100 倍。5G 的另一个优点是较低的网络延迟(更快的响应时间)，低于 1 ms，而 4G 为 30~70 ms。由于数据传输更快，5G 网络将不仅仅为手机提供服务，而且还将与有线网络提供商竞争，成为一般性的家庭和办公网络提供商。

5G 网络的快速已经超出了一般需求，并带来许多社会上的改变。例如我们平时在打电话时，从拨打对方的手机到对方收到通话请求要有几秒钟的延时，而 5G 网络将这种延时减少到零点几秒，可能一般人们对这种延时基本不太在乎，但是结合现代云技术和 AI 技术等，这种极低的延时却会给我们生活带来巨大的变化。

　　国际标准化组织 3GPP 定义了 5G 的三大场景：eMBB(增强型移动宽带)指 3D/超高清视频等大流量移动宽带业务，mMTC(海量机器类通信)指大规模物联网业务，URLLC(超可靠、低时延通信)指如无人驾驶、工业自动化等需要低时延、高可靠连接的业务。

　　通过 3GPP 的三大场景的定义可以看出，世界通信业对于 5G 的普遍看法是它不仅应具备高速度，还应满足低时延这样更高的要求。从 1G 到 4G，移动通信的核心是人与人之间的通信，个人的通信是移动通信的核心业务，但是 5G 的通信不仅仅是人的通信，而且是物联网、工业自动化、无人驾驶等行业内通信，通信将从人与人之间的通信，开始转向人与物之间的通信，甚至机器与机器之间的通信。

　　5G 的三大场景显然对通信提出了更高的要求，不仅要解决一直需要解决的速度问题，把更高的速率提供给用户，而且对功耗、时延等提出了更高的要求，一些方面已经完全超出了我们对传统通信的理解，把更多的应用能力整合到 5G 中，对通信技术提出了更高要求。5G 虽在眼前，但它仍然还处于不断发展的状态，也势必会催生更多更好的促使其成熟、加快落地的新技术。

　　2018 年开始，5G 已逐步从设想步入现实：

　　2018 年 2 月 23 日，在世界移动通信大会召开前夕，沃达丰和华为宣布，两公司在西班牙合作采用非独立的 3GPP 5G 新无线标准和 Sub6 GHz 频段，完成了全球首个 5G 通话测试。

　　2019 年 6 月 6 日，工信部正式向中国电信、中国移动、中国联通、中国广电发放 5G 商用牌照，中国正式进入 5G 商用元年。

　　2019 年 9 月 10 日，中国华为公司在布达佩斯举行的国际电信联盟 2019 年世界电信展上发布《5G 应用立场白皮书》，展望了 5G 在多个领域的应用场景，并呼吁全球行业组织和监管机构积极推进标准协同、频谱到位，为 5G 商用部署和应用提供良好的资源保障与商业环境。

3.8.2　无线城域网(WMAN)

　　无线城域网技术是因宽带无线接入(BWA)的需要而产生的，指在覆盖城市及其郊区范围的区域分配无线网络，使之实现语音、数据、图像、多媒体、IP 等多种业务的接入服务，其覆盖范围的典型值为 3～5 km，点到点链路的覆盖可以高达几十千米，并可以提供支持服务质量(QoS)的能力和具有一定范围移动性的共享接入能力。

　　IEEE 是无线城域网标准的主要制定者。为此，IEEE 设立了 IEEE 802.16 工作组，其主要工作是建立和推进全球统一的无线城域网技术标准。在 IEEE 802.16 工作组的努力下，近些年陆续推出了 IEEE 802.16、IEEE 802.16a、IEEE 802.16b、IEEE 802.16d 等一系列标准。

　　相比于传统的有线连接，WMAN 有着较多的优势：WMAN 技术使用户可以在城市主要区域的多个场所之间创建无线连接(例如在大学校园的办公楼之间)，而不必花费高昂的费用铺设光缆、电缆和租赁线路；如果有线网络的主要租赁线路不能使用时，WMAN 也可以用作有线网络的备用网络；WMAN 既可以使用无线电波也可以使用红外光波来传送数据，提供给用户高速访问 Internet 的无线网络带宽。由于 WMAN 使用各种不同的技术，例如多路多点分布服务 (MMDS) 和本地多点分布服务 (LMDS)，因此 IEEE 802.16 宽频无线访问标准工作组仍在开发规范以标准化这些技术的发展。

WMAN 的主要特点有：

(1) 传输距离远、接入速度高、应用范围广。

(2) 不存在"最后 1 km"的瓶颈限制，系统容量大。

(3) 提供广泛的多媒体通信服务。

(4) 安全性高。

3.8.3 无线局域网(WLAN)

无线局域网 WLAN(Wireless Local Area Network)广义上是指以无线电波、激光、红外线等来代替有线局域网中的部分或全部传输介质所构成的网络。

无线局域网是无线通信技术与网络技术相结合的产物。从专业角度讲，无线局域网通过无线信道来实现网络设备之间的通信，并实现通信的移动化、个性化和宽带化。通俗地讲，无线局域网是在不采用网线的情况下，提供以太网互联功能的网络。

WLAN 技术是基于 802.11 标准系列的，即利用高频信号(例如 2.4 GHz 或 5 GHz)作为传输介质的无线局域网。802.11 是 IEEE 在 1997 年为 WLAN 定义的一个无线网络通信的工业标准。此后这一标准又不断得到补充和完善，形成 802.11 的标准系列，例如 802.11、802.11a、802.11b、802.11e、802.11g、802.11i、802.11n 等。

1. Wi-Fi

无线局域网使用中出现频率较高的一个名词"Wi-Fi"，它由"Wireless(无线电)"和"Fidelity(保真度)"组成，Wi-Fi 是一个无线网络通信技术的品牌，由 Wi-Fi 联盟(Wi-Fi Alliance)所持有。目的是改善基于 IEEE 802.11 标准的无线网络产品之间的互通性，因此，不能把 Wi-Fi 与 IEEE 802.11 混为一谈，也不能将其等同于无线局域网。目前，WLAN 的推广和认证工作主要由 Wi-Fi 联盟完成，所以 WLAN 技术常常被称之为 Wi-Fi。

2. Wi-Fi 与无线局域网络(WLAN)之间的关系

(1) Wi-Fi 包含于无线局域网中，两者发射信号的功率不同。事实上 Wi-Fi 就是 WLANA(无线局域网联盟)的一个商标，该商标仅保障使用该商标的商品互相之间可以合作，与标准本身实际上没有关系，但因为 Wi-Fi 主要采用 802.11b 协议，因此人们逐渐习惯用 Wi-Fi 来称呼 802.11b 协议。从包含关系上来说，Wi-Fi 是 WLAN 的一个标准，Wi-Fi 包含于 WLAN 中，属于采用 WLAN 协议中的一项新技术。Wi-Fi 的覆盖范围则可达 300 英尺左右(约合 90 米)，WLAN 最大(加天线)可以到 5 km。

(2) 覆盖的无线信号范围不同。Wi-Fi (Wireless Fidelity)的最大优点是传输速度较高，可以达到 11 Mb/s，另外，它的有效距离也很长，更可以与各种 802.11 DSSS 设备兼容。无线电波的覆盖范围广，但基于蓝牙技术的电波覆盖范围非常小，半径大约只有 50 英尺左右(约合 15 米)，而 Wi-Fi 的半径则可达 300 英尺左右(约合 90 米)。不过随着 Wi-Fi 技术的发展，Wi-Fi 信号未来覆盖的范围将更宽。

3.8.4　无线个人局域网(WPAN)

从网络构成上来看，无线个人局域网 WPAN(Wireless Personal Area Networks)位于整个网络架构的底层，用于很小范围内的终端与终端之间的连接，即点到点的短距离连接。同时，WPAN 是基于计算机通信的专用网，工作在个人操作环境，把需要相互通信的装置构成一个网络，且无须任何中央管理装置及软件。用于无线个人局域网的通信技术有很多，如蓝牙、红外、UWB 等。

1. 蓝牙(Bluetooth)

蓝牙(Bluetooth)是由爱立信、英特尔、诺基亚、IBM 和东芝等公司于 1998 年 5 月联合主推的一种短距离无线通信技术，它可以在较小的范围内通过无线连接的方式实现固定设备或移动设备之间的网络互联，从而在各种数字设备之间实现灵活、安全、低功耗、低成本的语音和数据通信。蓝牙技术的一般有效通信范围为 10 m，强的可以达到 100 m 左右，其最高速率可达 1 Mb/s。蓝牙技术运行在全球通行的、无须申请许可的 2.4 GHz 频段。

2. 红外(IrDA)

IrDA 是国际红外数据协会的英文缩写，IrDA 技术是一种利用红外线进行点对点短距离通信的技术。IrDA 技术的主要特点有：利用红外传输数据，无须专门申请特定频段的使用执照；具有设备体积小、功率低的特点；由于采用点到点的连接，数据传输所受到的干扰较小，数据传输速率高，可达 16 Mb/s。

IrDA 使用红外线作为传播介质。红外线是波长在 0.75~1000 μm 之间的无线电波，是人用肉眼看不到的光线，红外数据传输一般采用红外波段内波长在 0.75~25 μm 之间的近红外线。

3. UWB

UWB(Ultra Wideband)技术最初是被作为军用雷达技术开发的，它是一种不用载波、而采用时间间隔极短(小于 1 ns)的脉冲进行通信的方式，能在 10 m 左右的范围内达到数百 Mb/s 至数 Gb/s 的数据传输速率。UWB 技术在无线通信技术方面的创新性、利益性具有很大的潜力，不仅在军事上有巨大应用价值(比如雷达跟踪、精确定位)，而且在商业多媒体设备、家庭数字娱乐和个人网络方面也极大地提高了一般消费者和专业人员的适应性和满意度。

3.9　网　络　安　全

3.9.1　网络安全概念

网络安全(Cyber Security)是指网络系统的硬件、软件及其系统中的数据受到保护，不因偶然或者恶意的原因而遭受破坏、更改、泄露，系统能够连续可靠正常的运行，网络服务不中断。网络安全本质上就是网络上的信息系统安全，包括系统安全运行(提供有效的服务)和系统信息安全保护(数据信息的机密性和完整性)两方面。

信息作为一种资源，具有普遍性、共享性、增值性、可处理性和多效用性，使其具有特别重要的意义，而信息安全的实质就是要保护信息系统或信息网络中的信息资源免受各种类型的威胁、干扰和破坏。根据国际标准化组织的定义，信息安全性的含义主要是指信息的完整性、可用性、保密性和可靠性。信息安全是任何国家、政府、部门、行业都必须十分重视的问题，是一个不容忽视的国家安全战略。但是，对于不同的部门和行业来说，其对信息安全的要求和重点却是有区别的。

对于网络来说，信息安全主要是通信安全，计算机网络上的通信主要面临以下两大类威胁：被动攻击和主动攻击。

(1) 被动攻击。

① 指攻击者从网络上窃听他人的通信内容。通常把这类攻击称为截获。

② 在被动攻击中，攻击者只是观察和分析某一个协议数据单元(PDU)，以便了解所交换的数据的某种性质。

③ 这种被动攻击又称为流量分析(Traffic Analysis)。

(2) 主动攻击。

① 篡改指故意篡改网络上传送的报文，这种攻击方式有时也称为更改报文流。

② 恶意程序指种类繁多，对网络安全威胁较大的程序，主要包括计算机病毒、计算机蠕虫、特洛伊木马、逻辑炸弹、后门入侵、流氓软件等。

③ 拒绝服务指攻击者向互联网上的某个服务器不停地发送大量分组，使该服务器无法提供正常服务，甚至完全瘫痪。

对于主动攻击，可以采取适当措施加以检测。对于被动攻击，通常却是检测不出来的。根据这些特点，可得出计算机网络通信安全的目标：

• 防止报文内容和流量分析被分析或分析出真实内容。

• 防止恶意程序。

• 检测更改报文流和拒绝服务。

对付被动攻击可采用各种数据加密技术，对付主动攻击则需将加密技术与适当的鉴别技术相结合。

3.9.2　信息加密技术

信息安全技术是一门综合的学科，它涉及信息论、计算机科学和密码学等多方面知识，主要任务是研究计算机系统和通信网络内信息的保护方法，以实现系统内信息的安全、保密、真实和完整。其中，信息安全的核心是密码技术或称加密技术。

古代加密方法大约起源于公元前 440 年，譬如出现在古希腊战争中的隐写术。当时为了安全传送军事情报，奴隶主剃光奴隶的头发，将情报写在奴隶的光头上，待头发长长后将奴隶送到另一个部落，再次剃光头发，原有的信息便复现出来，从而实现这两个部落之间的秘密通信。我国古代也早有以藏头诗、藏尾诗、漏格诗及绘画等形式，将要表达的真正意思或"密语"隐藏在诗文或画卷中特定位置的记载，一般人只注意诗或画的表面意境，而不会去注意或很难发现隐藏其中的"话外之音"。这些最直接的方法使信息不被发现，没有用数学知识，只是表面进行掩挡，其弊端就是一旦被发现信息就会立马泄露。而在某些场合，如果密码被破解了，后果不堪设想。二次大战中，英国倾全国之力，破译了德国的"谜语机"密码，为战胜纳粹德国作出重要贡献；美国则破译了日军密码，由此发动空袭，击毁了日本大将山本五十六的座机。丘吉尔说，将密码员比作"下了金蛋却从不叫唤的鹅"，这些事例充分说明信息安全的重要性。

根据数据加密的方式，可以将加密技术分为对称加密和非对称加密，或称为密钥加密技术和公钥加密技术。传统的加密系统是以密钥为基础的，这是一种对称加密，即用户使用同一个密钥加密和解密。而公钥则是一种非对称加密方法，加密者和解密者各自拥有不同的密钥。当然还有其他的诸如流密码等加密算法。下面是数据加密与解密中常用的几个术语：

明文：人和机器容易读懂和理解的信息称为明文。明文既可以是文本、数字，也可以是语音、图像、视频等其他形式的信息。

密文：通过加密的手段，将明文变换为晦涩难懂的信息，这些信息被称为密文。

加密：将明文转变为密文。

解密：将密文还原为明文。解密是加密的逆操作。

密码体制：加密和解密都是通过特定的算法来实现的，该算法称为密码体制。

密钥：由使用密码体制的用户随机选取的，唯一能控制明文与密文转换的关键信息称为密钥。密钥通常是随机字符串。

(1) 密钥加密技术。密钥加密(Secret-Key Encryption)，也称为对称加密(Symmetric Encryption)，加密和解密过程都使用同一密钥，通信双方都必须具备这个密钥，并保证该密钥不被泄漏，如图 3-44 所示。

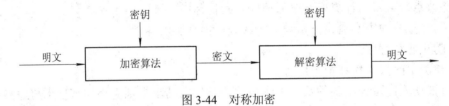

图 3-44　对称加密

在使用密钥加密技术进行通信前，双方必须先约定一个密钥，这个约定密钥的过程称为"分发密钥"。然后在通信中，发送方使用这一密钥，并采用适当的加密算法将明文加密后发送。当接收方收到密文后，采用解密算法(通常是加密算法的逆算法)，并把密钥作为算法中的一个运算因子，就可以将密文转化为明文，该明文与发送方的明文一致。

对称加密经典算法有：AES(高级加密标准)，DES(数据加密标准)，TDEA(三重数据加密算法)，Blowfish 等。

(2) 公钥加密技术。非对称加密技术中，公钥加密技术是较为成熟的一种。1976 年，美国密码学家迪菲(Diffie)和赫尔曼(Helleman)提出了公钥密码加密的基本思想，这是密码学上重要的里程碑。这一思想的主要内容为：在不降低保密的基础上，在采用加密技术进行通信的过程中，不仅加密算法本身可以公开，甚至加密用的密钥也可以公开。非对称加密算法需要用两个密钥分别进行加密和解密，这两个秘钥分别是公开密钥(Public Key，简称公钥)和私有密钥(Private Key，简称私钥)。

使用公钥密码体制对数据进行加密与解密时，使用密码对，其中一个用来加密，称为加密密钥，即公钥；另一个用于解密，称为解密密钥，即私钥，公钥和私钥在数学上相互关联，如图 3-45 所示。公钥可以对外界公开，而私钥自己保管，必须严格保密。此方法安全性高，密钥易于保管，但计算量大，加密解密速度慢。

非对称加密经典算法有：RSA、Elgamal、背包算法、Rabin、D-H、ECC(椭圆曲线加密算法)。

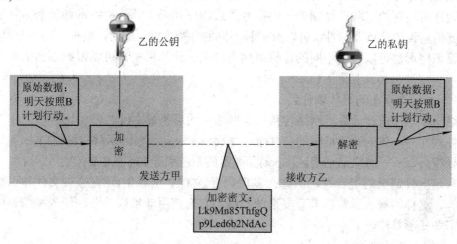

图 3-45　非对称加密

3.9.3　虚拟专用网

虚拟专用网络(VPN)的功能是在公用网络上建立专用网络，进行加密通讯，在企业网络中有广泛应用。VPN 网关通过对数据包的加密和数据包目标地址的转换实现远程访问。这一技术属于远程访问技术，简单地说就是利用公用网络架设专用网络。

例如某公司员工出差到外地，他想访问企业内网的服务器资源，这种访问就属于远程访问。如何让他访问到内网资源呢？VPN 的解决方法就是在内网中架设一台 VPN 服务器。外地员工在当地连上互联网后，通过互联网连接 VPN 服务器，然后通过 VPN 服务器进入企业内网。为了保证数据安全，VPN 服务器和客户机之间的通讯数据都进行了加密处理。有了数据加密，就可以认为数据是在一条专用的数据链路上进行安全传输(实际并不存在这条成本高昂的专用数据链路)，就如同专门架设了一个专用网络一样，但实际上 VPN 使用的是互联网上的公用链路，因此 VPN 称为虚拟专用网络，其实质就是利用加密技术在公网上封装出一个数据通讯隧道。有了 VPN 技术，用户无论是在外地出差还是在家中办公，只要能上互联网就能利用 VPN 访问内网资源，因此 VPN 在企业中的应用十分广泛。

3.10　计算机病毒及防治

3.10.1　计算机病毒

计算机病毒(Computer Virus)在《中华人民共和国计算机信息系统安全保护条例》中被

明确定义，病毒指"编制者在计算机程序中插入的破坏计算机功能或者破坏数据，影响计算机使用并且能够自我复制的一组计算机指令或者程序代码"。计算机病毒具有传播性、隐蔽性、感染性、潜伏性、可激发性、表现性或破坏性等特点。计算机病毒的生命周期为：开发期→传染期→潜伏期→发作期→发现期→消化期→消亡期。

计算机病毒与医学上的"病毒"不同，计算机病毒不是天然存在的，是人利用计算机软件和硬件所固有的脆弱性编制的一组指令集或程序代码。计算机病毒种类繁多且复杂，按照计算机病毒的特点及特性，可以有多种不同的分类方法。同时，根据不同的分类方法，同一计算机病毒也可以属于不同的计算机病毒种类。计算机病毒可以根据下面的属性进行分类。

(1) 根据病毒存在的媒体划分为

网络病毒——通过计算机网络传播感染网络中的可执行文件。

文件病毒——感染计算机中的文件(如：*.com、*.exe、*.doc 等格式文件)。

引导型病毒——感染启动扇区(Boot)和硬盘的系统引导扇区(MBR)。

还有这三种情况的混合型，例如：多型病毒(文件和引导型)具有感染文件和引导扇区两种目标，这样的病毒通常都具有复杂的算法，它们使用非常规的办法侵入系统，同时使用了加密和变形算法。

(2) 根据病毒传染渠道划分为

驻留型病毒——感染计算机后，把自身的内存驻留部分放在内存(RAM)中，这一部分程序挂接系统调用并合并到操作系统中去，它处于激活状态，一直到关机或重新启动。

非驻留型病毒——被激活后并不感染计算机内存，一些在内存中留有小部分但是并不通过这一部分进行传染的病毒也被划分为非驻留型病毒。

(3) 根据破坏能力划分为

无害型病毒——除了传染时减少磁盘的可用空间外，对系统没有其他影响。

无危险型病毒——仅仅减少内存、显示图像、发出声音或作出同类影响。

危险型病毒——对计算机系统操作造成严重不良影响。

非常危险型病毒——删除程序，破坏数据，清除系统内存区和操作系统中重要的信息。

3.10.2　防治技术

1. 抵御网络攻击的利器——防火墙

防火墙本意是指在建筑之间筑起高过房屋的一面墙，用以阻拦火灾蔓延，如图 3-46 所示。计算机领域所谓的防火墙(Firewall)由软件和硬件设备组合而成，使 Internet 与 Intranet(企业内部网)之间建立起一个安全网关(Security Gateway)，从而保护内部网免受非法用户的侵入，在内部网和外部网之间、专用网与公共网之间构造的保护屏障，是一种获取安全性方法的形象说法，如图 3-47 所示。防火墙主要由服务访问政策、验证工具、包过滤和应用网关 4 个部分组成。

防火墙就是一个位于计算机和它所连接的网络之间的软件或硬件(其中硬件防火墙用的很少，只有国防部等才用，价格昂贵)，计算机流入流出的所有网络通信都要经过防火墙。

图 3-46　民居防火墙

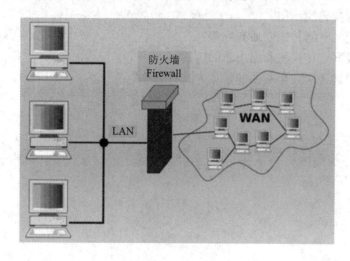

图 3-47　防火墙

　　软件防火墙单独使用软件系统来完成防火墙功能，将软件部署在系统主机上，其安全性较硬件防火墙差，同时占用系统资源，在一定程度上影响系统性能。

2. 病毒的克星——杀毒软件

　　杀毒软件通常含有实时程序监控识别、恶意程序扫描及清除和自动更新病毒数据库等功能，有的杀毒软件附加损害恢复等功能，是电脑防御系统(包含杀毒软件、防火墙、特洛伊木马程序和其他恶意软件的防护及删除程序、入侵防御系统等)的重要组成部分，任务是随时监控电脑程序的举动，扫描系统是否含有病毒等恶意程序。部分杀毒软件可经由操作系统开机后随常驻程序启动。杀毒软件对于实时监控的技术不尽相同：第一种技术是指杀毒软件会利用部分空间，将正在进行的程序特征与病毒数据库比较，以判断是否为恶意程序；第二种技术是指杀毒软件会利用一些空间，模拟系统或用户所允许动作，使受测程序运行内部代码的要求，根据程序的动作判断是否为病毒。而扫描硬盘的方式，则和上面提到的实时监控的第一种技术一样，只是在这里，杀毒软件会根据用户的需求(扫描的定义范围)做一次检查。

杀毒软件就是一个信息分析的系统，它监控所有的数据流动(包括内存、硬盘网络、内存网络－硬盘)，当它发现某些信息被感染后，就会清除其中的病毒。信息的分析(或扫描)方式取决于其来源，杀毒软件在监控光驱、电子邮件或局域网间数据移动时的工作方式是不同的。

本 章 习 题

1. 计算机网络的通俗定义是什么？
2. 简述互联网发展的过程。
3. TCP/IP 参考模型包含哪些层次？
4. TCP/IP 各层的服务协议有哪些？
5. 简述 TCP/IP 三次握手和四次挥手过程中 ACK、SYN、FIN 信号的变化。
6. 简述子网掩码的作用。
7. 有线和无线网络传输介质有哪些？
8. 描述集线器、交换机和路由器的区别。
9. 计算机网络通信安全威胁的常见方式有哪些？

第二部分　常见软件应用

第四章　常用工具软件

　　随着计算机的飞速发展，应用于各行各业的计算机软件成千上万、层出不穷，如果能够熟练地掌握和使用一些常用的工具软件，对计算机进行日常的管理和维护，以及辅助处理专业问题，将极大提高学习和工作的效率。

　　本章选取时效性、应用性较强的常用工具软件作为课程内容，主要涉及系统维护与测试工具、音频信息处理、图形与图像信息处理、动画/视频信息处理等方面的知识。由于篇幅所限，本章只是介绍了这些软件的主要功能和使用经验，有些细微之处还需在实际使用过程中体会和把握。

4.1　系统维护工具

4.1.1　压缩工具 WinRAR

　　WinRAR 是一款目前使用最为广泛的压缩处理软件，由 Eugene Roshal 开发。首个公开版本 RAR 1.3 发布于 1993 年。WinRAR 可以解压压缩软件，也可以对文件进行压缩操作，支持自定义压缩文件密码和分卷压缩，同时还拥有固实压缩的特点。WinRAR 内置程序可以解开 CAB、ARJ、LZH、TAR、GZ、ACE、UUE、BZ2、JAR、ISO、Z 和 7Z 等多种类型的档案文件、镜像文件和 TAR 组合型文件。

1. 使用 WinRAR 快速压缩和解压

　　WinRAR 支持在右键菜单中快速压缩和解压文件，操作十分简单。

　　要快速压缩文件，先在 Windows 资源管理器中选定欲压缩的文件或文件夹，再在选定的文件或文件夹上点击鼠标右键，弹出如图 4-1(a)所示的快捷菜单，从中选择"添加到"XXX.rar"或"添加到压缩文件…"项并按提示操作，即可将选定的文件或文件夹快速地压缩并形成相应的压缩包文件。

　　同样地，选定一个或多个压缩包文件，在选定的压缩包文件上点击鼠标右键，弹出如图 4-1(b)所示的快捷菜单，根据需要从菜单中选择"解压文件""解压到当前文件夹""解压每个压缩文件到单独的文件夹"或"解压到 XXX\"选项，即可将选定的压缩包文件解压到相应的文件夹中。

(a) 快速压缩文件　　　　　　　(b) 快速解压缩文件

图 4-1　WinRAR 的快捷菜单

2．WinRAR 的主要操作

启动 WinRAR(V5.50)后，其主界面如图 4-2 所示。

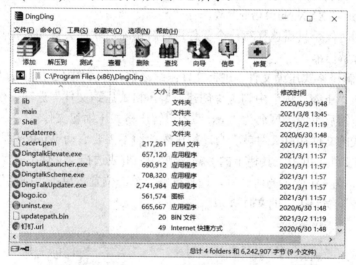

图 4-2　WinRAR 主界面

在主界面下方的文件列表中浏览文件或文件夹，先用鼠标选定欲压缩/解压缩的文件或文件夹，再进行压缩或解压缩。

(1) 文件压缩。单击工具栏上的"添加"按钮(或选择"文件"→"打开压缩文件"菜单项)，弹出如图 4-3 所示的"压缩文件名和参数"对话框，点击"浏览…"按钮浏览欲存放压缩包的位置，并在"压缩文件名"文本框中指定压缩包文件的名字，点击"确定"按钮即可开始压缩。

(2) 加密压缩/解压缩。在如图 4-3 所示的"压缩文件名和参数"对话框中点击"设置密码…"按钮，按照提示设置密码，再返回到"常规"选项卡中点击"确定"按钮，文件就开始了加密压缩的过程。压缩完成后，一份需要密码才能打开的压缩文件就生成了。

加了密的压缩包在解压缩时需要按照提示输入正确的密码，才可以进行解压缩操作。

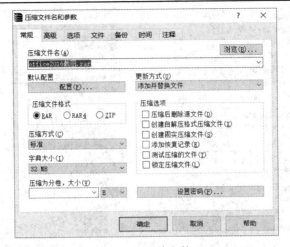

图 4-3　压缩文件

(3) 分卷压缩/解压缩。在如图 4-3 所示的"压缩文件名和参数"对话框中点击"压缩为分卷,大小"栏目下的按钮,设置每个压缩包的大小,然后再点击"确定"按钮开始压缩的过程。压缩完成后,就会生成多个压缩包文件,分别命名为"XXX.part01.rar""XXX.part02.rar""XXX.part03.rar"等。

在解压缩的时候,只需选择第一个文件进行解压缩,软件会自动查找其他后续的分卷压缩包文件进行解压缩。

(4) 创建自解压格式压缩文件。进行文件压缩之前,在如图 4-3 所示的"压缩文件名和参数"对话框的"压缩选项"中勾选"创建自解压格式压缩文件"选项,然后再进行压缩操作,即可在压缩后生成扩展名为".exe"的自解压格式压缩包文件。

自解压格式的文件在打开时就会自动解压缩,而不需要启动 WinRar 程序。

(5) 解压缩文件。单击工具栏上的"解压到"按钮(或选择"文件"→"打开压缩文件"菜单项),弹出如图 4-4 所示的对话框,选择欲解压缩的位置,单击"确定"按钮即可开始将压缩包文件解压缩到指定的文件夹中。

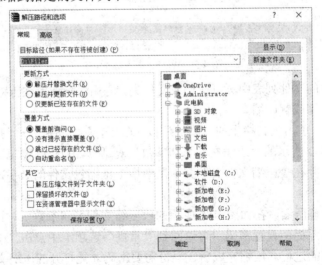

图 4-4　解压缩文件

类似的压缩/解压缩软件还有 WinZip、7Z 等，操作大同小异，可依据个人喜好和实际需要选用。

4.1.2　系统诊断工具 AIDA64

AIDA64 是匈牙利 FinalWire 公司推出的一款优秀的测试软硬件系统的工具，其前身是 EVEREST。AIDA64 能够显示计算机、手机和平板电脑的各种诊断信息，它不仅可以对处理器、系统内存和磁盘驱动器的性能进行评估，还提供了诸如协助超频、硬件侦错、压力测试和传感器监测等多种功能。AIDA64 支持 3400 多种主板、上千种显卡以及各式各样的处理器的侦测，并支持对并口/串口/USB 这些 PNP 设备的检测。通过 AIDA64，用户可以详细地查看电脑的各项硬件信息，让电脑运行更高效。

AIDA64 兼容了所有的 32 位和 64 位微软 Windows 操作系统，包括 Windows XP、Windows 7、Windows 10 和 Windows Server 2016 等。AIDA64 可以帮助用户深入地了解硬件配置信息，对各部件进行实时监控，并支持多种类型的报告和日志。

启动 AIDA64(V6.25)软件后，打开左侧窗格的"计算机"目录，打开"系统概述"，就能显示一些关于本机的基本参数，包含 CPU、主板、显卡、内存等，可让用户对当前使用的设备配置情况有一个基本的了解，如图 4-5 所示。

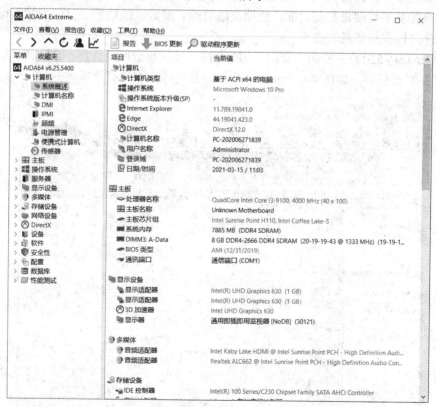

图 4-5　查看本机的基本参数

"计算机"目录下的"传感器"项，能监测到本机 CPU 和硬盘的温度、冷却风扇转速、电压值和功耗等实测数据；"性能测试"项，可以测试内存和 CPU 的基本性能，使用户对当前所使用的主要硬件性能有一个直观的了解。例如，通过"内存读取""内存写入"功能，可以很清楚地看到内存以及性能的参数，CPU Queen 可以测试 CPU 的分支预测能力以及预测错误时所造成的效能影响等。

点击左侧窗格的其他各项计算机硬件名称，就可以查看某一硬件的详细参数，甚至打开"操作系统""软件"等项，还可以查看本机上软件的安装和运行情况，并可对这些软件进行更新、禁用或卸载等操作。

打开"工具"菜单，可以单独对磁盘、内存、CPU、显示器等进行单项测试。测试期间可查看 CPU 温度变化、CPU 风扇转速变化、电压变化等曲线，若测试期间曲线起伏不大，则说明系统性能稳定。

类似的系统诊断和维护工具还有 HWINFO、鲁大师等，若感兴趣，可以查阅相关资料，在此不再赘述。

4.1.3　数据恢复工具 DiskGenius

DiskGenius 是一款磁盘分区及数据恢复软件。DiskGenius 支持对 GPT 磁盘的分区操作。除具备基本的分区建立、删除、格式化等磁盘管理功能外，还提供了强大的已丢失分区搜索功能、误删除文件恢复与误格式化及分区被破坏后的文件恢复功能，分区镜像备份与还原功能、分区复制与硬盘复制功能、快速分区功能、整数分区功能、分区表错误检查与修复功能、坏道检测与修复功能等。

DiskGenius(V5.3)的主界面主要由三部分组成，即硬盘分区结构图、分区目录层次图和分区参数图/文件信息，如图 4-6 所示。各个部分都支持右键快捷菜单。

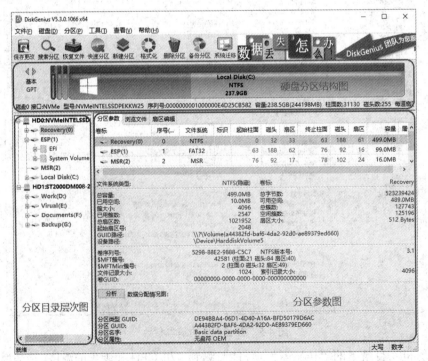

图 4-6　DiskGenius 主界面

硬盘分区结构图用不同的颜色显示了当前硬盘的各个分区。粉色框圈表示为"当前分区"。用鼠标点击可在不同分区间切换。结构图下方显示了当前硬盘的常用参数。

　　分区目录层次图显示了分区的层次及分区内文件夹的树状结构。通过点击可切换当前硬盘、当前分区；也可点击文件夹，以在右侧显示文件夹内的文件列表。

　　分区参数图在上方显示了"当前硬盘"各个分区的详细参数，下方显示了当前所选择分区的详细信息。当在左侧窗格的"分区目录层次图"中点击了某个文件夹后，右侧的分区参数图将切换成为文件列表，显示当前文件夹下的文件信息。

1. 文件操作

　　通过 DiskGenius 可以查看磁盘分区内的任何文件(包括系统隐藏文件)，以直接读/写磁盘扇区的方式显示文件列表及其文件系统格式，且不受操作系统的限制。文件列表的显示方式类似于"Windows 资源管理器"，如图 4-7 所示。

图 4-7　磁盘文件列表

　　DiskGenius 可以执行如下与文件有关的操作：浏览文件、从分区复制文件、复制文件到分区、强制删除文件、恢复误删除或误格式化的文件等。

　　这些文件操作可通过主菜单"文件"中的菜单项实现，也可通过右键快捷菜单来实现。

2. 分区操作

　　MBR 磁盘有三种分区类型，即"主分区""扩展分区"和"逻辑分区"。主分区是指直接建立在硬盘上、一般用于安装及启动操作系统的分区；扩展分区是指除主分区之外的其他分区，可以在扩展分区内建立若干个逻辑分区；逻辑分区是指建立于扩展分区内部的分区，每一个逻辑分区一般需要指定一个盘符。GPT 磁盘没有主分区和逻辑分区这些概念。

　　在 DiskGenius 中，可以执行如下与分区有关的操作：

　　(1) 创建新分区、激活/删除/隐藏/格式化分区；

　　(2) 动态调整分区大小；

　　(3) 拆分分区、分区扩容；

　　(4) 复制(克隆)分区；

　　(5) 备份分区到镜像文件/从镜像文件恢复分区。

　　这些分区的操作可通过"分区"菜单实现，也可通过其右键快捷菜单来实现，如图 4-8 所示。

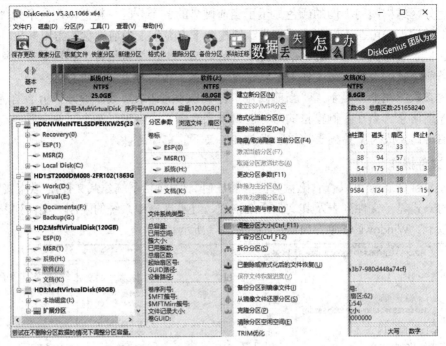

图 4-8　分区操作

其中，"调整分区大小"具有非常重要且实用的磁盘分区管理功能。实际工作中，我们有时会因为分区不当而导致有的分区空间不足、有的分区空间过剩的情况出现，而如果重新分区则会导致原有的文件数据丢失，这时就可以使用 DiskGenius 的"调整分区大小"功能来动态调整分区，并且不会删除或破坏磁盘上的原有文件。

3．硬盘操作

在 DiskGenius 中，打开"硬盘"菜单(如图 4-9 所示)，可以对硬盘参数进行检测和故障修复。

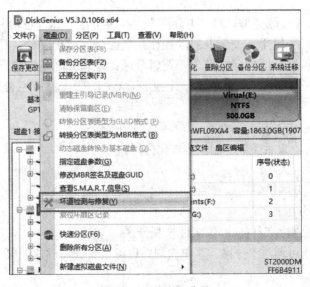

图 4-9　"硬盘"菜单

这些与硬盘有关的操作主要包括：

(1) 查看硬盘 S.M.A.R.T.信息；

(2) 指定硬盘参数；

(3) 坏道检测与修复；

(4) 复位坏扇区记录；

(5) 重建主引导记录 MBR；

(6) 搜索已丢失分区(重建分区表)；

(7) 分区表错误检查与更正；

(8) 备份与还原分区表；

(9) 复制(克隆)硬盘；

(10) 系统迁移；

(11) 制作 USB 启动盘(FDD、ZIP、HDD)。

DiskGenius 是一款优秀的磁盘分区及数据恢复软件，在磁盘分区大小的动态调整、误删除数据的恢复、故障磁盘的检测和修复等方面表现极其出色，使用也很方便。类似的工具软件还有 EasyRecovery、Norton Ghost、Paragon Partition Manager(分区魔术师)等，若感兴趣，可以查阅相关资料，在此不再赘述。

4.1.4 格式转换工具——格式工厂

格式工厂(Format Factory)是一款国内知名的方便实用、功能强大的多功能多媒体格式转换软件，它几乎支持所有类型多媒体格式的相互转换，包括视频、音频、图片、文档等。同时，格式工厂还兼备修复损坏视频文件、多媒体文件减肥、备份等功能，并支持图片缩放、旋转、水印等常用功能。格式工厂(V5.5)的主界面如图 4-10 所示。

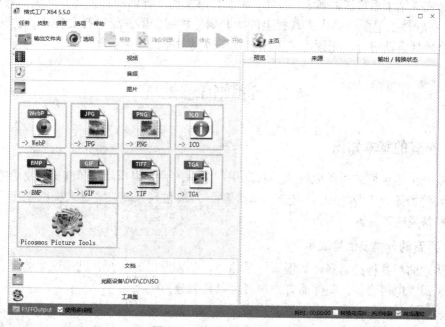

图 4-10 格式工厂的主界面

格式工厂操作简单，一般只需要按照以下几个简单步骤进行操作即可：

(1) 选择想要转换成的格式。以要转换成"PNG"格式为例，打开软件后，在左窗格中点击"图片"分类，并在其下显示的列表中点击"PNG"。

(2) 在弹出的如图 4-11 所示的对话框中单击"添加文件"按钮，选择添加要转换的文件或文件夹。

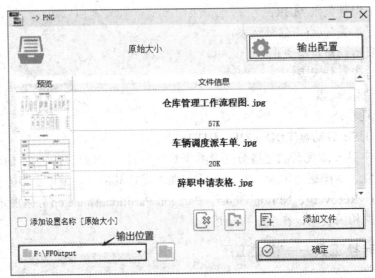

图 4-11　添加要转换的文件

单击窗口上的"输出配置"按钮，设置转换输出的参数配置；在窗口左下角的输出位置中可以设置格式转换后的文件输出位置。

添加文件结束后单击"确定"按钮，将文件添加到主界面的转换文件列表中等待转换。

(3) 在软件主界面中单击工具栏上的"开始"按钮，即开始进行文件格式的转换。转换过程由软件自动进行，无须人工干预，直至转换完成。

4.2　音频信息处理

4.2.1　声音的基本知识

声波是由各种机械振动或气流的扰动引起周围的弹性媒质(如空气)发生波动的现象。产生声波的物体为声源(如人的声带、乐器等)。声波传到人耳，经过人类听觉感官所感知就是我们常说的声音。

1. 声音的分类及信号表示

现实中的声音种类繁多，如语音、乐器声、动物发出的声音、机器产生的声音以及自然界的风雨雷电声音等。整体而言，声音可以被划分为两类：

一类是不规则的声音，由于这类声音不携带信息，也称其为噪音；另一类是规则的声音，包括语音、音乐和音效。其中，语音是由人发出的声音，是负载着一定语言意义的特殊媒体；音乐是规范化、符号化的声音；而音效是人类熟悉的其他声音，如动物发出的声音、机器产生的声音、自然界的风雨雷电声音等。

这些声音是由许多频率不同的声波信号组成的，称为复合信号。通过检测仪器，我们可以检测到声波信号是一条如图 4-12 所示的连续的波形曲线，它在时间和幅度上都是连续的，称为模拟音频信号。

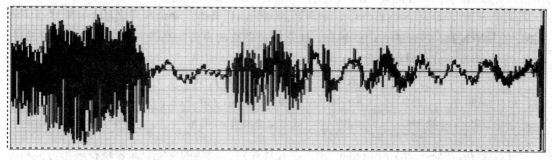

图 4-12　声波信号

任何模拟音频信号都可以看成是由许多频率不同、振幅不同的正弦波复合而成的，因此音频信号也就可分解成一系列正弦波的线性叠加，如图 4-13 所示。

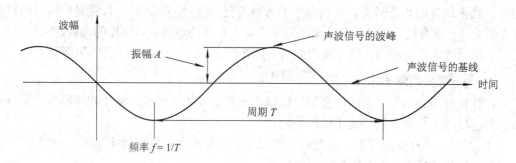

图 4-13　声波概念

通常，按照声音的频率范围，可将声音分为次声波、超声波和音频三类，如图 4-14 所示。其中，频率低于 20 Hz 的信号，称为次声波(也称亚音频)；频率高于 20 kHz 的信号，称为超声波(也称超音频)；而通常我们所说的音频，指的是频率范围在 20 Hz～20 kHz 的声音信号，这也是人类听觉所能感知的频率范围。

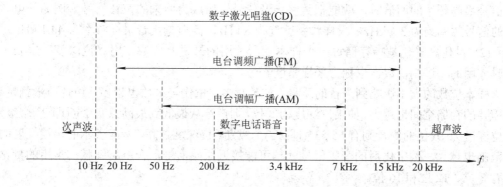

图 4-14　典型的声波的频率范围

2. 声音的三要素

从听觉角度看，声音可以从响度(音强/音量)、音调和音色三个方面来描述，也称为声音的三要素：

(1) 响度(音强/音量)：声音的响亮程度，即声音的强弱或大、小，重、轻。响度与振幅有关，声波振动的幅度越大，声音越强，传输距离越远。响度以分贝(dB)为单位。

(2) 音调(音阶)：在物理学中，把声音的高低叫作音调。音调与声音的频率有关，声源振动的频率越高，声音的音调就越高。通常把音调高的声音叫高音，音调低的声音叫低音。

常见声音的分贝量级如表 4-1 所示。

表 4-1　常见声音的分贝范围

分贝数/db	<20	20~40	40~60	60~70	70~90	>90
听觉效果	能分辨	轻声	正常交谈声	吵闹	很吵	听力受损

(3) 音色(音质/音品)：声音的品质，是人耳对声音质量的感觉，即表现在波形方面与众不同的特性。声音的音色主要由其泛音的多寡、特性所决定。各种乐器奏同样的曲子，即使响度和音调相同，听起来还是不一样，就是由于它们的音色不同。

物体振动时，不是只产生的一个频率的音。发音体整体振动产生的从听觉上起识别作用的、频率最低的音是基音，其他频率的音称为泛音(也称为谐波)。自然界里所有的声音都有泛音。一般来说，如果泛音的振动频率刚好为基音的整数倍，这样的音听起来更悦耳。泛音的组合决定了特定的音色，高次振动的泛音越丰富，音色越有明亮感和穿透力。

3. 声音信号的数字化

计算机处理音频信号之前，必须将模拟的声音信号经过采样、量化和编码等步骤进行数字化，以产生数字音频并被计算机处理。

(1) 采样。采样就是按照一定的时间间隔连续采集声音的参数值(样本点)，把时间上连续的模拟信号变成离散的有限个样值的信号。

计算机对声音进行采样时，其采样的速度称为采样频率，具体是指每秒从连续信号中提取并组成离散信号的采样个数，用赫兹(Hz)表示。通俗地讲，采样频率是指计算机每秒采集多少个信号样本，用它描述声音的音质和音调，也是衡量声卡和声音文件质量的标准。采样频率越高，则在单位时间内计算机得到的样本数据就越多，对信号波形的表示也越精确。

采样频率与原始信号频率之间有一定的关系，根据奈奎斯特理论，采样频率不低于原始信号最高频率的两倍时，就能把数字声音信号还原成为原来的声音信号。例如，电话语音的信号频率约为 3.4 kHz，采样频率就选为 8 kHz，高质量声音采样频率为 44.1 kHz。

(2) 量化。量化是指存储每一个样本点所使用的二进制位数，用"位深度"来表示量化时使用的二进制位数，也称为采样精度。

样本位数的大小影响到声音的质量，位数越多，量化等级数也越多，声音质量就越高，但需要的存储空间也越大。如果位深度为 8 位，则声音从最低到最高只有 256(即 2^8)个级别；而位深度为 16 位的声音则有 65 536(即 2^{16})个级别。位深度越高，所能表示的声波幅度的动态范围也越大，数字化后的音频信号就越可能接近原始信号，音质越细腻。常用的量化位数有 8 位、12 位和 16 位。

(3) 编码。编码就是将采样和量化后的音频信息按照一定的格式(如脉冲编码调制，即

PCM)进行编码,然后转换成由许多二进制数 0 和 1 组成的数字音频文件存入计算机中。

编码的作用有两个:一是采用一定的格式来记录数字化数据;二是采用一定的算法来压缩数字化数据,以减少存储空间并提高传输率。不同的编码被存储为不同格式的音频文件,如 WAV、MP3、WMA 等。

(4) 声道数。对一条声音波形信息的数字化使用上述三个步骤来完成,如果数字化的声音需要记录多个声音波形信息,则需要确定声道数。声道数越多,音质越好,但数字化后所占用的空间也越大。单声道生成一个声波数据,而立体声(双声道)每次生成两个声波数据,并在录制过程中分别分配到独立的左声道和右声道中输出,从而达到很好的声音定位效果。四声道环绕则需要记录四个声道的信息,从而获得更好的空间感。

4.常见音频格式

各种音频信息在保存时采用不同的编码格式,应用于不同的场合,不同格式的音频文件一般以文件扩展名进行区分。常见的音频格式见表 4-2。

表 4-2 常见音频格式说明

文件格式	说 明
WAV	Microsoft 公司的音频文件格式。用不同的采样频率对声音的模拟波形进行采样,再以不同的量化位数(8 位或 16 位)把这些采样点的值转换成二进制数存入磁盘,形成波形文件
VOC	Creative 公司波形音频文件格式,也是声霸卡(Sound Blaster)使用的音频文件格式
MIDI	采用乐器数字接口指令编制的电子合成器音乐。MIDI 文件记录的是一些描述乐曲演奏过程中的指令而不是乐曲本身,存储容量小,常用作背景配乐
MPEG-3	扩展名为 MP3,当前最流行的声音文件格式,因其压缩率大,在网络及可视电话通信方面应用广泛,但和 CD 唱片相比,音质不能令人满意
Real Audio	扩展名为 RA,此格式压缩比高但失真极小,它也是为了解决网络传输带宽资源而设计的,因此主要目标是压缩比和容错性,其次才是音质

4.2.2 音频处理软件 Adobe Audition

Adobe Audition 简称 Au,原名 Cool Edit Pro,被 Adobe 公司收购后改名为 Adobe Audition。它是一个专业音频编辑和混合编辑器软件,专为在照相室、广播设备和后期制作设备方面工作的音频和视频专业人员设计。Adobe Audition 提供先进的音频混合、编辑、控制和效果处理功能,使用它可以录制、混合、编辑和控制数字音频文件,也可轻松创建音乐、制作广播短片、修复录制缺陷。通过与 Adobe 视频应用程序的智能集成,还可将音频和视频内容结合在一起。

Adobe Audition 通过其高效的音频混合、控制和编辑性能,极大地简化了视频、无线电广播、音乐、游戏中的音频制作。

1.工作界面

Adobe Audition 2020(V13.0)启动后,其主界面如图 4-15 所示。

Adobe Audition 主界面上的默认布局包括菜单栏、工具栏、"文件"面板、"媒体浏览器"面板、"历史记录"面板、"编辑器/混音器"窗口、电平指示区、"选区/视图"面板等,其他更多的面板可以从"窗口"菜单中勾选显示。

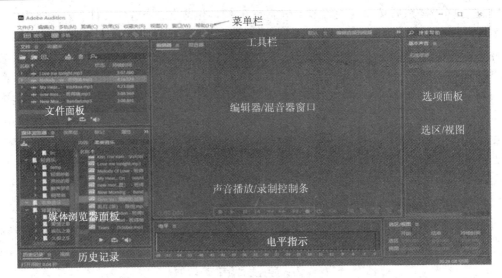

图 4-15　Adobe Audition 主界面

　　"媒体浏览器"面板中列出本地的媒体文件,"文件"面板中显示从本地导入或录制的声音文件列表。可以用鼠标将声音文件从媒体浏览器面板拖到文件面板中,也可以选择"文件"→"导入"→"文件"菜单,选择声音文件导入。"文件"面板中的媒体文件可以通过鼠标双击或拖动到"编辑器"窗口中打开。

　　"编辑器"窗口中显示的是单轨声音的波形,方便我们观察波形的变动。波形显示为一系列正负峰值,其中 x 轴(水平标尺)衡量时间,而 y 轴(垂直标尺)衡量振幅,即音频信号的响度。当我们将声音文件从"文件"面板中拖到"编辑器"窗口中打开时,在"编辑器"窗口中将显示声音的波形,如图 4-16 所示。在此窗口中可以对声音进行各种编辑操作,也是进行声音编辑的主要工作区域。

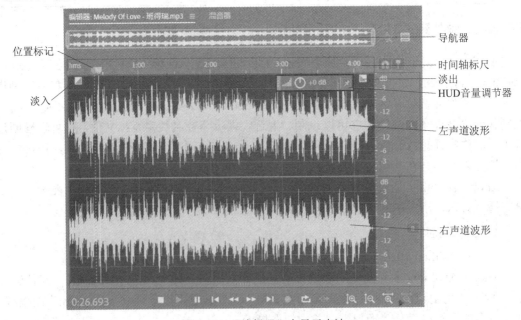

图 4-16　"编辑器"中显示声波

若单击工具栏上的"频谱频率显示器"或"频谱音调显示器"按钮,可以将编辑器分为上、下两部分,上部显示声音的波形,而下部显示声音的频谱频率或频谱音调(如图4-17所示),以便利用工具栏中的各种工具在频谱中对声音进行编辑。

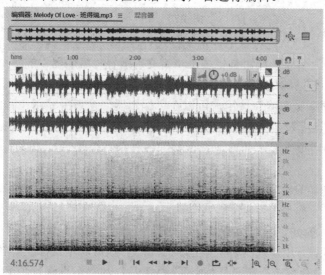

图 4-17 在编辑器中显示声波和频谱

"编辑器"窗口的下方是声音播放和录制控制条,包含停止、播放、暂停、快退、快进、录制等按钮(如图4-18所示),用于对声音的播放和录制进行控制。

图 4-18 声音播放/录制控制条

"混音器"窗口只在多轨混音项目中使用,其中可以观察到多条轨道的声音浮动,有利于我们调节各个轨道音量,如图4-19所示。

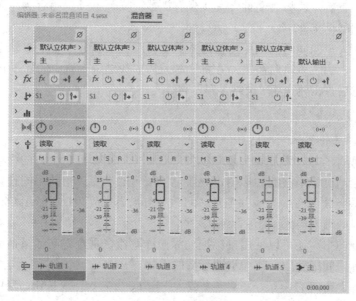

图 4-19 混音器

工具栏中包括波形、多轨等按钮，如图4-20所示。

图 4-20　工具栏

单击"波形"按钮，可对单个声音文件进行操作，即在"编辑器"窗口中打开单个声音文件的波形。而"多轨"按钮是将多个声音文件放在"编辑器"的多个轨道中进行编辑，它可以完成混音和效果的处理，而每条轨道中又可以显示单声道或双声道(立体声)。

单击"频谱频率显示器"按钮，可以在"编辑器"窗口中显示声音的频率频谱，它通过其频率分量显示波形，颜色越亮表示振幅分量越大。颜色从深蓝(低振幅频率)变化到亮黄色(高振幅频率)。频谱显示非常适合于删除各种杂音、噪音，如咳嗽声和其他伪声，一般用于处理人声。

单击"频谱音调显示器"按钮，可以在编辑器中显示声音的音调频谱，一般用于处理音乐。

工具栏上的"移动工具""切断工具""滑动工具"专用于多轨编辑器的操作。

"时间选择工具"用于选择声波中的某一片段，也可以用鼠标在声音波形中直接选择。

"框选工具""套索选择工具""画笔选择工具"和"污点修复画笔工具"只能在频谱显示区域中使用，用于选择某一部分频谱进行编辑，是消除杂音的重要工具。

2．录制声音

在 Audition 启动后，选择"文件"→"新建"→"音频文件"命令(或直接单击工具栏上的"波形"按钮)，在对话框中设置各项参数。其中，采样频率默认是 44 100 Hz，采样率越高，精度越高，细节表现也就越丰富，需要保存的数据量也就越大。

在主窗口单击"编辑器"窗口下方声音播放/录制控制条上红色的"录制"按钮，即开始录制声音。录制结束后再点击控制条上的"停止"按钮，完成声音的录制。

声音录制结束后，选择"文件"→"保存"或"文件"→"另存为"菜单项，将所录制的声音保存到磁盘文件中。

若要在录制人声的同时插入伴奏，可选"文件"→"新建"→"多轨会话"菜单项或直接单击工具栏上的"多轨"按钮，并将伴奏音乐加载到编辑器中的除了轨道 1 之外的某一条轨道上，然后点击轨道1，录制人声即可。

3．编辑声音

1) 声波的浏览和缩放

如图4-21所示，在"编辑器"窗口的波形视图中，用鼠标将上方的横向导航器左右拖动，可以水平滚动浏览声波的波形图，导航至"编辑器"窗口中的不同音频内容；用鼠标按住导航器左端竖线或右端竖线并拖动，可改变导航器的宽度(或滚动鼠标中间滚轮)，可以对波形图按时间轴方向(横向)进行缩放。

在多轨道视图中，还可以使用鼠标拖动纵向导航器在垂直方向上下拖动来浏览多个轨道，或滚动鼠标中间滚轮放大或缩小波形图的振幅。

在"编辑器"窗口的右下方，单击"放大" 或"缩小" 按钮，也可以对波形图进行缩放操作。

图 4-21 通过导航器浏览波形

2) 标记声波位置

在编辑处理声音之前，应将播放位置放在音频的开始位置，再点击"播放"按钮，完整地听一遍，分析和标记音频中出现的问题及其位置，在出现问题的地方执行"编辑"→"标记"→"添加提示标记"命令(或单击快捷键<M>)对它进行标记，则在该位置的标尺上方会出现相应的标记，如图 4-22 所示。

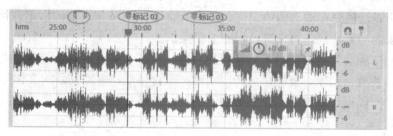

图 4-22 插入标记

也可执行"窗口"→"标记"命令，打开"标记"面板，如图 4-23 所示，查看已经标记的位置和描述。标记结束后，在此面板中用鼠标双击列表中的标记名称，就可以在波形图中快速定位，方便进一步的处理。

图 4-23 "标记"面板

3) 选取声波片段

在波形编辑器里打开待处理的音频文件，在波形图或频谱图上按住鼠标左键拖动，就可以选中一段音频，被选中的音频在波形上变成白底反相显示的选区，如图 4-24 所示。在波形图中的任意位置单击鼠标，则选区即被取消。

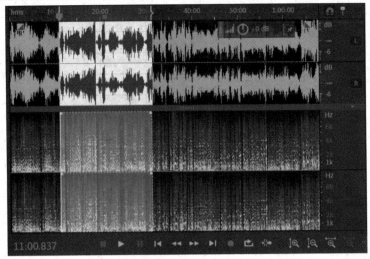

图 4-24　声音片段的选取

选取了声音片段后，后续的编辑及效果处理操作均是针对被选片段(选区)进行的，若处理前未指定选区，则是对整个音频进行处理。

4) 声波的基本编辑

要编辑声音，应先在波形图中定位到要编辑的位置(可依据之前的标记进行快速定位)，并选取要编辑的声音片段，再作进一步的编辑操作。

Audition 音频剪辑工具提供了一系列的功能。通过"编辑"菜单或右键快捷菜单，可以执行移动、裁剪、删除、复制、剪切、粘贴、混合粘贴、复制到新的文件等操作，对声音进行编辑，实现声音裁剪、删除不必要的声音、对声音片段重新拼接、重复声音片段等效果。

点击"HUD 音量调节器"(可执行"视图"→"显示 HUD"命令显示出来)并用鼠标进行左右调节，可以对选取的声音片段进行音量大小的调节。

声音编辑后，试听满意，即可保存文件。

4．声音的效果处理

1) 淡入淡出效果

淡入效果是指音频选区的起始音量很小甚至无声，在一段时间范围内音量缓缓变大的效果。淡出效果是指音频选区的音量在一段时间范围内由正常音量逐渐降低，直至最终音量很小甚至无声的效果。设置音频淡入淡出效果，可让音频整体显得不突兀，听起来平稳圆滑、自然舒适。

要使音频选区的头部淡入、结尾淡出，可以在波形编辑器中用鼠标拖动波形开头和结尾处上方的"淡入"和"淡出"小方块按钮来实现，如图4-25 所示。拖动过程中可以看到黄色包络线的变化，同时波形也随之相应变化，根据自己的需要拖

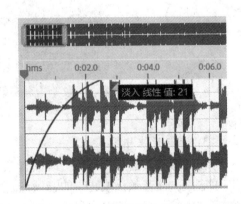

图 4-25　淡入淡出设置

动这个小方块到合适的位置就可以实现淡入淡出的效果了。

可以使用自定义方式进行更进一步的淡出设置。先根据需要选择要实行淡入淡出操作的选区，再选择"效果"→"振幅与压限"→"淡化包络(处理)"菜单项，弹出"效果-淡化包络"对话框，如图 4-26 所示。

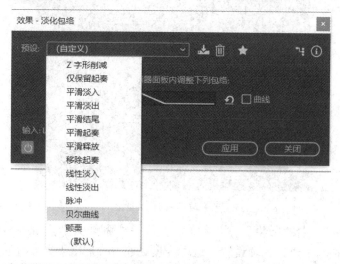

图 4-26　自定义淡入淡出对话框

在对话框中根据需要选择一个合适的预设，在确定无误后单击"应用"按钮，关闭对话框，就可以将这个淡入淡出的效果添加到要处理的音乐素材上了。

2) 降噪处理

通常情况下，我们往往把那些不希望听见的声音称为噪音，如环境噪音、交通噪音等。在这里我们将噪音分为持续性噪音和突发性噪音两大类。

持续性噪音，通常称之为"底噪"，是来自内部或外部的持续性的噪音，如电气设备(麦克风、电脑等)的交流电声，空调、风扇、电脑内部风扇等发出的声音。

突发性噪音，如咳嗽声、打喷嚏声、脚步声、汽车喇叭声、手机铃声、关门声等。

在进行录音时，不可避免地会将噪音同时录进来。对于不同类型的噪音，应该采用不同的处理方法。Audition 提供了降低嘶声、嗡嗡声、咔嗒声、爆音和其他噪音的处理方法，还可以根据需要定义振幅、时间和频率等信息来删除人为噪音。其中，通过执行"效果"→"降噪/恢复"→"降噪(处理)"命令降噪适用于大多数的场合。其他的效果器一般有专门的用途，且内置了一些非常实用的预设。直接调用预设，通常会起到较好的效果。

进行音频的降噪与修复处理时，要尽量避免降噪的同时将有用的声音也去除掉，因为过度处理会带来不自然感。

(1) 自适应降噪。自适应降噪适合于处理大多数的底噪环境音，这种操作方式是电脑自动化处理的过程。

选择"效果"→"降噪/恢复"→"自适应降噪"菜单项，弹出如图 4-27 所示的对话框，设置相关的项目即可进行自适应降噪处理。

为保持自然感，环境噪音不一定要完全清除。降噪完成后，试听几遍，看是否还有明显的噪声。

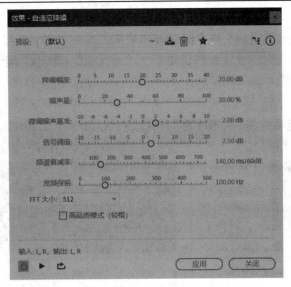

图 4-27　自适应降噪

(2) 降噪处理。选择"效果"→"降噪/恢复"→"降噪(处理)"菜单项，弹出如图 4-28 所示的对话框，在其中进行各项设置。这种降噪处理方式适用于大多数的降噪场合。

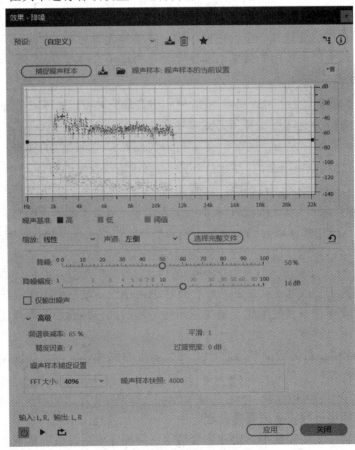

图 4-28　降噪(处理)对话框

单击对话框中的"捕捉噪声样本"按钮，然后将此对话框拖到不覆盖波形的位置，并在波形区域中用鼠标选择一段含有噪声的波形，让系统自动进行噪音样本的采取；等系统捕捉好噪音样本以后，点击"选择完整文件"按钮，把降噪放到整个录音中进行处理。

对话框中"降噪"项一般选 60%～80%进行处理会得到比较好的效果。降噪处理后，放大音频波段可以看到，原来的杂音时段的波纹基本上已消失，有波纹的阶段就是需要的声音段。

当然，降噪处理若设置的参数不当，则很容易造成原声失真，因此，降噪完成后需要反复播放，检查是否还有明显的噪音，或是否有声音失真等情况。

3) 消除杂音

音频中的一些突发性噪音，如咳嗽声、关门声等，Audition 也提供了专用的处理工具。

· 消除咔嗒声：执行"效果"→"降噪/恢复"→"咔嗒声/爆音消除器"命令，可消除音频中的咔嗒声、嘶声及噼啪声。

· 消除嗡嗡声：执行"效果"→"降噪/恢复"→"消除嗡嗡声"命令，可消除音频中指定频率和谐波的声音。

· 消除齿音：齿音是人发声为"zhi、chi、shi、zi、ci、si"时，声音与牙齿摩擦出的嘶嘶刺耳音。消除齿音可执行"效果"→"振幅与压限"→"消除齿音"命令，在弹出的对话框中选择一种适合的预设，并调整"阈值"频率来完成。

对于持续时间较短的突发噪音，如咳嗽声、关门声等，可以使用工具栏上的工具直接在频谱频率显示器上进行降噪修复，如图 4-29 所示。比如，使用时间选择工具，或者使用套索工具选择噪音区域，然后按 Delete 键删除，或者设为静音，或者使用 HUD 降低其电平。也可以使用污点修复画笔工具在频谱频率显示器的噪音区域进行涂抹修复，有时候可能还会有一些其他的杂音，剪切掉就可以了。

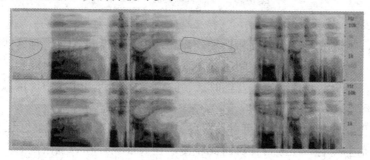

图 4-29　用工具在频谱图中修复噪音

事实上，使用 Audition 音频处理软件去除噪音和杂音的方法还有很多，可在实际中灵活应用，由于篇幅有限，这里不再深入阐述。

4) 变调处理

在声音处理过程中，有时为了达到某种艺术效果，可能需要对声音进行变调处理。

在波形编辑器中导入音频后，选择"效果"→"时间与变调"→"伸缩与变调"菜单项，打开"伸缩与变调"对话框，如图 4-30 所示。

其中，"伸缩"项是用来调整速度的，而"变调"项是调整音调的。变调值越高则声音越尖锐，似女声；反之则似男声。选择"预设"中的"升调"或"降调"进行变声，如果效果不好可以尝试调节"变调"项的半音阶值。

　　声音的变调处理也可以执行"效果"→"时间与变调"→"音高换挡器"命令或"效果"→"时间与变调"→"变调器(处理)"命令进行处理。

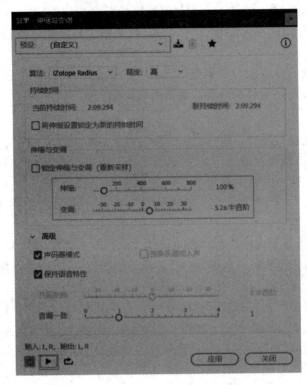

图 4-30　"伸缩与变调"对话框

　　5) 混响效果

　　在房间中，声音从墙壁、屋顶和地板反弹到耳中，音源声音与所有这些反弹声音几乎同时到达耳中，就会感受到具有空间感的声音环境，该反弹声音称为混响。声音的空间感体现在混响上，混响主要是还原声音当时录制的效果。在 Audition 中，可以使用混响效果模拟各种空间环境。

　　执行"效果"→"混响"命令可以设置各种混响效果。在各种混响效果的处理中，"卷积混响"和"完全混响"在项目计算时比较慢，在"混响"和"室内混响"效果中计算速度比较快。因此，如果想快速制作混响效果，可以使用"混响"和"室内混响"来处理。

4.2.3　音频播放器

　　音频播放器是指用来播放音频文件的软件，它把多种解码器聚集在一起，可以对不同格式的音频文件进行解码，重新还原声音并播放。

　　音频播放器有很多，当今主流的音频播放器主要有酷狗音乐播放器、QQ 音乐播放器、天天动听音乐播放器、千千静听音乐播放器、酷我音乐播放器、虾米音乐播放器等。大多数音频播放器都能解码并播放绝大多数的音频格式，同时还提供同步显示歌词、在线搜索歌曲、格式转换等功能。

4.3　图形/图像信息处理

4.3.1　图形/图像基础

1. 图形和图像

在计算机领域中，图形(Graphics)和图像(Image 或 Picture)是不同的两个概念。图形是指计算机绘制的画面，如直线、圆、圆弧、矩形、任意曲线和图表等；图像则指由输入设备拍摄实际场景而产生的数字图像。

1) 图形

图形往往专指矢量图(Vector-based Image)，也称为向量图，是通过数学公式计算获得的，一般指用计算机绘制或编程得到的画面，如直线、圆、圆弧、任意曲线和图表等。图形的优点是信息存储量小，分辨率完全独立，容易实现对图形对象的移动、缩放、旋转和扭曲等，且不损失精度，不影响质量，常用于表示线框型的图画、工程图、美术字等，绝大多数 CAD 和三维造型软件都使用矢量图。

2) 图像

图像通常专指位图(Bit-mapped Image)，也称为点阵图像或栅格图像，是由像素(图片上的单个点)组成的，每个像素可以有不同的颜色和亮度。位图一般由拍摄或扫描获得，也可由图像处理软件绘制，用数码相机拍摄的照片、扫描仪扫描的图片以及计算机截屏图等都属于位图。图像的优点是色彩显示自然柔和、逼真，适用于具有复杂色彩、明度多变、虚实丰富的图片；缺点是图像在放大或缩小的过程中往往会产生失真，占用的存储空间较大，一般需要进行压缩。

计算机中的图像都是以二进制数的方式进行记录、处理和存储的，所以图像也可以认为是数字化图像。图像有如下几个重要的参数：

(1) 图像尺寸：图像的宽和高。

(2) 图像分辨率：单位尺寸中所包含的像素数目，它和图像尺寸一起决定文件的大小及质量。用于打印输出的图像，一般分辨率设为 300 dpi 左右；对于多媒体设计来说，应主要考虑屏幕分辨率(72 dpi 即可)。

(3) 图像的位数：颜色深度。位数决定了颜色的数目。目前使用较多的是 8～24 位。

(4) 色彩模式：有多种，多媒体作品一般用 RGB 模式(真彩色)和索引模式(256 种颜色)。

(5) 图像文件的大小：文件大小决定占据存储空间的多少，由图像分辨率和图像深度决定，计算式为

$$文件大小(字节数) = 水平方向像素数 × 垂直方向像素数 × 图像深度 ÷ 8$$

例如，一幅分辨率为 1024 × 1024、深度为 24 位的图像，其大小为 3 MB。

3) 图形和图像的主要区别

矢量图形的颜色与其分辨率无关，当放大或缩小图形时，它的清晰度和弯曲度不会改变，并且其填充颜色和形状也不会改变。

位图图像与分辨率有关，即图像包含一定数量的像素，当放大位图时，可以看到构成整个图像的无数小方块(即放大后的像素点)，如图 4-31 所示。

(a) 矢量图　　　　　　　　　　　　　　(b) 位图

图 4-31　矢量图与位图

矢量图形实际上是对图像的抽象，而这种抽象可能会丢失原始图像的一些信息。

矢量图形能以图元为单位单独进行修改、编辑等操作，且局部处理不影响其他部分，而图像则不行。因为在图像中没有关于图像内容的独立单位，只能对像素或像素块进行处理。

2. 图像的色彩空间

颜色的实质是一种光波，人眼看到的颜色是由被观察对象吸收或者反射不同频率的光波形成的。当各种不同频率的光信号一同进入眼睛的某一点时，视觉器官会将它们混合起来，作为一种颜色接受下来。同样，对图像进行颜色处理时，也要进行颜色的混合，但要遵循一定的规则，即在不同颜色模式下对颜色进行处理，这里的颜色模式就是色彩空间。

色彩空间是一种以数学模型来科学地描述色彩的方法，或者说是一种记录图像颜色的方式，也叫图像的颜色模式。常用的颜色模式有位图模式、灰度模式、RGB 模式、YUV 模式、CMYK 模式、HSB 模式、Lab 模式、索引颜色模式、双色调模式和多通道模式等。

1) 位图模式

位图模式用两种颜色(黑和白)来表示图像中的像素，位图模式的图像也称为黑白图像。由于位图模式只用黑白色来表示图像的像素，因此在将图像转换为位图模式时会丢失大量细节。要想将其他模式转换为位图模式，应先将其转换为灰度模式，再转换为位图模式。

2) 灰度模式

灰度模式可以使用多达 256 级灰度来表现图像，使图像的过渡更平滑细腻。灰度图像的每个像素有一个从 0(黑色)到 255(白色)之间的亮度值。当一个彩色图像被转换为灰度模式时，所有的颜色信息都将从图像中除去。

3) RGB 颜色模式

在处理颜色时并不需要将每一种颜色都单独表示，因为自然界中所有的颜色都可以用红、绿、蓝三种颜色的不同亮度组合而成，这就是人们常说的三基色(RGB)原理。

RGB 模式就是表示色光的色彩模式，它将红(Red)、绿(Green)和蓝(Blue)三种基色(原色)

按照从 0(黑)到 255(白色)的亮度值在每个色阶中分配，从而指定其色彩。当不同亮度的基色混合后，便会产生出 256×256×256 种颜色，约为 1670 万种。在数字视频中，对 RGB 三基色各进行 8 位编码，这就是常说的 24 位色(2^{24})或叫真彩色。由于 RGB 是由三种基色叠加形成了其他色彩，所以，这种色彩模式是一种加色模式。电视机和计算机的监视器都是基于 RGB 颜色模式来创建颜色的。

4) CMYK 颜色模式

CMYK 颜色模式是一种印刷模式，印刷的油墨采用青(Cyan)、洋红(Magenta)、黄(Yellow)、黑(BlacK)四种颜色混合而成。

CMYK 模式在本质上与 RGB 模式没有什么区别，只是产生色彩的原理不同。在 RGB 模式中，由光源发出的色光混合生成颜色；而在 CMYK 模式中，当光线照到物体上时，这个物体将吸收一部分光线，并将剩下的光线进行反射，反射的光线就是物体的颜色，因此 CMYK 模式是一种减色模式。

5) HSB 模式

HSB 模式是基于人眼对色彩的观察来定义的。色彩是通过光被人们感知的，不同波长的光会引起不同的色彩感觉。在此模式中，所有的色彩都用色相 H(Hue)、饱和度 S(Saturation)和亮度 B(Brightness)三个特性来描述。其中，色调与光波的波长有直接关系，而饱和度和亮度与光波的振幅有关。

色相、饱和度和亮度在色彩学上被称为色彩的三大要素。

(1) 色相：当人眼看到一种或多种波长的光时产生的色彩感觉，称为色相或色调。它表示颜色的种类，由可见光谱各分量的波长来确定，如红、橙、黄、绿、青、蓝、紫等色彩，也指颜色的冷暖。

(2) 饱和度：色彩纯粹的程度，表示色相中彩色成分所占的比例，通常用百分比来度量。淡色的饱和度比浓色要低，饱和度还和亮度有关，同一色调越亮则饱和度越高，越暗则饱和度越低，当饱和度降为 0 时图像将变为灰度图像。

(3) 亮度：又叫明度或色阶，是光作用于人眼时所引起的明亮程度的感觉，通常用百分比来度量。

6) Lab 模式

Lab 模式是由国际照明委员会(CIE)制定的一种色彩模式。Lab 颜色模式是以一个亮度分量 L 及两个颜色分量 a 和 b 来表示颜色的。它由三个通道组成：L 通道是明度，取值范围是 0～100。a 通道的颜色是从红色到深绿，代表由绿色到红色的光谱变化；b 通道的颜色则是从蓝色到黄色，代表由蓝色到黄色的光谱变化。a 和 b 的取值范围均为－120～120。

Lab 色彩空间弥补了 RGB 和 CMYK 两种色彩空间的不足，它所定义的色彩最多，以数字化方式来描述人的视觉感应，与设备无关，处理速度和 RGB 色彩空间一样快，可以在图像编辑时使用。

7) 索引颜色模式

索引颜色模式图像包含一个颜色表，用来存放图像中的颜色并为这些颜色建立颜色索引，图像文件中并不保存真实的颜色，而是保存颜色在颜色表中的索引值。当彩色图像转换为索引颜色的图像后包含近 256 种颜色，如果原图像中颜色不能用 256 色表现，则会从

可使用的颜色中选出最相近颜色来模拟这些颜色，这样可以减小图像文件的尺寸，是网络
应用和动画中常用的图像模式。

此外，颜色模式中还有 YUV 模式、双色调模式和多通道模式，由于不经常用到，此
处就不再介绍了。

3.图形/图像格式

图形/图像格式包含图片种类、色彩位数和压缩方法等信息。

一般图形/图像处理软件都支持多种图形/图像文件格式，表 4-3 列举了常见的图形/图
像格式，其中 GIF、JPEG 和 PNG 等格式在多媒体设计中应用最广，也是目前较普遍使用
的图形/图像文件格式。

表 4-3　常见图形/图像格式说明

文件格式	说　　明
GIF	一种图像互换格式，压缩率较高，兼容动画格式。同样的图像内容，用 GIF 格式要比用 PSD 格式小 20 倍，是网页设计的最佳选择
JPEG	JPEG(JPG)图像格式，其特点是在保持图像的高精度的前提下，获得高压缩比。专业摄影一般都采用 JPG 格式，与 PSD 格式相比，JPG 格式只占十几分之一。互联网上高精度的图像也都是 JPG 格式
PNG	一种采用无损压缩算法的位图格式，存储形式丰富，兼有 GIF 和 JPEG 的色彩模式，并且支持透明背景，压缩比高，生成文件体积小
BMP	Microsoft 公司定义的一种与设备无关的图像格式，通常是不压缩的，相同的分辨率就有相同的文件大小，与图像所含的视觉内容无关
PSD	Photoshop 软件的本位格式，兼容所有的图像类型，支持 16 种额外通道和基于向量的路径。用此格式保存的图像信息最完整，同时所占据的硬盘存储容量也最大
TIF	一种 24 位图像格式，具有可移植性好的优点，兼容多种平台，如 Macintosh、UNIX 等；描述图像的细微层次信息量大，包含特殊信息阿尔法通道，允许所有操作，有利于原稿阶调和色彩复制

4.3.2　图像捕获

图像捕获最简单的方法是使用 Windows 系统内置的截屏功能，按 PrintScreen 键可以截
取全屏幕的画面；按 Alt+PrintScreen 组合键可以截取当前活动窗口。截取的图像自动置于
系统剪贴板中，可粘贴到其他处理位图的软件中。这种方法功能简单，但要达到好的效果，
提高效率，往往需要使用专门的工具软件。

优秀截图工具软件有 Snipaste、HyperSnap、SnagIt、QQ 截图工具等。其中，Snipaste
是一款非常优秀的屏幕截图工具，也是近年来使用最广泛的一种截图工具，它提供强大的
截图、贴图以及图片标注等功能。这里主要介绍该截图工具。

Snipaste 的核心用法很简单。当它在托盘上运行时，通过按快捷键 F1 或单击托盘图
标即可激活截图工具开始截图，然后单击"复制到剪贴板"按钮，就可以将截图粘贴到指
定的地方。

Snipaste 提供了精确的自动检测元素的功能。当按快捷键 F1 或单击托盘图标激活

Snipaste 后，它会自动检测鼠标所在的窗口及其边界，方便快速地捕捉单一窗口。随着鼠标光标的移动，它还可以自动捕捉窗口上的图标、按钮、选项、文本框、图片或者文字等界面元素的区域边界，实现点击自动捕捉，也可以用鼠标拖放或者键盘快捷键微调截图框的位置大小。

　　在截图后能够直接在截图上进行标注也是 Snipaste 的一大特色，它提供了非常丰富的标注类型，包括方框、椭圆框、连续线段、箭头、画笔、记号笔、文本、马赛克、模糊等多种工具。同时，标注工具的调色板可以选择任意颜色，也可以调节其透明度。

　　Snipaste(V2.3.5)的操作界面如图 4-32 所示。

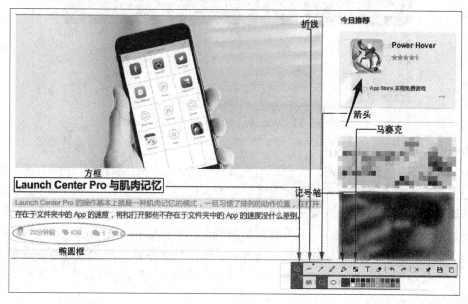

图 4-32　Snipaste 的操作界面

　　截图并标注完成后，单击截图区下方的"复制到剪贴板"按钮，就可以将截图粘贴到指定的地方了。

4.3.3　图像浏览工具

1. Windows 10 自带的"照片"

　　Windows 10 系统自带的"照片"程序可以识别大多数的图片格式，它不仅能够帮助用户方便地查看图片，还能编辑图片，甚至可以进行视频编辑。

　　"照片"可从 Windows 10 的"开始"菜单里找到并启动，其主界面如图 4-33 所示。也可在图片文件上点击鼠标右键并从其快捷菜单中选择用"照片"打开，进入该图片的编辑模式。

　　启动"照片"后，在"集锦"中可看到图片以日期形式全部排列出来，方便进行选择预览。其他文件夹中的图片可以在"文件夹"中单击"添加文件夹"加入，然后可在"集锦"中浏览到这些图片。单击其中的某个图片即进入图片的编辑模式，通过提供的缩放、裁剪和编辑功能，可对图片进行简单的编辑，如裁剪、翻转、绘图、添加文本、调色、去除斑点等。

图 4-33　Windows 10 "照片" 主界面

2. ACDSee

ACDSee 是一个典型的图片管理编辑工具软件。ACDSee 能打开几乎所有常见图像格式，它可以浏览文件夹中的各种图片文件，有强大的图形文件管理功能。ACDSee 还具有图片编辑功能，可以轻松处理数码影像，如去除红眼、剪切图像、锐化、浮雕特效、曝光调整、旋转、镜像等，还能进行批量处理。ACDSee 的人脸检测和人脸识别工具可在相片中找到人物，因此可以指定相片中的人物姓名以实现快速搜索。ACDSee 支持音频文件的播放，还能处理如 MPEG 之类常用的视频文件。ACDSee 2021(V14.0)的工作界面如图 4-34 所示。

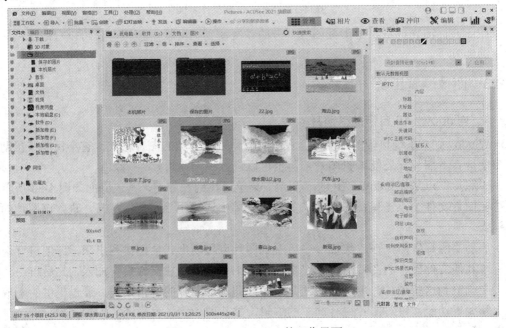

图 4-34　ACDSee 2021 的工作界面

4.3.4　绘图工具

1．图表制作软件 Visio

Microsoft Visio 是微软官方发布的一款实用的流程图和图表制作软件，有助于创建、说明和组织复杂设想、过程与系统的业务和技术图表，使信息形象化。

Microsoft Visio 功能比较全面，支持制作流程图、组织结构图、网络图、工程设计以及其他使用现代形状和模板的内容等，并以直观的方式创建具有专业外观的图表。它能帮助用户快速完成绘图制作，操作简单，能有效提高工作效率，特别便于 IT 和商务专业人员进行复杂信息、系统和流程进行可视化处理、分析交流等日常安排，还可以帮助企业定义流程、编制最佳方案，同时也是建立可视化计划变革的实用工具，是绘制流程图使用率最高的软件之一。

Microsoft Visio 2016 的工作界面如图 4-35 所示。

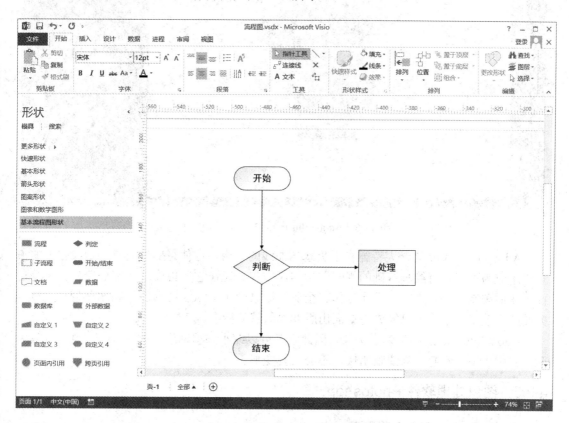

图 4-35　Microsoft Visio 2016 的工作界面

Microsoft Visio 内置数十种模板(通用图表、业务图表、流程图和平面布置图等)、模具和形状，可根据这些内置模板快捷地制作流程图或图表。打开模板，然后将形状拖放到绘图区中进行连接和设置即可完成流程图或图表制作。其中的自动连接功能无须绘制连接线，便可以将形状连接起来并使形状均匀分布和对齐。移动连接的形状时，这些形状会保持连接，连接线会在形状之间自动重排。

2．矢量图形处理工具 Illustrator

Adobe Illustrator 是 Adobe 公司推出的专业矢量绘图工具，简称 Ai。它通过形状、色彩、效果及印刷样式展现个人的创意，在处理各种二维图形方面效果非常显著，具有操作方便，工具直观、简单，处理图形生动、逼真、真实感强等特点。借助 Adobe Illustrator，可以制作适用于印刷、Web、视频和移动设备的徽标、图标、绘图、版式或插图。

Adobe Illustrator 2020(V24.3)的工作界面如图 4-36 所示。

图 4-36　Adobe Illustrator 2020 的工作界面

Adobe Illustrator 的最大特征在于贝塞尔曲线的使用，这使得操作简单、功能强大的矢量绘图成为可能，有绘画基础的用户非常容易掌握。现在它还集成了文字处理、上色等功能，在插图制作、印刷制品设计制作、企业的形象设计、Web 图标制作和产品包装设计等方面广泛使用，事实上已经成为桌面出版业界的默认标准。

Adobe Illustrator 图稿基于矢量，因此它既可以缩小到移动设备屏幕大小，也可以放大到广告牌大小，看起来都清晰明快，不会失真变形。

4.3.5　图像处理软件 Photoshop

1．Photoshop 及其工作界面

Adobe Photoshop 简称 PS，是美国 Adobe 公司旗下最为著名的图像处理软件之一，它集图像扫描、编辑修改、图像制作、广告创意、图像输入与输出于一体。Photoshop 功能完善，性能稳定，通过它可以对图像进行修饰、对图形进行编辑以及对图像的色彩进行处理，并具有绘图和输出功能等，深受广大平面设计人员和电脑美术爱好者的喜爱。

Adobe 公司于 1990 年 2 月正式发行 Photoshop 1.0 版本；2003 年 Adobe Photoshop 8 被

更名为 Adobe Photoshop CS，Photoshop CS6 是 CS 系列的最后一个版本；2013 年 7 月 Adobe 公司推出了新版本 Photoshop CC，自此新的 CC 系列取代了 CS 系列。

Photoshop 主要处理以像素构成的数字图像。从功能上看，该软件可分为图像编辑、图像合成、校色调色及特效制作部分等。如图 4-37 所示为 Photoshop CC 2020(V21.2)的操作界面，主要包括菜单栏、工具选项栏、工具箱、文档窗口、调节面板和状态栏等。

图 4-37 Photoshop 2020 的工作界面

1) 菜单栏

菜单栏几乎包含 Photoshop 所有的操作命令。Photoshop 根据图像处理的各种要求，将所要求的功能分类后，分别放在 11 个菜单中，如图 4-38 所示。

Ps 文件(F) 编辑(E) 图像(I) 图层(L) 文字(Y) 选择(S) 滤镜(T) 3D(D) 视图(V) 窗口(W) 帮助(H)

图 4-38 Photoshop 菜单栏

2) 工具箱

工具箱集中了用于创建和编辑图像、图稿、页面元素的工具和按钮，默认放置在工作界面的左侧。工具箱的顶部有一个双三角符号 ➤➤，单击它，工具箱可变为单列或双列显示。

工具箱中凡是图标右下角有小三角符号的工具都是复合工具组。右击这些工具按钮会弹出整个工具组列表，列表中工具后面的英文字母为其操作的快捷键。如图 4-39 所示为全部工具按钮展开后的工具箱示意图。

单击工具按钮或按相应的快捷键，并设置相应工具的属性，即可选中当前工具来编辑或绘制图像。在 Photoshop CC 2020 中，把鼠标悬停在工具按钮上时，就会出现工具使用的动态演示，非常方便初学者学习。

除了编辑图像的工具组外，工具箱下方还包括前景色和背景色设置、快速蒙版、屏幕模式切换等常用工具。

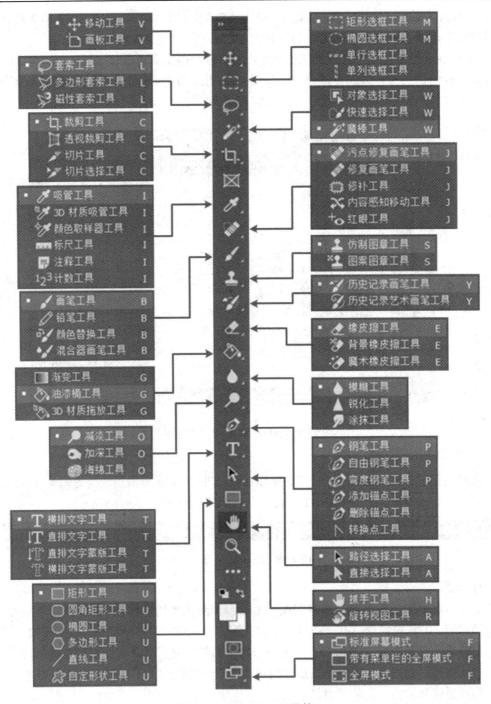

图 4-39　Photoshop 工具箱

3) 工具选项栏

　　工具选项栏位于菜单栏的下方，如图 4-40 所示。工具选项栏用来描述或设置当前所使用工具的属性和参数(如画笔的形状、大小、模式和透明度等)，以及该工具可进行的操作。当使用不同的工具时，它的内容也随之不同。

图 4-40　工具选项栏

4) 文档窗口

文档窗口显示正在处理的文件，当打开一个图片文件时，软件便生出一个文档窗口。在 Photoshop 中可以同时打开多个图像文件，当有多个文档窗口时，系统默认将文档窗口设置为选项卡式窗口，单击一个文档窗口名称，此页面会设置为当前操作的窗口；也可单击文档窗口的标题栏并将其从选项卡中拖出，文档窗口便以浮动窗口的形式显示。

5) 调节面板

调节面板是个活动面板，默认出现在窗口右侧，可根据需要在"窗口"菜单中打开或关闭。这些调节面板可以方便直观地控制和调节各种参数，并使图像、图层的处理过程和信息能随时呈现出来。Photoshop CC 设置了多个调节面板，如颜色面板、图层面板、通道面板、历史记录面板等，它们都是 Photoshop 中常用的工具和操作。单击调节面板组上方的双三角图标 « 和 » 可以展开或折叠各个调节面板组，操作方便快捷，又节约屏幕空间。

2. 图形的绘制与修饰

Photoshop 中有许多绘图工具和图像修饰工具，如铅笔、画笔、橡皮、渐变、模糊、海绵工具等，为图像的设计和处理提供了极为有利的条件。

1) 颜色的设置

在 Photoshop 中绘制和修饰图像时，颜色选取是优秀创作的前提。颜色的选取可通过设置"前景色/背景色"、拾色器、"颜色"调节面板和"色板"调节面板来完成，如图 4-41 所示。

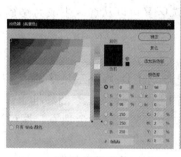
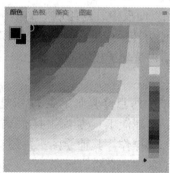
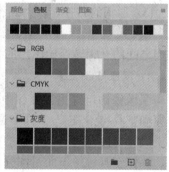

(a) 拾色器　　　　　　(b) "颜色"调节面板　　　　　(c) "色板"调节面板

图 4-41　颜色设置

2) 常用绘图工具

在 Photoshop 中，绘画可通过选用工具箱的"形状工具""画笔工具""图章工具""橡皮擦工具""文字工具"等在画布上自由创作。

绘图工具在使用过程中需注意各工具属性的设置，常用的属性有：

(1) 预设：可改变画笔笔触大小和硬度。也可通过按快捷键"["或"]"改变画笔笔触的大小。

（2）模式：决定要添加的线条颜色与图像底图颜色之间是如何作用的。设置不同模式后在图像底图上绘图，便会得到绘图色与底图色不同的混合效果。

（3）不透明度：设置画笔所绘制线条的不透明度。

（4）流量：决定画笔和喷枪颜色作用的力度。

（5）喷枪效果：启用喷枪效果，绘制过程中，若不慎发生停顿，喷枪的颜色会不停地喷溅出来，从而印染出一片色点。

（6）平滑：创建出更加平滑的线条。平滑值越高，描边的智能平滑量就越大。

在 Photoshop 中，绘制的图形是矢量图，部分操作需"栅格化"后才能进行。栅格化即将矢量图形转化为位图图像，栅格即像素。

3）形状绘制工具

（1）形状的绘制。形状是基本的矢量图形。Photoshop 2020 中提供了矩形、圆角矩形、椭圆形、多边形和直线共 5 种基本矢量形状绘制工具以及"自定义形状"工具。使用这些工具在绘图区拖动光标，即可绘制上述规则形状的图形。

上述形状绘制工具的工具选项栏基本相同，参数设置也大致相同。图 4-42 所示为"矩形"工具栏。当选用不同的矢量形状创建方式时，工具栏会切换到相应的选项。

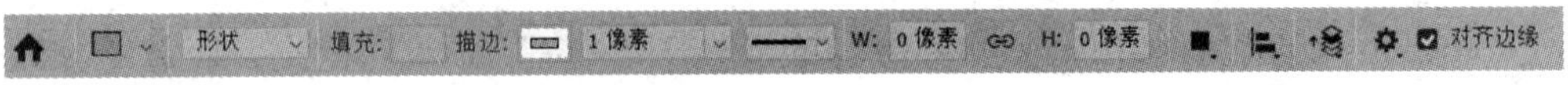

图 4-42　"矩形"工具栏

（2）形状的编辑。绘制形状后，在路径面板上会出现当前形状的路径。对于形状外形的编辑，可以使用直接选择工具、路径选择工具和转换锚点工具来修改形状的轮廓。通过形状工具栏，可以更改填充的颜色、渐变或者图案，也可设置形状的描边样式。对形状图层也可以和其他图层一样应用各种图层样式。

（3）形状的转换。在"路径"面板中，对绘制好的形状路径单击"将路径作为选区载入"按钮，形状的矢量蒙版便可转换成选区，而转换的选区又可以从选区生成为路径。它们之间的互相转换给图形的编辑带来了极大的方便。

4）图像修饰工具

图像修饰可选用工具箱中的"污点修复画笔工具/修复画笔工具/修补工具/红眼工具""模糊工具/锐化工具/涂抹工具""减淡工具/加深工具/海绵工具""渐变工具/油漆桶工具"等工具来对图像进行精细化的修饰操作。其他绘图工具还有仿制图章、颜色填充、图像渲染、涂抹工具等。下面对部分工具作一介绍。

仿制图章工具可以将图像某一选定点附近的局部图像复制到图像的另一部分或另一个图像中，大大降低了绘制图像的难度。

污点修复画笔类似于仿制图章，它使用近似图像的颜色来修复图像中的污点，从而使修复污点处与图像原有的颜色相匹配。污点修复画笔主要针对图像中微小的点状污点。

修补工具可以用图像的其他区域来修补选区，去除图像中的划痕、人物脸上的皱纹、痣等。同样，修补工具也会使样本像素的纹理、光照和阴影与图像进行很好的融合匹配。

红眼工具可以轻松去除在照相过程中人像因闪光产生的红眼睛，并能与原图像周围完美地融合。

5）图像裁剪工具

在图像处理中经常需要裁剪掉图像中不需要的部分。在 Photoshop 中，提供了裁剪工具和透视裁剪工具两个工具来裁剪图像，并且在裁剪的同时还可以拉直图像。

(1) 裁剪工具。裁剪工具用起来非常简单。选择裁剪工具后，图像周围就会出现裁剪框。"裁剪"工具选项栏如图 4-43 所示。

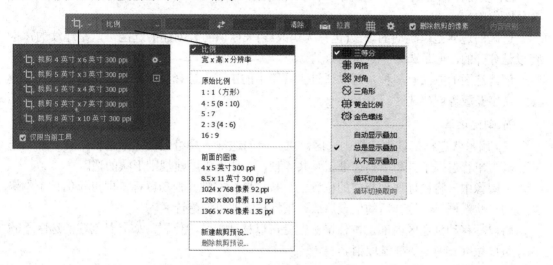

图 4-43　"裁剪"工具选项栏

(2) 透视裁剪工具。透视裁剪工具可以用来纠正不正确的透视变形。用户只需要分别单击画面中的 4 个点，即可定义一个任意形状的四边形的透视平面。进行裁剪时，软件不仅会对选中的画面区域进行裁剪，还会把选定区域"变形"为正四边形。

6）历史记录工具

在进行图像处理时常会发生操作上的错误或因参数设置不当造成效果不满意的情况，因此就需要恢复操作前的状态。选择"编辑"→"后退一步"菜单项可以恢复前一次的操作，选择"文件"→"恢复"菜单项可恢复保存文件前的状态。

虽然恢复命令使用方便，但有一定的局限性，而使用"历史记录"面板等复原工具可以恢复到任一指定的操作，不会取消全部已做的操作，非常灵活。

"历史记录"面板自动记录图像处理的操作步骤，因而可以很灵活地查找、指定和恢复到图像处理的某一步操作上。执行"窗口"→"历史记录"命令，就会显示"历史记录"面板，每进行一次操作，就会在"历史记录"面板上增加一条记录；使用"历史记录"可以回到操作历史所记录的任一状态，并重新从此状态继续工作。

Photoshop 2020 的"历史记录"面板通常可以记录最近 50 步操作。若超过 50 步操作，前面的操作记录会被自动删除。选择"编辑→首选项→性能"菜单项可以进入"历史记录"面板修改保存的历史记录的数量，最多可记录 1000 步。

3. 选区

图像处理的绝大部分工作都是针对整幅图像的某一部分进行加工处理的，如抠取、裁剪、复制粘贴、填充颜色等。如果要编辑其中部分区域的图像，必须精确地选取需要编辑的像素，然后再进行编辑。所以，编辑区域的指定是精确有效地进行图像处理的前提。

1) 认识选区

图像中被选取出来进行指定编辑的区域，通常被称为选区。选区有两种用途：

(1) 实现局部图像处理。在图像中指定一个编辑区域，编辑操作只能发生在选区内部，选区以外的图像则处于被保护状态，不能进行编辑。

(2) 实现图像合成。在一幅图像中选取指定区域的图像，通过复制粘贴的方式合成到其他图像中。

选区的边界是以跳动的虚线(也称为蚂蚁线)来标识的。创建的选区可以是连续的，也可以是分开的，但是选区一定是闭合的。

创建选区的方法有多种，可以通过工具箱中的工具、选择菜单中的菜单命令、快速蒙版、文字蒙版等创建选区。

2) 创建选区

(1) 用形状选框工具创建规则选区。工具箱的选框工具组包含矩形选框工具、椭圆选框工具、单行选框工具和单列选框工具共 4 种，主要用于创建规则形状的选区。

在图像中，将鼠标移到指定的位置上，按住鼠标左键并拖动鼠标，即可拉出一个带蚂蚁线的形状选框，到达合适的位置后放开鼠标按键即可创建选区。

将鼠标移动到选区内部，按住鼠标左键可以移动选区的位置。如果对创建的选区不满意，可以按<Ctrl+D>快捷键取消。

选区工具选项栏如图 4-44 所示。

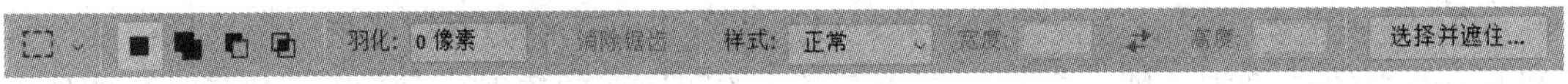

![选框工具选项栏]

图 4-44　选框工具选项栏

矩形选框工具栏中的有关参数说明如下：

① 工具栏左侧有 4 个按钮  ，代表选区的 4 种运算。假如当前已存在一个选区，若再创建一个新选区，那么这两个选区之间存在 4 种关系：新建、添加、相减、相交。

② 羽化：表示选区边缘柔和模糊(软化)的程度，可以输入数字 0~1000 px 来调整选区边缘的软化程度。羽化值为 0 时选区边缘清晰，数值越大，选区的边缘越柔和。

③ 消除锯齿：图像由像素组成，像素都是正方形的色块，如果选取椭圆等非直线选区，在选区边缘就会产生锯齿。为消除这种视觉上不舒服的锯齿现象，可在锯齿之间填充中间色调以消除锯齿。

④ 样式：共有 3 种样式，即正常、固定长宽比和固定大小。"正常"样式可用鼠标拖动任意长宽比例的矩形框；"固定长宽比"样式允许在后面的宽度和高度文本框中输入固定比例值；"固定大小"样式会创建固定尺寸的选区，它的宽、高由文本框中的输入值精确确定。

(2) 用套索工具创建不规则选区。套索工具组包括 3 种：套索工具、多边形套索工具和磁性套索工具，多用于不规则图像及手绘图形的选取，如抠取照片中的人像等。

图 4-45 为使用多边形套索工具、套索工具和磁性套索工具所创建的不规则选区示例。

(a) 多边形选区　　　　　　　(b) 套索选区　　　　　　(c) 磁性套索选区

图 4-45　创建不规则选区

（3）使用魔棒和快速选择工具创建选区。魔棒工具基于图像中的相近颜色来形成选区。当单击图像中某一点时，它会将与该点颜色相似的区域选择出来。

魔棒工具选项栏中的参数包括容差、连续、消除锯齿、对所有图层取样等。其中，"容差"值是影响魔棒选区是否精确的关键，它表示颜色的近似程度，取值范围为1～255。容差值越小，选取的范围越小；容差值越大，选取的范围越大。

"快速选择"工具结合了魔棒和画笔的特点，以画笔绘制方式在图像中拖动，即可将画笔经过的区域创建为选区，应用"选择并遮住"选项，可获得更准确的选区。该工具操作简单，选择准确，常用于快速创建精确选区。

（4）利用"色彩范围"创建选区。在 Photoshop 中选择"选择"→"色彩范围"命令，利用"色彩范围"可以对图像中某一个特定的色彩范围进行选取，以获取更精确的选区。

在如图 4-46 中，要将花的颜色调整得更靓丽一些，而图中花的颜色都是相似的，而且与叶子等周边环境的颜色差别很大，因此，利用"色彩范围"来创建选区就比较容易将花筛选出来，再进行饱和度的调整即可。

图 4-46　利用"色彩范围"创建选区

在"色彩范围"命令中，还提供了对图像中特殊区域的选取。例如，在"选择"下拉列表中选取"肤色"，可以快速识别照片中的肤色区域。如果选择"检测人脸"选项，则 Photoshop 会自动识别照片中符合"人脸"标准的区域，而排除无关区域，使得对人脸的选择更加准确。这在人像摄影的后期处理中非常有用。

（5）使用"焦点区域"创建选区。对于焦点比较明确的图像，选择"选择"→"焦点区域"命令，系统会自动快速地选择焦点中的图像区域。

（6）使用"选择并遮住"工作区创建并精确调整选区。

单击工具栏中的"选择并遮住"按钮，打开"选择并遮住"工作区。窗口左侧为选择工具箱，工具箱中包括快速选择工具、边缘调整工具、画笔工具、套索工具和多边形套索工具、抓手工具和缩放工具。窗口右侧为"属性"面板，如图 4-47 所示，通过此面板可以精确创建和编辑选区，非常适合人物头发、动物毛发等复杂图像的抠取。

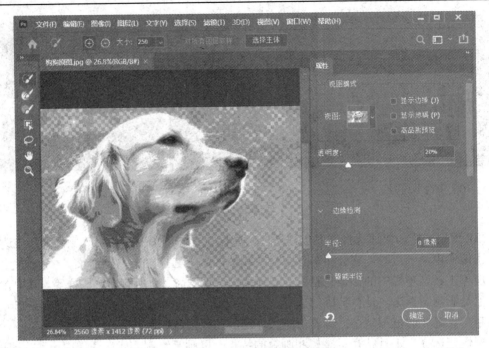

图 4-47　用"选择并遮住"创建选区

　　用"选择并遮住"创建选区，一般要先使用快速选择工具、套索工具组等快速创建一个需要的选区；再利用边缘调整工具在选区边缘轻刷，精确调整发生边缘调整的边框区域，如老虎的胡须部分；然后使用画笔工具来完成或清理细节。完成后单击"确定"按钮完成选区的创建。

　　3）选区的编辑和基本应用

　　选区创建以后，还可以利用选项工具栏进行选区的编辑调整。例如，使用鼠标移动选区、修改选区边界、羽化选区、执行"选择"→"变换选区"菜单命令变换选区等，使选区更加精确。也可使用"选择"→"反向"菜单命令选取原选区的相反部分，这对背景单一而要选取的边缘不够平滑的图像是一种很有效的方法。

　　在图像上创建好选区后，就可以进行各种图像处理操作了。例如，选区的复制、粘贴合成图像，通过选区的填充和描边绘制图像等。

　　4）选区的存储和载入

　　创建的选区可以保存起来。保存后的选区范围可以作为一个蒙版，显示在"通道"面板中，需要时可从"通道"面板中装载进来，或保存在外部文件中。

　　(1) 存储选区。执行"选择"→"存储选区"菜单命令，就可以将选区存储在通道中，也可以单击"通道"面板中的"将选区存储为通道"按钮，将选区存储为默认的 Alpha 通道。

　　(2) 载入选区。存储选区后，在需要时可以重新载入。执行"选择"→"载入选区"菜单命令，在打开的"载入选区"对话框中选择要载入选区的文件和通道及操作方式，即可实现所存储选区的载入。同样，单击"通道"面板中的"将通道作为选区载入"按钮，可将通道作为选区载入。

4．色彩调整

在图像处理中，色彩的调整是制作高品质图像的关键，有时故意夸张地使用某些调整，还会产生特殊的效果。Photoshop 中提供了多种色彩调整工具，有快速调整的工具，也有精确调整的工具，可以为图像进行出色的校色、调色。

1) 快速色彩调整

色彩调整主要指对图像的亮度、色调、饱和度及对比度的调整。图像色彩调整的命令包括"图像"菜单下的"自动色调""自动对比度""自动颜色"3 个命令，以及"图像"→"调整"菜单下的所有色彩调整命令，如反相、去色、阈值、色调均化、色调分离等。这些操作大多由软件按照一定的算法进行自动调整，快速方便，但调整的结果往往不够理想，若要对图像的色彩进行精细的调节，往往还需使用色彩调整菜单的其他命令。

2) 精确色彩调整

"图像"→"调整"菜单下的色阶、曲线、色彩平衡、通道混合器等命令，可以通过人工对图像色彩进行更精细的调整。这些命令虽然使用起来比较复杂，但调整图像色彩的效果精细且理想。

(1) 色阶。"色阶"命令可调整图像的明暗度、色调的范围和色彩平衡。在图像中，执行"图像"→"调整"→"色阶"命令，打开"色阶"对话框，如图 4-48 所示。对话框中"输入色阶"下方可以看到当前图像的色阶直方图，用作调整图像基本色调的直观参考。

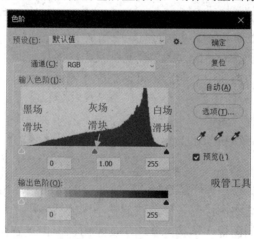

图 4-48　"色阶"对话框

在"色阶"对话框中可以调整图像的暗调、中间调和高光等强度级别，校正图像的色调范围和色彩平衡。其中，黑场代表图像中亮度值最低的点，把黑场滑块往右侧拖动，图像阴影部分将变得更暗。白场代表图像中最亮的点，将白场滑块往左侧拖动，图像高光区域将变得更亮。中间的灰场滑块往右侧拖动，偏向于阴影部分的像素点增多，图像变暗，往左侧拖动，偏向于高光部分的像素点增多，图像变亮。也可在输入色阶直方图下方的 3 个输入框中输入相应数值。

在"输出色阶"框下，左框为阴影的输出色阶(也称黑场)，其值越大，图像的阴影区越小，图像的亮度越大；右框为高光的输出色阶(也称白场)，其值越大，图像的高光区越大，图像的亮度就越大。也可直接拖动滑块来设置输出色阶。

使用色阶调整命令，也可以在"通道"的下拉菜单中选择要调整的颜色通道，对RGB(或 CMYK)整体或某个单一原色通道进行调整。

(2) 曲线。"曲线"命令是使用调整曲线来精确调整色阶，可以调整图像的整个色调范围内的点。执行"图像"→"调整"→"曲线"命令，打开"曲线"对话框，如图 4-49 所示。

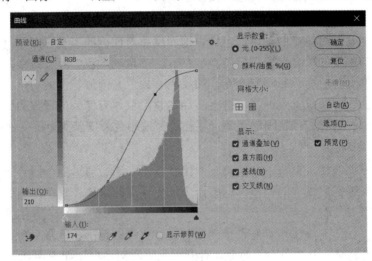

图 4-49　"曲线"对话框

对话框的中心是一条 45°角的斜线，在线上单击可以添加控制点，拖动控制点改变曲线的形状可调整图像的色阶，最多可以向曲线中添加 14 个控制点。当用鼠标按住控制点向上移动时，输出色阶大于输入色阶，图像变亮；反之，图像变暗。移动曲线顶部的点，可调整图像高光区域；移动曲线中心的点，可调整中间色调；而移动曲线底部的点，可调整阴影。

除此之外，选择执行"图像"→"调整"菜单下的相关命令，还可以单独调整图像中的曝光度、色调、色相、饱和度和亮度等，创建高品质的图像。

5. 图层

(1) 认识图层。图层是一些可以绘制和存放图像的透明层。用户可以将一幅复杂的图像分成几个独立的部分，将图像的各部分绘制在不同的透明层上，然后将这些透明层叠在一起就形成了原来完整的图像，这些分开的层就是图层。由于各图层相互独立，所以可以很方便地修改和替换个别图层，从而使复杂图像的绘制、修改变得容易。

Photoshop 图层的基本特性如下：

① 各图层独立，操作互不相关。

② 许多图层按一定顺序叠合在一起，即构成一幅合成图像。改变图层顺序，合成图像将发生变化。

③ 各图层中没有图像的部分是透明的，可以看见下层图层的图像，而有图像的部分根据不透明度，遮挡下层的图像。

④ 编辑图层时只有一个活动的图层，称为"当前图层"，编辑修改操作只影响当前图层。若当前图层中还有"选区"，则修改操作只影响"当前图层中的当前选区"。

⑤ 分层图像以 PSD 格式保存。各个图层均占用独立的内存空间，图层越多，占用空

间越大。

⑥ 图像编辑完成后，须拼合图层，可按 JPG、TIF、BMP 等图像文件格式保存，以节省存储资源。

(2)"图层"面板。对图层的管理和操作主要通过"图层"面板来完成，或使用"图层"命令。"图层"面板如图 4-50 所示。

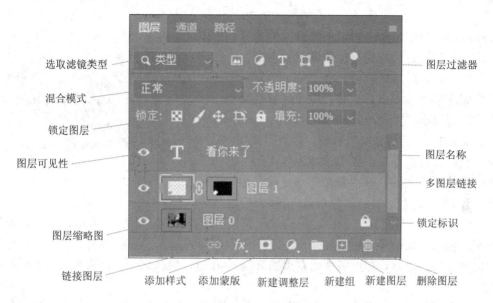

图 4-50　"图层"面板

打开一个多图层的文件，在它的"图层"面板上可以看到该图像有多个图层，分别是背景层、图层 1、图层 2、……每个图层都有自己的名字。通过"图层"面板可以实现对文件所有图层的查看和管理操作。

(3) 图层的基本操作。在"图层"面板中单击图层即可将它选择为"当前图层"，在每个编辑操作前需要注意当前操作是否在要修改的图层上进行，Photoshop 中所有的编辑操作均是针对当前图层进行的。按住"Ctrl"键的同时单击可选取不连续的多个图层，按住"Shift"键的同时单击可选取连续的多个图层。

通过点击"图层"面板下方的相应按钮，或者从"图层"菜单中选择相关命令，可以执行新建图层、删除图层、复制图层、排列图层、链接图层和合并图层等操作。

同时，图层虽然给图像的处理带来了方便，但却占用了大量的空间，因此完成操作后或者在操作中可以合并一些图层。合并图层主要有以下 3 种方式：

① 向下合并：将当前图层与其下边的图层合并，或将所有选择的图层合并。

② 合并可见图层：将所有可见的图层合并，隐藏的图层不被删除。

③ 拼合图像：将所有的图层，包括可见和不可见图层，合并在一起，合并后的图像将不显示那些不可见的图层。

"盖印图层"命令可以将面板中选取的图层合并到一个图层，而原来的图层还存在，这样就保持了原图层的可编辑性。选中要合并的图层后按"Ctrl+Alt+E"快捷键，即可完成被选中图层的盖印功能，按"Shift+Ctrl+Alt+E"快捷键可盖印所有可见图层。

(4) 图层的变换与修饰。

① 图层变换和变形：选择"编辑"→"变换"菜单项，其子菜单中包含各种变换命令，可对图层或选区中的图像进行缩放、旋转、斜切、扭曲、透视、变形、翻转等各种变换操作。

② 操控变形：执行"编辑"→"操控变形"命令，进入操控变形状态。操控变形功能提供了一种可视的网格，借助该网格，可以随意地扭曲特定图像区域，同时保持其他区域不变。

在图像窗口中，单击可以向要变换的区域和要固定的区域添加图钉。用鼠标拖动图钉可对网格中的图像进行变形，如图 4-51 所示，按"Enter"键或单击工具栏中的■按钮确认变形。要使某个区域在变形中保持不变，可以添加多个图钉来固定。

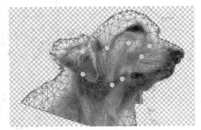

图 4-51　操控变形

③ 修边：在图层修饰过程中，若使用复制、粘贴命令，有时会使粘贴后的图像边缘出现黑边、白边等杂色，可执行"图层"→"修边"命令除去边缘的杂色。修边有"去边""移去黑色杂边""移去白色杂边"3 个命令。

(5) 图层的混合模式。图层之间的混合模式可以是正常、溶解、清除、变暗、正片叠底、颜色加深、变亮等不同模式。图层之间的混合模式决定了当前图层中的像素与它下面图层的像素如何混合，和最终使像素点的 R、G、B 值发生什么变化，从而产生不同的颜色视觉效果。

设置不同的模式，便会得到当前图层与其他图层混合的不同效果。"不透明度"参数用于设置混合图层之间的不透明度。

6. 通道

1) 认识通道

通道就是一幅存储不同信息的灰度图像。所有的通道都具有与原图像相同的尺寸和像素数目。Photoshop 中有 3 种类型的通道：原色通道、专色通道和 Alpha 通道。原色通道存储构成图像的颜色信息；专色通道存储图像印刷所需的专用油墨信息；Alpha 通道存储图像中的选区信息。

(1) 原色通道。从前述我们得知，任何颜色都可由几种基本的颜色(即原色)调配而成。例如，RGB 模式的彩色图像就是由红、绿、蓝 3 种原色混合而成的。记录这些原色信息的对象就是原色通道。假如把一幅彩色图像的每个像素点分解成红、绿、蓝 3 个原色，所有像素点的红色信息记录到红(Red)通道，绿色信息记录到绿(Green)通道，而蓝色信息记录到蓝(Blue)通道中，那么，改变各通道中原色的信息就相当于改变该图像各原色的份额，从而达到对原图像润饰或实现某种效果的目的。分别编辑原色通道可给图像编辑带来极大的方便和灵活性。

原色通道与图像的颜色模式密切相关。在 RGB 图像模式的"通道"调节面板中显示红、绿、蓝 3 个原色通道和一个 RGB 复合通道；而在 CMYK 模式图像的"通道"调节面板中会显示一个 CMYK 复合通道和青色、洋红色、黄色、黑色 4 个原色通道；灰度模式图像则只有一个灰色通道，如图 4-52 所示。

　　(a) RGB 模式的通道　　　　　　　(b) CMYK 模式的通道　　　　(c) 灰度模式的通道

图 4-52　各种颜色模式下的原色通道

　　在 Photoshop 中，每个原色通道都是描述该原色的一幅灰度图像。当图像模式为 8 位通道时，就意味着用 $256(2^8)$ 个灰度级表示该原色的明暗变化。对 RGB 模式的图像，原色通道较亮的部分表示该原色用量大，而较暗的部分表示该原色用量小。而对 CMYK 模式图像却相反，原色通道较亮的部分表示该原色用量小，而较暗的部分表示该原色用量大。所有原色通道混合在一起，就是图像的彩色复道，形成了图像的彩色效果。

　　由于每个通道都是一个独立的灰度图像，因此可以使用许多命令和工具，分别对各个通道进行编辑和相应的色彩调整。

　　(2) 专色通道。在印刷时为了保证较高的印刷质量，或者希望在印刷品上增加金色、银色等特殊效果的颜色时，需要定义一些专门的颜色。这些颜色专门占用一个通道，称为专色通道。专色通道可以理解为原色(黄、品、青、黑或红、绿、蓝)以外的其他印刷颜色。专色油墨的颜色可以根据用户的需要随意调配，适当地使用专色油墨，会比四原色叠印效果更平实、更鲜艳。

　　使用"通道"面板菜单中的"新建专色通道"命令，可在图像中创建一个专色通道，在打开的"新建专色通道"对话框中可以设置专色名称、颜色和密度。

　　专色通道只能用于专色油墨印刷的附加印版。专色按照"通道"面板中颜色的顺序由上到下压印。要注意，专色不能应用于单个图层。

　　(3) Alpha 通道。Alpha 通道也是一幅灰度图像，用来存储图像中的选区信息。利用 Alpha 通道可以创建、编辑、删除及存储图像中的选区，而不会对图像产生影响。

　　执行"选择"→"存储选区"命令保存选区后，"通道"面板会出现一个新的通道，这就是一个 Alpha 通道。在通道面板上单击下方的"创建新通道"按钮或者在面板菜单中选择"新建通道"命令，也可创建一个新的 Alpha 通道。

　　和其他通道一样，当图像为 8 位通道时，Alpha 通道也有 256 个灰度级。默认情况下，白色表示被选择的区域，黑色表示被屏蔽的区域，灰色表示半透明的区域。

　　Alpha 通道作为一幅灰度图像，还可以使用绘图与修图工具、滤镜命令等来制作一些特殊效果。Alpha 通道是 3 种通道类型中应用较丰富的一种通道，许多图像特殊效果的制作都可以通过 Alpha 通道来完成。

2) 通道的基本操作

执行"窗口"→"通道"命令，可以显示"通道"面板，如图 4-53 所示。创建、管理和使用通道可以通过"通道"面板进行。

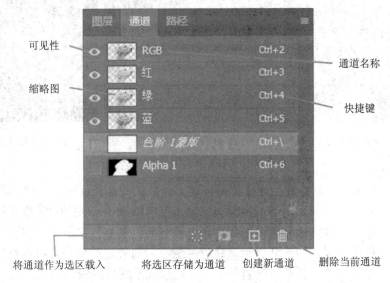

图 4-53　"通道"面板

(1) 创建、复制、删除和存储通道。单击"通道"面板中相关的操作按钮或在扩展菜单中选择相应的命令，即可进行创建、复制、删除和存储通道的各项操作。

(2) 通道与选区的转换。

① 将选区存为通道。在图像中创建一个选区后，执行"选择"→"存储选区"菜单命令或单击"通道"面板下端的"将选区存储为通道"按钮，现有选区即被存为 Alpha 通道。原来选区内的部分在 Alpha 通道中以白色表示，选区外区域以黑色表示。若选区中设置了一定的透明度，则通道中会出现灰色层次，表示选区中图像透明度的变化。

② 将通道载入选区。执行"选择"→"载入选区"菜单命令或者将选定的通道拖放到"通道"面板下方"将通道作为选区载入"按钮上，即可将 Alpha 通道转换成图像上的选区。

在选区存为通道或将通道载入选区时，均可实现通道与选区间的集合运算，只是在选区存通道时，运算的结果以通道形式表现，而载入通道选区时，运算的结果是生成的综合选区。

(3) 通道的分离与合并。在彩色套印之前，可以将彩色图像按通道分离，然后取其中的一个或几个通道置于组版软件之中，并设置相应的颜色进行印刷。有时图像文件过大而无法保存时，也可以将图像各通道进行分离而分别保存。

选择"通道"面板中的"分离通道"命令，即可将一张 RGB 彩色图像分离成几幅独立的图像，每个单独窗口显示为灰度图像。

图像经过通道分离后，才能激活"合并通道"命令。该命令可以将分离的通道合并为具有完整颜色模式的彩色图像。

7. 蒙版

1) 蒙版及快速蒙版

(1) 认识蒙版。蒙版(Mask)是 Photoshop 中的重要工具。使用蒙版可以对图像进行非破坏性编辑，并且修改非常方便。

在图像处理中应用蒙版可以对图像的某个区域进行保护，此时在处理其他区域的图像时，被蒙版保护的区域就不会被修改。蒙版就像图像(或图层)上一个透明度可调的遮盖板，对应于选择的图像部分，遮盖板被挖掉，用户可任意编辑其中图像的形状和颜色，而被蒙版遮盖的部分却丝毫不受影响。

蒙版实际上是一个独立的灰度图，是选区的另一种表现方式。所以，要改变遮盖区域的大小或性能，只需用处理灰度图的绘图工具，如画笔、橡皮擦、部分滤镜等，在蒙版上涂抹或改变它的透明度即可，因而蒙版能很方便地处理复杂的图像，功能极其强大。

Photoshop 中主要有 4 种类型的蒙版，包括快速蒙版、图层蒙版、矢量蒙版和剪贴蒙版。快速蒙版用于创建选区，而图层蒙版、矢量蒙版和剪贴蒙版则用于控制图层上图像的显示和隐藏。

(2) 快速蒙版。快速蒙版可以在不使用通道的情况下，快速地将一个选区变成蒙版。在一幅图像上任意制作一个选区，然后单击工具箱上的快速蒙版和标准编辑状态切换按钮 🔲，即将图像由标准编辑模式转入快速蒙版编辑状态。此时原先选区的虚线框消失，而选区与非选区由"遮板"区分开；选区部分不变，而非选区部分则由红色透明的遮板遮盖，这就是快速蒙版。图像的标题栏也会显示出"快速蒙版"字样，同时在"通道"面板中会多出一个"快速蒙版"临时通道，如图 4-54 所示。

图 4-54　添加快速蒙版

对蒙版形状的修改可以使用任何编辑工具及滤镜操作，可以使用各种绘图工具，如画笔、喷枪等在蒙版上涂抹，以减小选区的范围；或使用橡皮擦工具擦除蒙版上的颜色，以扩大选区；还可以使用渐变工具，做出一个透明度由大到小的选区。但是，这些编辑工作只能影响蒙版的形状和透明程度，当切换到标准编辑状态时，它只影响选区的形状，而不对图像本身产生任何作用。

在快速蒙版状态下编辑完毕，单击工具箱中"标准编辑状态"和"快速蒙版编辑"切换按钮，即可退出快速蒙版，回到标准编辑状态。

运用快速蒙版时，可以把图像的显示比例设置得很大，而将绘图工具的笔形设置得很小，以像素为单位来精确地修正蒙版的形状，但是以这种方式制作选区往往费时、费力。

2) 图层蒙版

图层蒙版是 Photoshop 中图层与蒙版功能相结合的工具。图层蒙版用于显示或隐藏图层的部分内容，而且可以随时调整部分蒙版的透明度，操作起来十分方便。除背景图层外，其他图层均可创建图层蒙版。

图层蒙版用灰度区域来决定遮盖程度，通过灰度分布来确定图像的不透明度。在图层蒙版上，黑色区域为蒙版的遮盖区，而白色区域为图层显示区，灰色区域则为有一定透明度的蒙版。

(1) 创建图层蒙版。

① 直接创建图层蒙版。打开两个文件，分别置于背景和图层 1 中，执行"图层"→"图层蒙版"→"显示全部"命令，或单击"图层"面板下方的"添加图层蒙版"按钮，在当前图层上就会出现一个白色蒙版。当前图层中的图像会全部显示出来，蒙版为透明状态。

创建完成后，可以利用各种绘图工具(如画笔等)在蒙版中把想要显示的部分变成白色、想要隐藏的部分变成黑色。

② 基于选区创建蒙版。如果图层中有选区，可执行"图层"→"图层蒙版"→"显示选区"命令，或单击"图层"面板下方的"添加图层蒙版"按钮，选区中的图像会全部显示出来，其余部分隐藏起来，如图 4-55 所示。

(a) 原图+选区

(b) 显示选区

(c) 隐藏选区

图 4-55 显示/隐藏选区

单击"图层"面板中的"图层"和"图层蒙版"缩略图可以进行图层与"图层蒙版"之间的切换，并进行各自的编辑。按住"Alt"键的同时单击图层蒙版，可以在图像窗口中显示蒙版；按住"Alt"键的同时再次单击，则恢复图像显示状态。

图层与"图层蒙版"默认是链接的，可在二者之间看到链接图标；此时移动图像，蒙版会跟随移动；单击该链接图标，可取消两者的链接关系。

右击图层蒙版的缩略图，将弹出"图层"面板的快捷菜单。上述对图层蒙版的停用、删除、应用及蒙版与选区计算等操作均可通过快捷菜单完成。

(2) 编辑图层蒙版。图层蒙版实际上是一幅灰度图像，可以使用画笔、渐变工具、选区等工具来修改和调整。也可以对图层蒙版使用滤镜命令来制作一些特殊效果。

3) 矢量蒙版

矢量蒙版的作用与图层蒙版相似，其操作方法也基本相同，只是创建或编辑矢量蒙版时要使用钢笔工具或形状工具，而选区、画笔、渐变工具等都不能编辑矢量蒙版。

执行"图层"→"矢量蒙版"→"显示全部"或"图层"→"矢量蒙版"→"隐藏全部"命令，可以创建白色和黑色蒙版，其效果与图层蒙版相同。

在当前图层中创建路径后，若当前图层已有图层蒙版，执行"图层"→"矢量蒙版"→"当前路径"命令，或者按住"Ctrl"键的同时单击"图层"面板中的"添加图层蒙版"按钮，就可以基于当前路径创建矢量蒙版。

4) 剪贴蒙版

剪贴蒙版产生在上、下两个相邻图层中，用下方图层的图像形状来决定上面图层的显示区域。

先在下方图层绘制相应的形状，再选择上方图层为当前图层，并执行"图层"→"创建剪贴蒙版"命令，或按住"Alt"键的同时在相邻的两图层间单击，就为上方图层添加了剪贴蒙版。上方图层显示的图像部分完全由下方的图层形状决定。执行"图层"→"释放剪贴蒙版"命令，即为图层取消剪贴蒙版。

剪贴蒙版也经常与"调整"图层和"填充"图层配合使用。当使用剪贴蒙版时，"调整"图层和"填充"图层的效果只影响下一个图层。

8. 滤镜

滤镜是一组包含多种算法和数据的完成特定视觉效果的程序。通过适当地改变程序中的控制参数，可以得到不同程度的特技效果。各种滤镜有机组合后，更能产生出复杂的、令人赞叹的图像效果。对同一幅图像或者选区，可多次施加不同效果的滤镜，滤镜可对整个图像或选区产生效果。

除了自带的滤镜外，还可安装和使用第三方软件公司的外挂滤镜。Photoshop 中所有的滤镜都出现在"滤镜"菜单中。

1) 使用滤镜的基本方法

Photoshop 提供了近百种滤镜，这些滤镜的使用方法基本相同。使用滤镜的一般步骤如下：

(1) 选择要使用滤镜效果的图像、图层、通道和选区；

(2) 在"滤镜"菜单下，选择所需要的滤镜命令，如液化、风格化、模糊、光照效果等；

(3) 在各种"滤镜效果"对话框中设置参数，如图 4-56 所示为"浮雕效果"滤镜的参数设置对话框。

滤镜种类很多，可调节参数的数量和名称也不同，效果各异。大多数滤镜在参数设置过程中可以直接预览图像处理后的效果。调整好各参数后，单击"确

图 4-56　"浮雕效果"滤镜的参数设置

定"按钮即可执行该滤镜命令。

使用滤镜处理图像时，要注意图层与通道的使用，在许多情况下，可先对单独的图层或通道进行滤镜处理，然后再把它们合成起来。不同的色彩模式下可供使用的滤镜范围也不同，不可使用的滤镜在菜单上呈灰色显示。

2）智能滤镜

智能滤镜是一种非破坏性滤镜，可以在不破坏图像本身像素的条件下为图层添加滤镜效果。

在普通图层中应用智能滤镜，图层将转变为智能对象，此时应用滤镜，将不破坏图像本身的像素。在"图层"面板中可以看到该滤镜显示在智能滤镜的下方。

单击所有滤镜前面的眼睛图标，可以设置滤镜效果的显示和隐藏。在所用滤镜的按钮上双击，打开"混合选项"对话框，可在图层中设置混合模式和不透明度。右击智能滤镜蒙版图标，弹出"智能滤镜蒙版"快捷菜单，可实现停用、删除智能滤镜蒙版，或其他滤镜蒙版操作。

3）滤镜库

使用"滤镜库"，可以同时给图像应用多种滤镜，也可以给图像多次应用同一滤镜或者替换原有的滤镜，操作方便，效果直观。滤镜库中整合了"风格化""画笔描边""扭曲""纹理"和"素描"等多个滤镜组的滤镜。

执行"滤镜"→"滤镜库"命令，打开滤镜库对话框，如图 4-57 所示。对话框左侧为图像效果预览区，中间为滤镜选择区，右侧为滤镜参数设置区。

图 4-57　滤镜库对话框

9. 编辑文字

文字在图像中起着画龙点睛的作用，是传达信息的重要手段。Photoshop 专门提供了一组文字处理工具，可以创建各种类型的文字和文字选区。通过文字与路径、形状和滤镜的结合，可以创建各种特效的艺术文字，给作品带来绚丽的效果。

Photoshop 中提供了 4 种文字工具：横排文字工具、直排文字工具、直排文字蒙版工具、横排文字蒙版工具，如图4-58所示。前两种文字工具用于创建各种文字，后两种文字蒙版工具用于创建文字形选区。

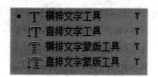

图 4-58　文字工具

1) 文字工具选项栏

横排文字工具和直排文字工具的使用方法相同，只是创建的文字方向有差别。下面以横排文字工具为例，介绍文字工具选项栏。选择横排文字工具后，窗口顶端的文字工具选项栏如图4-59所示，其中包括文字创建和编辑的各种属性设置。

图 4-59　文字工具选项栏

2) 输入文字

在处理标题等较少的文字时，先从工具箱中选择一种文字工具，并在工具选项栏设置文字的字体、字号和颜色等属性，然后在图像中需要输入文字的地方单击，即可在该位置输入文字，输入完成后按"Ctrl+Enter"快捷键确认。

输入文字时，系统会为该文字创建新的文字图层，图层的缩略图有一个"T"标识，图层的名字与输入的内容一致。

3) 段落设置

输入文字后，选择"窗口"→"字符"及"窗口"→"段落"菜单命令(或单击文字工具选项栏右侧的"打开字符和段落面板"按钮)，利用"字符"和"段落"面板提供的设置选项，可以方便地设置所选文本的各种属性，例如字符间距、基线偏移、段落对齐方式、段落缩进方式等。

4) 文字缩放、旋转和变形

在输入和编辑文字时，按住"Ctrl"键可以出现文本框的控制点，将光标移到文字框的控制点上，可对文本框进行缩放、旋转等操作，也可选择"编辑"→"变换"菜单中的变换命令进行操作。单击文字工具选项栏右侧的"文字变形"按钮，或执行"文字"→"文字变形"命令，可以利用内置的多种变形样式将文字进行各种变形，使文字显得更加艺术化。

5) 路径文字

文字与路径的配合，可以充分利用路径的优势，实现文字的特殊布局。

先用路径工具(如钢笔)在图像上创建一条曲线路径；再选用横排文字工具，在工具栏中确定各项参数，将光标移动到路径上，当光标改变为 形状时单击鼠标左键并输入文字(按"Ctrl+Enter"结束)；然后选用"路径选择工具" ，按住"Ctrl"键并单击图像以显示路径，再用鼠标水平拖动文字，可使文字沿着路径移动，也可拖动文本框左侧的"×"或右侧的小蓝点改变文本框的起止位置。效果如图 4-60 所示。

图 4-60　加入路径文字的效果

6）文字的转换

我们使用的文字库包括中文和英文，都是矢量文字。文字的转换有两种情况：一是从矢量文字转换为矢量路径或形状；二是从矢量文字转换成点阵文字。

(1) 将文字转换为工作路径。执行"文字"→"创建工作路径"命令，可将文字转换为工作路径，此时沿文字路径的边缘将会创建许多锚点。文字转换为工作路径后，可以发挥路径的优势。

(2) 将文字转换为形状。执行"文字"→"转换为形状"命令，可将文字转换为形状。图层面板中相应的文字图层会转换为形状图层。转换为形状后，可以直接使用选择工具、转换点工具等路径编辑工具创建变形文字。

(3) 将文字栅格化。栅格即像素，栅格化就是将矢量图形转换为由像素点构成的位图。因为文字是矢量图形，所以文字不能直接使用绘图和修图工具进行编辑，也不能直接使用滤镜。要使用滤镜或者绘图与修图的工具，必须先将文字栅格化。

执行"文字"→"栅格化文字图层"或者"图层"→"栅格化"→"文字"命令，即可使文字图层转换为普通图层。栅格化后的文字不再是矢量图形，而是由像素点构成的点阵图像，可以进行常规的图像操作，但是不能再进行文字属性的修改。栅格化后的文字配合滤镜可以产生各种各样的文字特效。

7）创建文字选区

Photoshop 中还提供了横排文字蒙版工具和直排文字蒙版工具两个专门用于创建文字选区的工具，可以制作水平方向和垂直方向的文字选区。

选择文字蒙版工具后会进入蒙版状态，但像文字工具一样也可以进行文字输入，按"Ctrl+Enter"快捷键结束文字输入后，文字将转换为选区，不会创建新的文字图层。创建完成文字选区后，不能再使用文字工具进行编辑，但可以对生成的选区填入前景色、背景色、渐变色或图案，也可以对生成的选区进行描边操作。此外，利用原有的文字图层，按住"Ctrl"键的同时单击文字图层的缩略图，也可以创建文字选区。

4.4 动画信息处理

4.4.1 有关动画的基础知识

1. 动画的基本概念

所谓动画，是指利用人的视觉暂留特性使连续播放的静态画面相互衔接而形成动态效果。计算机动画是由很多内容连续但各不相同的画面组成的，通过快速切换静态画面序列可实现运动的效果，它是计算机图形学和艺术相结合的产物。

2. 动画的原理

医学证明，人类具有"视觉暂留"的特性，即人眼在观察景物时，当人眼所看到的影像消失后，视觉形象并不立即消失，人眼仍能继续保留其影像 0.1～0.4 秒左右，这种现象被称为视觉暂留现象。因此，如果人眼前旧的画面消失前，新的画面又补上来，每个画面之间有微小的变化，就会造成一种连贯的、流畅的视觉变化效果，如图 4-61 所示。动画、视频正是利用这种视觉暂留特性把一幅幅静止的场景通过快速变换转化成为活动画面即动画的。

图 4-61　构成人奔跑的关键画面序列

帧是构成动画的基本单位，一帧就是一幅静止的画面，与之相关的还有一个概念——帧频，即画面变换的频率，常用 FPS(Frames Per Second)表示，也就是每秒变换画面的帧数，通俗来讲，就是指动画或视频的画面数。每秒帧数愈多，所显示的动作就会愈流畅。

平时生活中电影/电视播放时的标准是每秒 24 幅画面(即每幅画面 1/24 秒)，PAL 制式的电视每秒是 25 幅画面，NTSC 制式的电视是每秒 30 幅画面。这些画面之间的时间间隔都小于 1/24 秒，因此，人们感觉它是流畅的、运动的。

3. 计算机动画的分类

计算机动画按照不同的标准可以划分为多种类型。其中，按照计算机动画的实现原理，计算机动画可分为逐帧动画和补间动画，这也是常见的计算机动画的分类。

(1) 逐帧动画，也称为帧动画或关键帧动画，通过一帧一帧显示的序列图像来实现运动效果。逐帧动画灵活性大，几乎可以表现任何想表现的内容，但不具有交互性，且由于每一帧画面都要单独制作，工作量大，最终输出的文件数据量也大。

(2) 补间动画，是计算机动画的表现手段。制作动画时，只需绘制动画的开始和结束这两个关键帧，并指定动画变化的时间和方式等，计算机就会通过算法在两个关键帧之间自动插入若干个中间帧。

所谓关键帧(Key Frame)，是指动画中角色或者物体运动变化时关键动作所处的那一帧。关键帧与关键帧之间的动画可以由软件创建添加，叫做过渡帧或者中间帧。

补间动画又分为动作补间动画和形状补间动画两类。动作补间动画是物体由一个状态变到另一个状态，如位置移动、转动等变化；而形状补间动画是由一个形状变到另一个形状，例如圆形变到矩形，字母 A 变为字母 B 等。

4.4.2　用 Adobe Animate 创建动画

Adobe Animate 是一款用于设计矢量图形和创作动画的软件，由原 Adobe Flash CC 更名得来，并于 2016 年 1 月发布新版本的时候正式更名为"Adobe Animate CC"，缩写为 AN。AN 只用少量的数据就可以描述一个复杂的对象，在支持 Flash SWF 文件的基础上，新增了 HTML 5 创作工具，为网页开发者提供了更适于现有网页应用的音频、图片、视频、动画等创作支持。AN 广泛地用于设计游戏、应用程序和 Web 的交互式矢量动画和位图动画等，是一款强大而实用的软件。

1．Adobe Animate 的操作界面

Adobe Animate CC 2020 工作界面如图 4-62 所示。

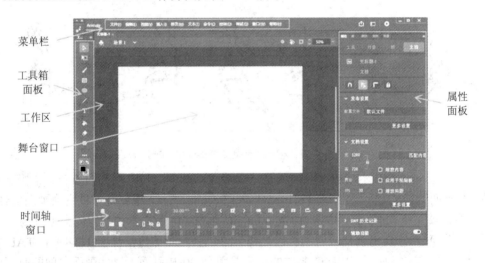

图 4-62　Adobe Animate 的工作界面

(1) 工具箱面板：包括用来绘制各种图形的工具，如选择工具、绘制和文本工具、绘图和编辑工具、导航工具以及工具选项。面板上默认放置最常用的工具，不常用的工具被隐藏起来，可通过单击"…"按钮显示隐藏的工具，将其中的工具拖到工具箱面板上即可正常使用。

(2) 属性面板：根据当前使用的工具或对象显示不同的属性，在其中可以设置各种工具或对象的属性参数，包括"工具""对象""帧"和"文档"四类属性，如图 4-63 所示。

(3) 时间轴窗口：时间轴用来控制动画的播放顺序，在播放动画时，时间轴的播放箭头将从左到右沿帧前进。时间轴也包含多个图层，可以帮助用户组织文档中的插图，在当

前图层中绘制和编辑对象时，不会影响到其他图层上的对象。

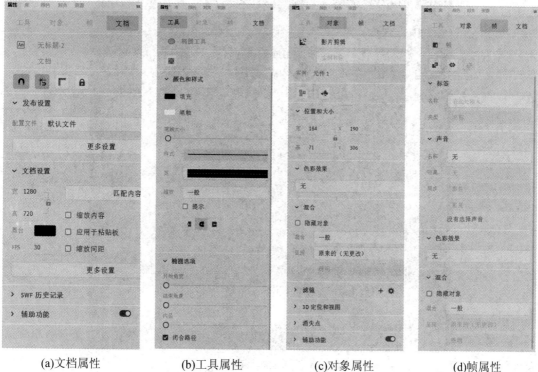

(a)文档属性 　　(b)工具属性 　　(c)对象属性 　　(d)帧属性

图 4-63 属性面板

(4) 工作区窗口：绘制各种图形/图像、文本等对象的窗口，工作区窗口中间包含一个舞台窗口，播放影片时，只有移动到"舞台"上的对象才能被显示出来，其余部分是不可见的。

(5) 舞台窗口：绘制各种对象的工作区，包含图形/图像、文本以及出现在屏幕上的视频。它也是播放影片的区域。

2．创建动画的主要步骤

一个动画一般是由一个或多个场景连接在一起构成的。角色和场景都是动画作品的重要组成部分。其中，角色是指动画影片中的表演者，它是由动画设计师创作出来的形象，可以是人、动物、物体或其他虚构的形象，是动画的主体。场景是指动画影片中除了角色造型之外的一切景物的造型设计，如室内景、室外景、街道景、田园景等。场景的设计要依据故事情节的发展分设为若干个不同的镜头场景，为动画角色的表演提供合适的场合。

角色动画是各种动画类型中比较简单的一种，下面以角色动画的创作为例讲解动画创建的主要步骤。

1) 新建文档

执行"文件"→"新建"菜单命令，弹出如图 4-64 所示的对话框。其中，软件预设了几十种动画类型模板，包括角色动画、社交、游戏、教育、广告、Web 等，每种模板都预设了动画的幅面宽度、高度及帧频率等参数，可以根据需要选择一种模板，并修改好参数。点击"创建"按钮创建新的文档，AN 将自动默认命名为"场景 1"。

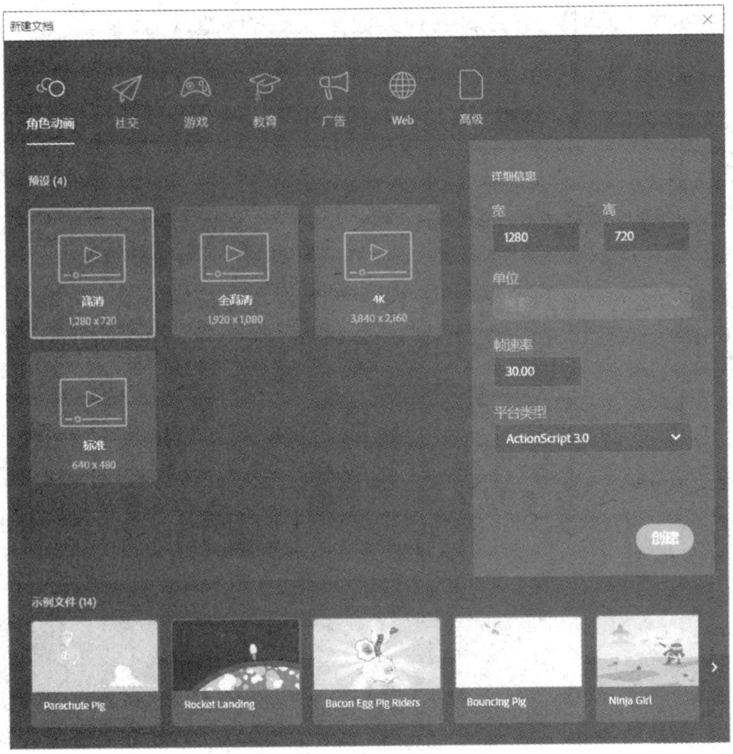

图 4-64　“新建文档”对话框

2) 编辑动画

选用工具箱中的工具，并在右侧的“属性”面板中设置工具的属性，即可在工作区或舞台中绘制当前帧的各种图形、配置颜色等，并创作动画的各种造型，如图 4-65 所示。

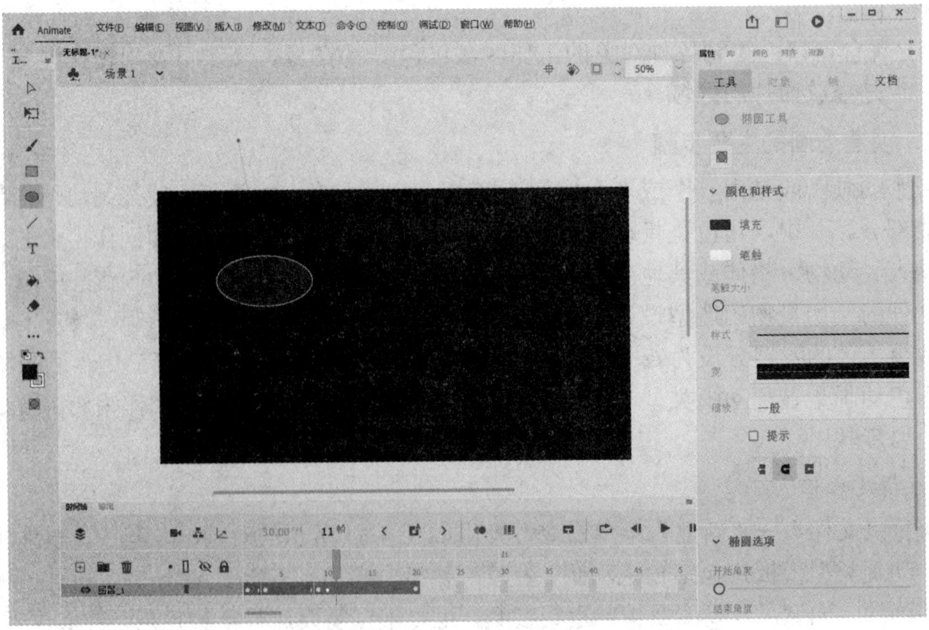

图 4-65　Adobe Animate 的帧编辑界面

若绘制有多个图形，可选择多个图形进行组合，形成一个"对象"，以方便对整个对象的统一移动、复制或属性设置。

　　用选择工具选取绘制好的图形并右击鼠标，也可以从其快捷菜单中选择"转换为元件"命令，将绘制好的图形当成一个元件存放在"元件库"中，供以后重复使用。

　　3) 编辑时间轴

　　上述编辑的动画仅为一幅当前帧的图像，一个动画作品需由很多类似的帧构成，并安排在合适的时间点顺序播放，这就需要用时间轴来设计各帧的播放时间和方式。

　　时间轴就是用来编辑动画播放顺序的工具。时间轴窗口左侧显示图层，右边显示帧，如图 4-66 所示。

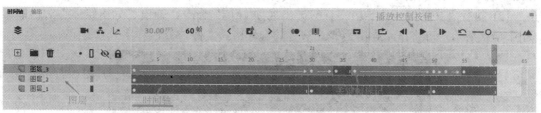

图 4-66　时间轴窗口

　　每新建一个文档，都会默认生成一个图层。与 Photoshop 类似，构成动画的帧图形中也可以包含多个图层，默认命名为"图层_1""图层_2"等。在当前图层中绘制和编辑对象时，不会影响到其他图层上的对象，在显示时，上面的图层会遮住下面的图层内容。各图层的播放顺序由其右侧的时间轴进行指定。

　　时间轴窗口右侧以标尺的形式显示动画中的帧，标尺上的每一个小格子表示一帧，我们制作的动画就是由这些帧所组成的。用鼠标点击某一图层上的其中一个格子，该格子即高亮显示，表示选中此帧为当前帧，舞台上显示的画面也随之改变为这一帧的画面。在播放动画时，各帧图形沿着时间轴的箭头从左到右按顺序显示，就形成了动画。在时间轴上还可以自动生成关键帧之间的其他图形。

　　(1) 图层管理。在时间轴窗口左侧默认显示各个图层，单击其上方的相关按钮，即可在此窗口中对图层进行增加、删除、屏蔽(不可见)、锁定(不可编辑)、调整顺序等操作，双击图层名称也可以重命名该图层。

　　(2) 插入帧。在某一图层的时间轴上找到欲插入帧的位置，点击鼠标左键，执行"插入"→"时间轴"→"帧/关键帧/空白帧"命令(或在时间轴上右击，从快捷菜单中选"插入帧"命令)，成功插入帧后，就能在时间轴上看到一个小黑点，这个小黑点就是帧的标记。若插入的是空白帧，则舞台画面和前一帧相同，就可以在工作区或舞台中编辑此画面中的内容了，例如，图形移位、旋转、变形、增加内容等。

　　(3) 创建补间动画/补间形状。在两个关键帧之间右击并执行快捷菜单中的"创建补间动画"(形状的动态变化，如位移、旋转等)或"创建补间形状"(由前一个关键帧中的形状变到后一个关键帧中的形状，如圆形变到矩形等)命令，即可在两个关键帧之间自动创建其他过渡帧的内容。利用这个功能自动生成中间过渡帧，可以减少大量的绘图工作量，大大提高了动画创作的效率，这也是从 Flash 到 Animate 为人所称道的功能。

　　(4) 编辑帧。在每个图层的时间轴上，用鼠标选取其中的某些帧，通过"编辑"菜单(或右键快捷菜单)进行清除、复制、剪切、粘贴这样的编辑操作，如同其他文档内容的操作一样方便。通过编辑时间轴上的帧，可以实现帧的重复利用、改变帧的位置等。

当然，上述仅仅是创建简单动画的一些关键步骤，一个复杂的动画不仅需要绘制多幅关键帧，还需要创建多个场景及设计剧情等大量复杂的工作。

4) 输出媒体文件

动画文件是若干静止图像所组成的图像序列，这些静止图像连续播放便形成一组动画。动画制作完成后，可将作品输出为多种常见的动画影片格式文件进行保存。

(1) 执行"文件"→"导出"→"导出影片"命令，弹出"导出影片"对话框，从中选择要保存的文件类型，可导出".swf"".gif"等动画格式文件。

(2) 执行"文件"→"导出"→"导出视频/媒体"命令，弹出"导出媒体"对话框，如图 4-67 所示，可将作品导出为".mov"的影片格式文件。

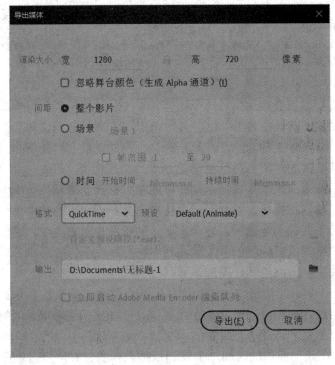

图 4-67 "导出媒体"对话框

4.5 视频信息处理

4.5.1 有关视频的基础知识

1. 数字视频的基本概念

(1) 视频的基本概念。视频(Video)泛指将一系列静态影像以电信号的方式进行捕捉、记录、处理、储存、传送与重现的各种技术。

任何动态图像都是由多幅连续的图像序列构成的，当连续的图像变化每秒超过 24 帧 (Frame)画面以上时，根据视觉暂留特性，人眼无法辨别单幅的静态画面，使这些动态图像看上去是平滑连续的，这样连续的画面叫做视频。

动态序列图像根据每一帧图像的产生形式不同，又分为不同的种类。当每一帧图像是人工或计算机产生的时候，称为动画；当每一帧图像是实时获取的自然景物时，称为动态影像视频或视频信息。

(2) 视频的分类。按照视频信息的不同存储与处理方式，视频可分为模拟视频和数字视频两大类。

模拟视频：每一帧图像是实时获取的自然景物的真实图像信号。日常生活中看到的电视和电影都属于模拟视频的范畴。模拟视频信号具有成本低和还原性好等优点，视频画面往往给人一种身临其境的感觉。它的最大缺点是经过长时间的存储之后，信号和画面的质量将大幅降低，经过多次复制后，画面失真就会很明显。

数字视频：基于数字技术记录信息的视频。模拟视频信号可以通过视频采集卡将模拟视频信号进行 A/D(模/数)转换，将转换后的数字信号采用数字压缩技术存入计算机存储器中就成为了数字视频。与模拟视频相比，数字视频可以不失真地进行多次复制；便于长时间地存放而不会有任何质量变化；可以方便地进行非线性编辑、增加特技效果等操作；但数字视频的数据量大，在存储与传输过程中必须进行压缩编码。

2. 视频信息的数字化

1) 视频信息的获取

获取数字视频信息主要有两种方式：一种是利用录像机、影碟机和摄像机等设备采集实际场景获得模拟视频信号，然后再将模拟的视频信息数字化；另一种是直接利用数字摄像机拍摄实际景物，从而直接获得数字视频信号。

2) 视频信息的数字化

视频数字化过程就是将模拟视频信号经过采样、量化、编码后变为数字视频信号的过程。对模拟视频信号的采集、量化和编码，一般由专门的视频采集卡来完成，然后由多媒体计算机接收、记录编码后的数字视频信号。

3) 数字视频压缩标准

(1) 运动图像压缩标准。MPEG(Moving Picture Experts Group，动态图像专家组)是国际标准化组织(ISO)与国际电工委员会(IEC)于 1988 年成立的专门针对运动图像和语音压缩制定国际标准的组织。该组织成功地将声音和影像的记录脱离了传统的模拟方式，建立了 ISO/IEC11172 压缩编码标准，并制定出 MPEG 格式，令视听传播方面进入了数码化时代。

MPEG 系列压缩编码标准给出了压缩标准的约束条件及使用的压缩算法。MPEG 标准主要包括 MPEG-1、MPEG-2、MPEG-4、MPEG-7、MPEG-21 等压缩标准。

(2) 数字视频压缩编码标准。为应对视频图像传输的需求以及传输带宽的不同，国际电信联盟(ITU)制定了适用于综合业务数字网和公共交换电话网的视频编码标准。这些标准的出现不仅使低带宽网络上的视频传输成为可能，而且解决了不同硬件厂商产品之间的互通性，对多媒体通信技术的发展起到了重要的作用。主要的标准包括 H.261、H.263、H.264、H.265 等。

4）电视制式

所谓电视制式，实际上是一种电视信号的标准。各国的电视制式不尽相同，不同的制式对视频信号的解码方式、色彩处理方式以及屏幕扫描频率的要求都有所不同，只有遵循同样的技术标准，才能够实现电视机正常接收电视信号、播放电视节目。因此，如果计算机系统处理视频信号的制式和与其相连的视频设备的制式不同，则会明显降低视频图像的效果，有的甚至根本没有图像。

世界上主要使用的彩色电视广播制式有 PAL、NTSC、SECAM 三种，无国大部分地区使用 PAL 制式。

3．数字视频的文件格式

影像文件主要指那些包含了实时的音频、视频信息的多媒体文件，我多媒体信息通常来源于视频输入设备。目前一些常见的视频文件格式如表 4-4 所示。

表 4-4　常见的视频文件格式

文件格式	说　明
AVI	微软公司开发的一种符合 RIFF 文件规范的数字音频与视频文件格式。此格式允许视频和音频交错在一起同步播放，用不同压缩算法生成的 AVI 文件，必须使用相应的解压缩算法才能播放出来
Windows Media	微软公司的 Windows Media 核心有两种不同的文件扩展名：ASF 文件和 WMV 文件。 ASF 是微软公司开发的串流多媒体文件格式，特别适合在 IP 网上传输。它是一种包含音频、视频、图像以及控制命令脚本的数据格式。利用 ASF 文件可以实现点播功能、直播功能以及远程教育，具有本地或网络回放、可扩充的媒体类型等优点。 WMV 是由 ASF 格式升级而来的一种流媒体格式，体积非常小，支持边下载边播放，很适合在网上播放和传输
MPEG	运动图像专家组格式，MPEG 标准包括 MPEG-1、MPEG-2、MPEG-4、MPEG-7、MPEG-21 等。这些标准的核心技术都是采用以图像块作为基本单元的变换、量化、移动补偿、熵编码等技术，在保证图像质量的前提下获得尽可能高的压缩比
Real Media	有 RM 和 RMVB 两种格式，都是由 Real Networks 公司制定的音频视频压缩规范，能根据不同的网络传输率而制定出不同的压缩比率，从而在低速率的网络上进行影像数据实时传送和播放，具有体积小、画质好的优点。RMVB 格式曾兴盛一时，但随着网络环境的改善，目前已被 MKV、MP4 等格式所取代
MOV	MOV 即 QuickTime 影片格式，它是苹果公司开发的一种音频、视频文件格式，用于保存音频和视频信息，具有先进的视频和音频功能。MOV 被众多的多媒体编辑及视频处理软件所支持，具有较高的压缩率和较完美的视频清晰度，并具有较好的跨平台性
3GP	3GP 主要是为配合 3G 移动通信网的高传输速度而开发的视频编码格式，也是手机中常用的一种视频文件格式。它是 MPEG-4 或 H.263 格式的一种简化版本，是 3G 移动设备标准格式，应用在手机、MP4 播放器等便携设备上，其优点是文件体积小，移动性强，适合移动设备使用；缺点是在 PC 上兼容性差，支持软件少，分辨率低、帧数低
FLV	FLV 是 FLASH VIDEO 的简称，它是随着 Flash MX 的推出而发展出的视频格式。由于它形成的文件极小、加载速度极快，适合制作短片，因此它的出现有效地解决了视频文件导入 Flash 后，导出的 SWF 文件体积庞大、不能在网络上很好使用等问题，并且一

般 FLV 可以很好地保护原始地址，不容易下载到，能起到保护版权的作用，许多视频
分享网站都采用 FLV 格式

4.5.2　数字视频编辑软件 Adobe Premiere

Premiere 是由 Adobe 公司推出的一款常用的数字视频编辑软件，支持跨平台操作，用
于视频段落的组合和拼接，并提供一定的特效与调色功能。

Premiere 提供了采集、剪辑、调色、美化音频、字幕添加、特技应用、输出、DVD 刻
录等一整套流程，并和其他 Adobe 软件高效集成，足以应对在编辑、制作、工作流上遇到
的所有挑战，满足创建高质量作品的要求，广泛应用于广告制作和电视节目制作等。

1．Premiere 的工作区

Premiere Pro 2020 默认的工作区界面如图 4-68 所示，界面整合了多个编辑窗口。

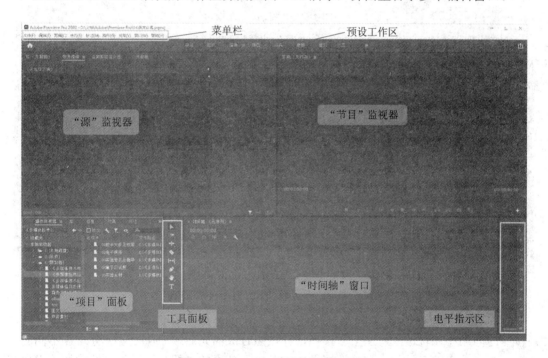

图 4-68　Premiere 默认的工作区界面

在 Premiere 中若需要打开某个面板，可以使用"窗口"菜单中的相应命令。这些面板
都是浮动的，可以按住其标题拖到需要的位置来重新布局。当鼠标指针位于两个窗口之间
的分界线或 4 个窗口间的对角位置时，可以拖动鼠标来同时调整多个窗口的大小。选择"窗
口"→"工作区"子菜单，可以看到 Premiere 提供的多种预置的工作区。

2．Premiere 的常用面板

Premiere Pro 2020 中包含 20 余种面板，Premiere 的所有工作都是通过这些面板的协同
工作来完成的。

(1)"项目"面板。如图 4-69 所示,主要用于导入、存放和管理素材。只有导入到"项目"面板中的素材才可以被 Premiere 编辑。

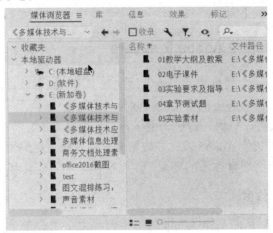

图 4-69　"项目"面板

　　(2)监视器窗口。监视器窗口分为"源"监视器窗口和"节目"监视器窗口,在默认状态下,左侧是"源"监视器窗口,用于播放和简单编辑原始素材;右侧为"节目"监视器窗口,用于对整个项目进行编辑和预览,如图 4-70 所示。

(a)"源"监视器窗口　　　　　　　　　　　　　(b)"节目"监视器窗口

图 4-70　"源"和"节目"监视器窗口

　　(3)"时间轴"窗口。如图 4-71 所示,是 Premiere 最主要的编辑窗口,在此,素材片段按照时间顺序在轨道上从左至右排列,并按照合成的先后顺序从上至下分布在不同的轨道上。视频和音频素材的大部分编辑操作以及大量效果的设置和转场效果的添加等操作都是在"时间轴"窗口完成的。

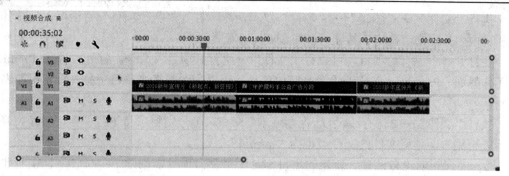

图 4-71　"时间轴"窗口

在"时间轴"窗口中，不同视频轨道上的镜头从上到下是覆盖的关系，位于上层轨道之中的镜头优先显示，将覆盖屏幕中相同区域的下层镜头。一般称上层轨道中的镜头为前景，下层轨道中的镜头为背景。在 Premiere 中，前景画面和背景画面的叠加是通过设置"不透明度"与"混合模式"实现的。

(4) 工具面板。如图 4-72 所示，提供了若干工具按钮以方便编辑轨道中的素材片段。面板中的有些工具在右下角带有小三角图标，表明该工具为复合工具组，在这些工具上按住鼠

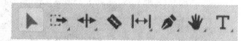

图 4-72　工具面板

标约 0.5 秒，会显示出该组的其他工具；按住"Alt"键的同时用鼠标单击这些工具，该工具会变换成该组的另一个工具。

(5)"效果"面板与"效果控件"面板。"效果"面板包括了预设的效果、音频效果与音频过渡、视频效果与视频过渡等内容，如图 4-73 所示。为剪辑添加效果后，效果的参数设置往往需要在"效果控件"面板中进行进一步的设置。

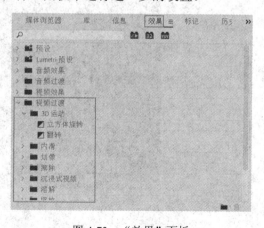

图 4-73　"效果"面板

4.5.3　数字视频的制作与编辑

1. 项目文件的操作

(1) 新建、打开和保存项目。项目文件又称工程文件，用于存储 Premiere 中制作视频的所有编辑数据。

执行"文件"→"新建"→"项目"菜单命令,打开"新建项目"对话框,设置其中的相关内容后点击"确定"按钮,即可创建一个新的项目。

要打开一个已有的项目,可执行"文件"→"打开项目"命令,打开并进入 Premiere 的工作界面。Premiere 支持编辑多个开放项目,可以同时在多个项目中打开、访问和编辑剪辑。

执行"文件"→"保存/另存为/保存副本"命令,可分别将项目进行保存、另存为或保存为一个副本,项目文件的文件类型为".prproj"。

(2) 序列的创建与设置。新建的项目都是一个空白项目,创建了项目之后,接着要创建序列。Premiere 中所有对素材的编辑操作都要在"序列"中完成。

执行"文件"→"新建"→"序列"命令,在"新建序列"对话框中有"序列预设"选项卡,在其中可以选择一种合适的预设序列来使用,如图 4-74 所示。这里选择"DV-PAL 标准 48 kHz"选项,在对话框的"预设描述"中可以了解该格式所预置的参数含义。

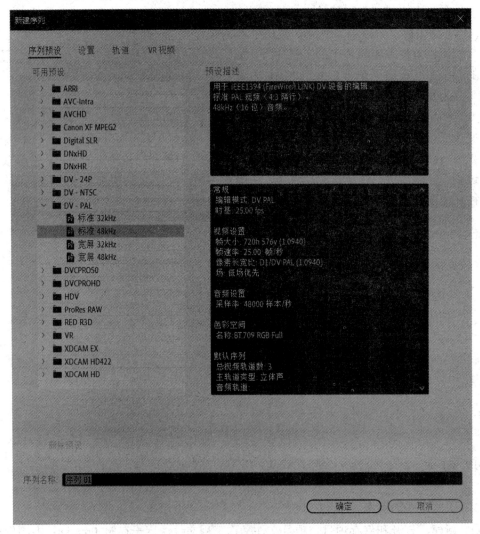

图 4-74　"新建序列"对话框

也可以利用"设置"选项卡来自行设置各种格式的视频、音频参数,并可以将自己的设置保存成预置格式以便日后使用。单击"轨道"选项卡,可以设置序列中各视频、音频轨道的数量和类型等内容。视频编辑最终作品的内容就存在于各个"序列"中。

2.素材的导入与管理

(1) 素材的导入。素材的导入包括导入素材、导入文件夹、导入项目文件等。执行"文件"→"导入"命令或直接在"项目"窗口的空白处双击,打开"导入"对话框,在对话框中可以选择单个或多个文件导入,也可以选择某个文件夹导入。

(2) 项目素材的管理。项目素材的管理在"项目"面板完成。"项目"面板主要用于导入、存放和管理素材,如图 4-75 所示。

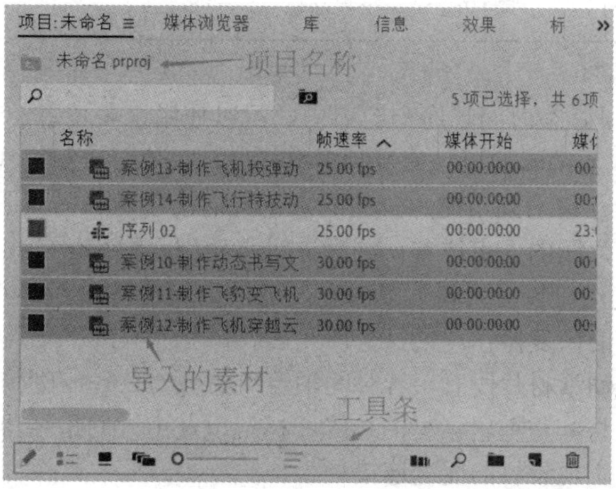

图 4-75 "项目"面板

单击"项目"面板下方工具栏中的"新建项"按钮■,弹出菜单中包括新建序列(新建一个时间轴序列)、已共享项目、脱机文件(作为缺失文件的占位符代替其工作)、调整图层(将同一效果应用至时间轴上的多个剪辑)、字幕、彩条(用于校准视频监视器和音频设备)、黑场视频(常用于作视频的黑色背景)、颜色遮罩、HD 彩条、通用倒计时片头(常用于校验音频、视频同步)以及透明视频(实现为空轨道添加效果)等内容。

3.数字视频的基本编辑

Premiere 的工具面板提供了大量的实用工具,可以方便地进行素材的编辑。工具面板主要按钮及其作用如表 4-5 所示。

表 4-5 工具面板主要按钮及其作用

序号	图标	名 称	作 用
1		选择工具	选择、移动、拉伸素材片段
2		向前选择轨道工具	从被选中的素材开始直到轨道上的最后一个素材都将被选中
3		向后选择轨道工具	从被选中的素材开始直到轨道上的第一个素材都将被选中
4		波纹编辑工具	用于拖动素材片段入点、出点以及改变片段长度
5		滚动编辑工具	用于调整两个相邻素材的长度,调整后两素材的总长度保持不变

6		比率拉伸工具	用于改变素材片段的时间长度,并调整片段的速率以适应新的时间长度
7		剃刀工具	将素材切割为两个独立的片段,可分别进行编辑处理
8		外滑工具	用于改变素材的开始位置和结束位置
9		内滑工具	用于改变相邻素材的出入点,即改变前一片段的出点和后一片段的入点
10		钢笔工具	用于调节节点
11		手形工具	平移时间轴窗口中的素材片段
12	T	文字工具	添加字幕效果

1) 选择与标记素材

(1) 选择素材片段。在时间轴序列窗口中,可以使用工具箱中的选择工具▶、选择轨道工具 或 选取要编辑的视频或音频素材片段,以使用选择工具为例,方法是:使用选择工具,当鼠标光标移动到素材片段的入点位置而出现剪辑入点图标 时,可以按住鼠标拖动以改变素材片段的入点位置;同理,当移动到素材片段的出点位置,出现剪辑出点图标 时,通过拖动可以对素材片段的出点进行重新设置。这种方法也常用来对剪辑掉的素材片段进行快速的恢复操作。

使用选择工具拖动素材片段时,若时间轴窗口的自动吸附按钮 处于开启状态,则在移动素材片段时,会将其与剪辑素材的边缘、标记以及由时间指示器指示的当前时间点等内容进行自动对齐,实现素材的无缝连接。

(2) 使用时间码进行精确定位。时间码是 Premiere 用来为特定的帧添加唯一的地址标记的工具,常用于编辑视频作品的精确定位。时间码是用“:”分隔开的四组数字表示的,这四组数字从左至右分别表示小时、分钟、秒、帧。在 Premiere 中可以基于当前位置来精确微调时间码的值,在输入时间码值的位置输入“数值”表示向左移动指定的时间距离,输入“+数值”表示向右移动指定的时间距离。例如,当前位置为 00:00:05:00 输入“+310”,表示基于当前位置,再向右移动 3 秒 10 帧的距离,即 00:00:08:10。

(3) 标记的使用。“标记”以时间的形式记录特定帧的位置,常用来指示重要的时间点、进行精确的编辑定位、对齐剪辑以及实现对编辑位置的快速访问等。

标记可以添加在素材上或时间轴上,所以可以通过“源”监视器窗口、“节目”监视器窗口以及“时间轴”窗口来添加标记。

执行“窗口”→“标记”命令,打开“标记”面板,可在该面板中查看打开的剪辑或序列中的所有标记。

2) 素材的切割

使用工具箱中的剃刀工具 ,可以在未被锁定的轨道中将一个素材在指定的位置分割为两段相对独立的素材。

素材被切割后的两部分都将以独立的素材片段存在,可以分别对它们进行单独的操作,但是它们在项目窗口中的原始素材文件并不会受到任何影响。

3) 波纹编辑与滚动编辑

波纹编辑工具 ◀▶ 与滚动编辑工具 ✚ 都可以改变素材片段的入点和出点。

波纹编辑工具只应用于一段素材片段，当选中该工具，更改当前素材片段的入点或出点的同时，时间轴上的其他素材片段相应滑动，使项目总的长度发生变化；滚动编辑工具应用在两段素材片段之间的编辑点上，当使用该工具进行拖动时，相邻素材片段一个缩短，另一个变长，而总的项目长度不发生变化。

4) 外滑工具与内滑工具

"外滑工具"与"内滑工具"都不改变总的项目长度，一般用于顺序放置的 A、B、C 三个镜头的调整。

"外滑工具" ▐◀▶▌：专用于确保在 A、C 镜头的长度、位置不变的前提下，修改某个中间镜头 B 的截取范围。其使用前提是中间素材在"时间轴"窗口编辑过，并且其长度小于原始的素材的时间长度。

"内滑"工具 ◀▐▶：用于改变前一个素材 A 的出点和后一个素材 C 的入点，而不改变总的时间长度。

5) 用比率拉伸工具制作快/慢镜头

该工具常用于快速制作快镜头或慢镜头。单击工具箱中的"比率伸缩工具"，移动鼠标指针至"序列"窗口视频剪辑的首端或尾端，剪辑首端位置的鼠标指针将变形为 ⫶▶，剪辑尾端的鼠标指针将变形为 ◀⫶，然后按住鼠标左键进行拖动，即可对该视频剪辑进行拉伸。若拉伸后剪辑的时间比原来长，则剪辑的播放速度变慢，即变为慢镜头，反之则为快镜头。

6) 添加或删除镜头

在插入素材到时间轴序列中时，除了可以使用鼠标直接拖动外，还可以使用监视器底端的设置入点命令按钮 ❴ 或出点命令按钮 ❵ 精确设置素材的入点和出点位置，再单击"源"监视器窗口的"插入"按钮 ⊞ 或"覆盖"按钮 ⊟，就可以将素材添加到时间轴上。

单击"提升"按钮 ▣，将当前选定的片段从编辑轨道中删除，其他片段在轨道上的位置不发生变化；单击"提取"按钮 ▣，将当前选定的片段从编辑轨道中删除，后面的片段自动前移，与前一片段连接到一起。

4.5.4　视频的效果处理

在 Adobe Premiere 中，效果分为两大类：视频过渡和视频效果。

视频过渡也称视频转场效果，是指在一段视频结束之后以某种效果切换到另一段视频的开始处，常用于处理两个镜头之间的衔接；视频效果是用于修饰某个镜头本身而添加的效果。例如，对视频画面进行调色、校色；将画面扭曲、进行视频合成等都可以通过视频效果来实现。

Premiere 提供了大量可应用于剪辑的视频过渡和视频效果，可从"效果"面板中打开。

1. 添加视频过渡效果

视频过渡是加在两段视频之间，用于处理两个镜头之间的衔接过渡的效果。Premiere 在"效果"面板中提供了"3D 运动""内滑""划像""擦除""沉浸式视频""溶解""缩放"和"页面剥落"等的视频过渡效果。

1) 添加视频过渡效果

　　在"效果"面板的"视频过渡"选项下选中某效果，将其拖动到"时间轴"序列窗口两段轨道素材之间的交接线上就完成了效果添加，也可通过加在素材的前端或后端来完成。

　　单击"节目"监视器窗口中的"播放"按钮，或直接拖动时间轴上的编辑标记线，在"节目"监视器窗口即可进行效果的预览。

　　2) 视频过渡效果的设置

　　利用"效果控件"面板可以进行视频过渡效果参数的设置。这里以"三维运动"文件夹中"双侧平推门"的效果为例，说明视频过渡效果的设置方法。

　　(1) 添加效果：在"时间轴"序列窗口的两素材间添加"双侧平推门"视频过渡效果。

　　(2) 在"效果控件"面板设置参数：在"时间轴"序列窗口，单击已经添加到素材衔接处的视频转换效果"双侧平推门"，将"效果控件"面板中的"显示实际源"复选框选中，两素材画面随即在"效果控件"面板中打开，如图 4-76 所示。

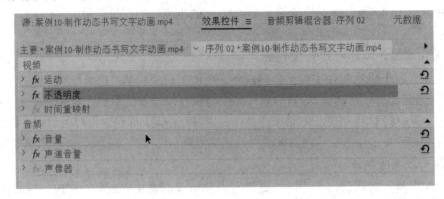

图 4-76　"效果控件"面板

　　在面板的左上角有一个预览缩略图，缩略图的四周各有 4 个小箭头按钮，单击这些按钮可以改变开门的方向。

　　视频过渡的时间长短可以在"效果控件"中进行设置。在"效果控件"中"对齐"右侧的下拉列表中可以选择效果相对于素材的位置。"开始"和"结束"用于控制效果的开始和结束状态；"边框宽度"和"边框颜色"是指切换时的边界宽度和边界颜色；"反向"是设置反向的切换效果，若当前是"关门"效果，则反转后成为"开门"效果；"消除锯齿品质"用来设置切换效果的边界是否要消除锯齿，可根据要求选择其中的"关、低、中、高"等选项。

2．添加视频效果

1) 视频效果的分类

Adobe Premiere 提供了多种视频效果，如图 4-77 所示。

① 变换：对图像的位置、方向和距离等参数进行调节，可制作出画面视角变化的效果。

② 图像控制：对素材图像中的特定颜色像素进行处理，可产生特殊的视觉效果。

③ 实用程序：通过调整画面的黑白斑来调整画面的整体效果。

④ 扭曲：通过对图像进行几何扭曲变形来制作画面变形效果。

⑤ 时间：通过处理视频相邻帧变化，产生特殊的视觉效果。

⑥ 杂色与颗粒：去除或增加画面中的杂色。

⑦ 模糊与锐化：柔化或者锐化图像，可以把部分图像区域变得模糊或更清晰。

⑧ 沉浸式视频：制作交互式全方位的视频效果，即观察者视点不变，改变观察方向，能够观察到周围的全部场景。

图 4-77 视频效果

⑨ 生成：处理画面或增加生成某种效果。

⑩ 视频：使影片符合电视输出要求。

⑪ 调整：调整图像画面。

⑫ 过时：集合了以前版本中的视频效果。

⑬ 过渡：从一个场景过渡到另一个场景，需要设置关键帧，才能产生转场效果。

⑭ 透视：制作三维立体透视效果。

⑮ 通道：利用图像通道的转换与插入等方式来改变图像，产生各种特殊效果。

⑯ 键控：对图像进行抠像操作，制作视频合成效果。

⑰ 色彩校正：对素材画面颜色校正处理。

⑱ 风格化：通过改变图像中的像素或色彩，产生如浮雕、素描等各种艺术作品效果。

2) 视频效果添加与清除

在"视频效果"文件夹中选择一种视频效果，将其拖动到"时间轴"序列窗口中要应用视频效果的素材上；或者在"时间轴"序列窗口选中素材，然后将视频效果拖动到"效果控件"面板空白处。一种视频效果可以应用到多个素材上；一个素材上也可以应用多种视频效果。

在"效果控件"面板选中要清除的效果，在鼠标右击后弹出的快捷菜单中执行"清除"命令。

3) 视频效果的控制

在"时间轴"序列窗口中选中素材，打开"效果控件"面板，其中将显示当前素材添加的所有效果。

(1) 为剪辑整体添加视频特效。以添加"高斯模糊"效果为例。将"视频特效"中"模糊和锐化"→"高斯模糊"拖动到"时间轴"窗口的素材上。在"效果控件"窗口可以看到加入的"高斯模糊" fx 高斯模糊，单击其左侧的" >"按钮将"高斯模糊"的选项参数打开。

　　① 设置模糊入效果。在 00:00:00:00 处，将"模糊度"值设为 100,单击"模糊度"前面的"切换动画"按钮，设置第一个关键帧。移动编辑标记线到 00:00:02:00 处，将"模糊度"值设为 0.0，自动添加第二个关键帧。模糊入的效果制作完成。

　　② 设置模糊出效果。移动编辑标记线到 00:00:11:10 处，单击"模糊度"后面的"添加/删除关键帧"按钮,设置第一个关键帧。移动编辑标记线到 00:00:13:10 处,将"模糊度"值设为 100，自动添加第二个关键帧。模糊出的效果制作完成。

　　视频效果设置完成后，按"Enter"键进行序列内容的渲染，可在"节目"窗口中预览结果。

　　(2) 为剪辑局部添加视频效果。在"效果控件"面板所呈现的很多效果的下方，都有 3 个添加蒙版按钮○ □ ✐，可以方便地添加椭圆、矩形和自定义形状的蒙版，用来进行效果的局部遮罩。添加蒙版后，在蒙版路径的右侧有"跟踪方法"按钮，可以为蒙版设置多种跟踪方法，如图 4-78 所示。

图 4-78　添加蒙版

　　当一个视频素材添加了多个视频效果后，视频效果的排列顺序不同，视频显示结果也不同，可以在"效果控件"面板直接拖动视频效果调整其位置。

4.5.5　字幕制作与加载

　　字幕是视频制作中的一个重要部分，通过各种静态或动态的字幕可以更好地表达出作品的意图。

1．添加字幕

　　新建字幕可选择"文件"→"新建"菜单下的"字幕"或"旧版标题"来创建，还可使用工具组中的"文字工具"和"垂直文字工具"来创建，在此仅介绍其中的一种方式。

　　1) 新建字幕文件

　　执行"文件"→"新建"→"字幕"命令，或者执行"项目"面板底端"新建项"中的"字幕"命令，就在"项目"面板中新建了一个"开放式字幕"文件。将其拖放到"时间轴"序列窗口的视频轨道中，就建立了"开放式字幕"标准的字幕。

　　2) 编辑字幕文件

　　双击"项目"面板中的字幕文件，打开"字幕"面板，如图 4-79 所示。

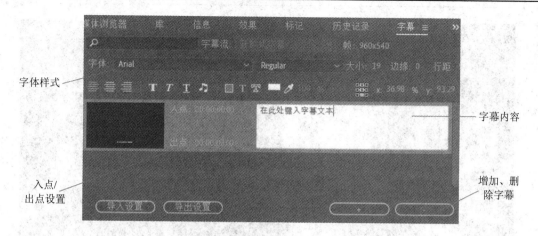

图 4-79 "字幕"面板

在"字幕内容"框中输入文字内容，并选择合适的字体样式；在"入点/出点设置"中设置字幕显示开始和结束时间。

(3) 将字幕添加到视频。在"时间轴"序列窗口，选中视频轨道的"开放式字幕"素材片段，可以为其添加视频过渡效果和视频效果。其操作方法与普通视频轨道素材的操作方法一样。

2. 设置字幕效果

可以为字幕添加视频过渡效果和视频效果，设计出更多样化的字幕内容，其操作方法与第 4.5.4 节所述内容相同。如图 4-80 所示为在"时间轴"序列窗口中，在字幕文件的首部和尾部都添加"视频过渡"→"滑动"中的"推"视频过渡效果。

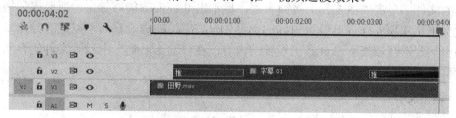

图 4-80 添加视频过渡效果

同样，利用"效果控件"面板设置多个关键帧及轨道遮罩，也可以完成字幕的滚动效果。

4.5.6 输出数字视频

在 Premiere 中，用户在编辑完成一个项目文件之后，可以按照不同的用途将编辑好的内容输出为不同格式的文件。

1. 预览窗口

在"时间轴"序列窗口编辑好作品后，执行"文件"→"导出"→"媒体"命令，在"导出设置"对话框中对视频尺寸、编辑方式、输出文件的格式等导出参数进行设置，如图 4-81 所示。

图 4-81　"导出设置"对话框

2. 导出设置

"导出设置"窗口的右侧为具体导出参数的设置。

勾选"与序列设置匹配"选项，可以自动从 Premiere 序列中导出设置与该序列设置完全匹配的文件；单击"格式"下拉列表框，显示出 Premiere 能够导出的所有媒体格式；在"预设"下拉列表中选择已经设置好的预设导出方案，完成设置后可以在"导出设置"对话框的"摘要"区域查看部分导出设置的内容；在"输出名称"中设置文件的存储路径和文件名称。单击"导出"按钮，可以直接输出。

3. 输出文件

Premiere 可以输出多种类型的文件，这里介绍一些常用的输出文件。

1) 视频文件

在"时间轴"序列窗口中编辑好要导出的视频内容后，执行"文件"→"导出"→"媒体"命令，在"导出设置"对话框的"格式"下拉列表中选择视频文件格式：P2 影片、QuickTime、H.264、H.264Blu-ray、MPGE-4、MPGE-2、MPGE-2-DVD、MPGE24Blu-ray等；还有只能在 Windows 中使用的 Microsoft AVI、动画 GIF、MPGE-1 以及 Windows Media文件等。

2) 字幕文件

在"项目"管理器窗口选择已有的字幕文件，执行"文件"→"导出"→"字幕"命令。字幕文件和其他的素材文件一样，可以将其导出为多种视频格式，也可以直接被导入到其他的项目文件中使用。

3) 音频文件

在 Premiere 中，可以在"导出设置"对话框的"格式"列表中选择一种音频编码格式(如 MP3 等)，直接将影片的音频部分进行输出，也可以在"格式"列表中选择一种包括音频的视频文件格式，勾选其下方的"导出音频"复选框，这样只输出视频文件的音频部分。

4) 图像文件

(1) 输出单帧图像。Premiere 可以将视频画面的某个静帧画面输出为图像，经常使用这一功能来制作影片的宣传海报。

在"导出设置"的"格式"下拉列表中选择图像文件格式(如 BMP、JPEG、PNG 等)进行导出，或者在"源"或"节目"监视器中单击"导出帧"按钮 进行导出。

(2) 输出图片序列。Premiere 可以将视频输出为静止图片序列，即将视频画面的每一帧都输出为一张图片，这些图片会自动编号。

在"时间轴"序列窗口为要输出为图片序列的视频片段设置入点和出点。执行"文件"→"导出"→"媒体"命令，在"导出设置"对话框的"预设"选项中选择"PAL DV 序列"选项，设置文件的保存位置和名称，单击"导出"按钮，即可输出完整的图片序列文件。

本 章 习 题

1. 文件压缩的意义是什么？用 WinRar 如何进行加密压缩？

2. 小李从网络上获取了一个".flv"的视频，如何转换成".mp4"的视频文件？

3. 声音的三要素是哪几个？简述音频数字化的主要过程。

4. 若用 Audition 软件为某一部宣传片的解说词配乐，请简述其制作步骤及其注意事项。

5. 如何从"天空之城.mp3"中剪辑一段音乐作为手机铃声？

6. 简述 Audition 音频处理软件中污点修复刷工具的作用和使用方法。

7. 简述如何在 Audition 中给音轨 2 中的某一段音频加入淡入和淡出的效果。

8. 常见的截图工具软件有哪些？简述它们各自的特点。

9. 在 Photoshop 中有哪几种颜色模式？RGB、CMYK 和 HSB 的主要特点是什么？

10. 在 Photoshop 中，使用仿制图章工具和修复画笔工具是否都要先定义复制区域？复制效果有何区别？

11. 在 Photoshop 中，创建选区有哪些常见的方法？各种方法各适用于哪种情形？

12. 简述在 Photoshop 中如何调整色彩。

13. 用自己的理解描述什么是图层。

14. 在 Photoshop 中，Alpha 通道有何作用？

15. 简述在 Premiere 中编辑数字视频的工作流程。

16. 使用 Premiere 进行视频编辑的基本步骤有哪些？

17. 如何输出时间轴上的一小段视频?

18. 在 Premiere 中用"字幕设计器"和"标题设计器"设计有什么不同？

19. 小李从网络上获取了一个 mp4 的视频,能否更换视频中的配音和字幕？如何操作？

第五章　商务文档处理

5.1　初识商务文档

5.1.1　商务文档的概念

商务文档也叫商务文书，是指企业在经营运作、贸易往来、开拓发展等一系列商务活动中所使用的各种文书的总称，是企业专门用于在市场经济活动中处理企业商贸关系的一种文书，也是企业实现由生产环节向交换和消费环节转换的重要手段。

商务文书是企业经营活动的真实记录。企业单位处理商务活动的各种信息通过文书得以固定并存储，它记录了各种经营活动的性质、状态和过程，保留了商务文书在运转处理过程中的各种原始轨迹，如合同履行、买卖交易、客户联系、商务洽谈等，也是发生经济纠纷后有效维护自身权益的证据。即使在商务文书完成其历史使命，现实作用消失后，原有的凭证和依据作用仍然会被转移到历史档案中，继续发挥考察企业发展历程的原始凭证的作用。

5.1.2　商务文档的分类

商务文档用途广泛，格式纷繁多样，按照不同的标准可以分为很多类型。

1．按形式划分

(1) 固定格式的商务文档。常见的固定格式的商务文档主要有商务合同、邀请信、通知、请示以及批复。相比较而言，这类文书是有比较规范的要求的。

(2) 非固定格式的商务文档。所谓的非固定格式的商务文档，即书写比较随意、没有固定格式要求的文档。此类文档在日常生活中则往往应用得更为广泛，其中最为大家所熟悉的就是随着计算机和网络一起兴起的电子邮件。

2．按内容用途来划分

(1) 通用的商务文档。常见的通用商务文档主要有通知、会议纪要、请示、批复、总结、备忘录以及报告等。

(2) 礼仪性的商务文档。礼仪性的商务文档主要指贺信、贺电、邀请书、请柬、慰问信，以及名片、奖状等。

5.1.3　商务文档的处理工具

目前，利用计算机处理文档的软件种类很多，如 Microsoft Office 系列、金山 WPS 文档处理软件、Apple Pages、Google Docs、OpenOffice Writer 等。

Microsoft Word 是 Microsoft 公司 Office 办公软件的重要模块之一，是一款功能强大的文字处理实用软件，可以用来完成文字的输入、编辑、排版、存储和打印等一体化功能。

　　金山 WPS 文档处理软件是由金山软件公司自主研发的一款办公软件，软件体积小、占用内存少、运行速度快。WPS Office 包含 WPS 文字、WPS 表格、WPS 演示等模块。其中，WPS 文字可以处理文书、表格、简报、书籍编著、文件整理等各种文字工作，能与大多数主流 Office 文档格式较好兼容。

　　Apple Pages 是为移动设备设计的精美绝伦的文字处理软件，可以从 Apple 设计的模板开始，添加图像、影片、音频、图表和形状等，创建精美的报告、电子书、履历、海报等内容。

　　Google Docs 是一套免费的在线办公软件，类似于微软的 Office 在线办公软件，包括在线文档、表格和演示文稿三类，可以处理和搜索文档、表格、幻灯片，并可以通过网络和他人分享，支持多人同时在线编辑文档。Google Docs 接受最常见的文件格式，包括 DOC、XLS、ODT、ODS、RTF、CSV 和 PPT 等。Google Docs 不需要下载或安装另外的软件，只需一台接入互联网的计算机及可使用 Google 文件的标准浏览器即可。

　　OpenOffice Writer 是一个开放源码、功能完备的文字处理应用程序，它可以在多种操作系统上运行，类似于微软的 Word，也提供与其大致相同的功能与工具。它既可以方便地制作一份备忘录，也可以制作包含目录、图表、索引等内容的一篇完整的文档，同时可以将文档保存为 doc 或 docx、HTML、PDF 等各种不同格式的文件。

　　本章将以 Word 2016 为例介绍商务文档的一些处理方法。

5.1.4　商务文档的排版原则

　　商务文档是用于沟通的媒介，为了能让阅读者更有耐心地去阅读和了解文档的内容，除了内容上要求主旨明确、内容充实等之外，形式上还需要做到图文并茂、排版清晰、结构完整、有条理地把项目计划娓娓道来，因此，文档的排版是文档编辑的一项十分重要的工作。

　　在利用 Word 排版各种文档时，要想高效地编排出精致的文档，还需要掌握文档排版的原则。Word 文档的排版主要有对齐原则、紧凑原则、对比原则、重复原则、一致性原则、可自动更新原则和可重用原则。

　　(1) 对齐原则。对齐原则是指页面中的每一个元素，都尽可能地与其他元素以某一基准对齐，从而为页面上的所有元素建立视觉上的关联。

　　(2) 紧凑原则。紧凑原则是指将相关元素成组地放在一起，从而使页面中的内容看起来更加清晰，整个页面更具结构化。

　　(3) 对比原则。对比原则是指让页面中的不同元素之间的差异更加明显，从而突出重要内容，让页面看上去更加生动有趣。

　　(4) 重复原则。重复原则是指让页面中的某个元素重复出现指定的次数，以便强调页面的统一性，同时还增强了页面的趣味性和专业性。

　　(5) 一致性原则。一致性原则是指在整个排版任务中，在没有特殊需要的情况下，务必要确保同级别、同类型的内容具有相同的格式，从而使排版后的文档看起来整齐、规范。

　　(6) 可自动更新原则。对长文档进行排版时，可自动更新原则尤为重要。可自动更新原则是指对于长文档中可能发生变化的内容，在编辑时不要将其写"死"，以便在这些内容发生变化时，Word 可以自动维护并更新，避免了用户手动逐个进行修改的烦琐工作。

（7）可重用原则。对于可重用原则，主要体现在样式和模板等功能上。在处理大型文档时，遵循可重用原则，可以使排版工作省时又省力。例如，当需要对各元素内容分别使用不同的格式时，可以通过样式功能轻松实现；当有大量文档需要使用相同的版面设置、样式等元素时，可以事先建立一个模板，此后基于该模板创建的新文档就会拥有完全相同的版面设置以及相同的样式，这时只需在此基础上稍加修改，即可快速编辑出不一样的文档。

5.2　文档的格式设置

5.2.1　页面设置

1．页面设置

常言道，好的开始是成功的一半。要做一个好的文档，必须先做好整体页面的设计。Word 的页面设计就是针对整个文档的所有页面布局所做的统一的设置。

在功能区"布局"选项卡的"页面设置"选项组中，可以分别单击"文字方向""页边距""纸张方向""纸张大小"等按钮(如图 5-1(a)所示)展开相应的列表菜单，根据需要对其中的某些项进行设置；也可以单击"页面设置"选项组右下角的"其他"按钮 ，弹出如图 5-1(b)所示的对话框，在对话框中对上述各个页面参数项进行设置，比如页边距、纸张方向、纸张大小等。

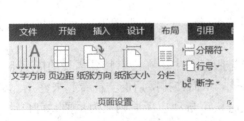

　　　(a) 页面设置工具栏　　　　　　　　　　(b) 页面设置对话框

图 5-1　页面设置工具栏和对话框

2．分栏编排

在 Word 2016 的默认状态下，整个文档内容是按一栏显示的，但是有时候为了文档的编排更加合理与美观，可以对文档内容进行分栏设置，如分两栏、分三栏等。

分栏编排的方法是在文档中，先选定欲分栏的文档内容(若不选内容默认为对整篇文档进行分栏)，然后在"布局"选项卡的"页面设置"选项组中单击"分栏"按钮，展开分栏列表菜单。Word 2016 提供了 5 种分栏方式，分别是"栏""两栏""三栏""偏左"和"偏右"，可根据需要进行选择分栏，也可选择列表中的"更多分栏…"项，弹出如图 5-2 所示的对话框，并在对话框中进行设置。

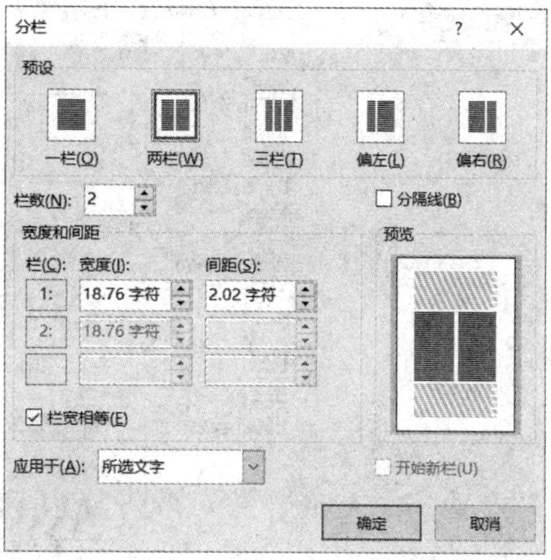

图 5-2　分栏设置对话框

5.2.2　添加水印、页面边框和页面背景

1．添加水印

水印就是在文档页面内容后面添加虚影的文字。以前水印大多是添加在纸质书籍中，目的是防伪，而现在在电子文档中添加水印，也可起到防盗、保护文件安全以及宣传品牌的效果。

给文档添加水印，可选择功能区"设计"选项卡右侧的"页面背景"组，点击"水印"按钮，展开下拉列表的水印样式，包括一些常用的水印样式，以及"其他水印""自定义水印""删除水印"等选项。大多情况下，我们都是选择"自定义水印"项进行设置。

当点击"自定义水印"选项后，会弹出如图 5-3 所示的水印设置对话框。其中，可以选择图片水印或文字水印，根据需要选择相应选项。

水印的颜色一般选择较轻淡的颜色，并设置为"半透明"效果，这样才不会分散读者对内容的注意力。添加的水印可以被删除或再次编辑。

图 5-3　水印设置对话框

2．页面边框

页面边框主要用于在文档中设置页面周围的边框，可以设置普通的线型页面边框和各种图标样式的艺术型页面边框，从而使文档更富有表现力。

设置页面边框，可选择功能区"设计"选项卡右侧的"页面背景"组，单击"页面边框"按钮。在如图 5-4 所示的"边框和底纹"对话框中，选择合适的样式、颜色、艺术图案进行设置。

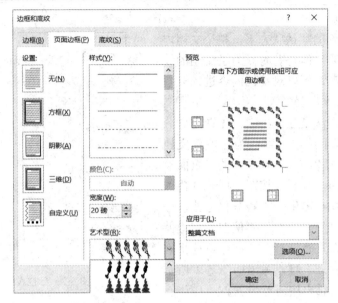

图 5-4　设置页面边框样式

3. 页面背景

在 Word 2016 中为用户提供了 4 种背景效果设置方案：颜色背景效果、纹理背景效果、图案背景效果和图片背景效果。

选择功能区"设计"选项卡右侧的"页面背景"组，单击"页面颜色"按钮。在展开的列表菜单中可选择某一种颜色作为文档的背景颜色，也可选择"填充效果"选项，在如图 5-5 所示的对话框中选择渐变色、纹理、图案或图片来进行设置。

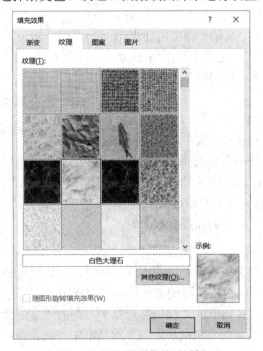

图 5-5　设置页面背景对话框

5.2.3 字符和段落的格式设置

1. 文字格式设置

文字是构成文档版面的基本元素，各种字体、字号、字距、行距给我们带来了不同的视觉感受和心理反应，因此，对文字的格式设置是文档排版的基本操作。

设置文字格式，要先选择要进行格式设置的文字内容，然后点击"开始"选项卡"字体"组工具栏中相应的按钮进行设置，也可点击"字体"组右下角的"其他"按钮，在"字体"对话框中进行设置。对所选文字进行格式设置之后，文档中的内容将立即随之改变。

(1) 中文字体举例：

宋体：你好！   仿宋体：你好！   楷体：你好！

隶书：你好！   黑体：你好！   方正舒体：你好！

方正姚体：你好！   华文彩云：你好！   幼圆：你好！

(2) 英文字体举例：

Time new Roman: Hello, everyone!

Calibri: Hello, everyone!

Arial: Hello, everyone!

(3) 字形指的是字符的多种书写方式，如加粗、倾斜等，例如：

宋体：你好！

加粗：你好！

倾斜：你好！

(4) 字符间距指两个字符之间的间隔，例如：

标准字符间距　字符间距加宽 2 磅　字符间距紧缩 2 磅

基线位置　　　字符提升 6 磅　　　字符降低 6 磅

(5) 文字的特殊效果包括字体颜色、以不同颜色突出显示文本、文本艺术字效果、加字符底纹、字符带圈(加方框等)、上(下)标、加下划线(横线、波浪线、点画线等)、加着重号、添加删除线等，例如：

加字符底纹　加字符边框　字 符 带 圈　上标　下标　加着重号

加下划线　加波浪线　添加删除线　添加双删除线　添加拼音

2. 段落格式设置

段落由字符、图形和其他对象构成，每个段落以"↙(回车符)"作为结束的标记。段落格式设置是指设置整个段落的外观，包括段落对齐、段落缩进、行间距、段落间距、首字下沉、分栏、项目符号、边框和底纹等设置。

段落设置是针对整个段落内容进行的设置，默认情况下仅对当前插入点所在的段落进行设置。若只对某一段落进行行设置，则仅需将插入点移到该段落而无需选择内容即可进行设置；若要同时对多个段落进行统一的设置，则需先选择好要设置的段落，再进行设置。

(1) 设置对齐方式、段落缩进和行间距。针对段落的格式设置，包括段落的对齐方式、大纲级别、段落缩进、行间距、段落前后间距等。选择好要设置的段落后，打开功能区"开始"选项卡的"段落"组，点击其中相应的操作按钮即可设置该段落的格式，也可用鼠标拖动水平标尺上的相应滑块进行快速设置。

段落缩进设置完成后的效果可参看图 5-6 所示。

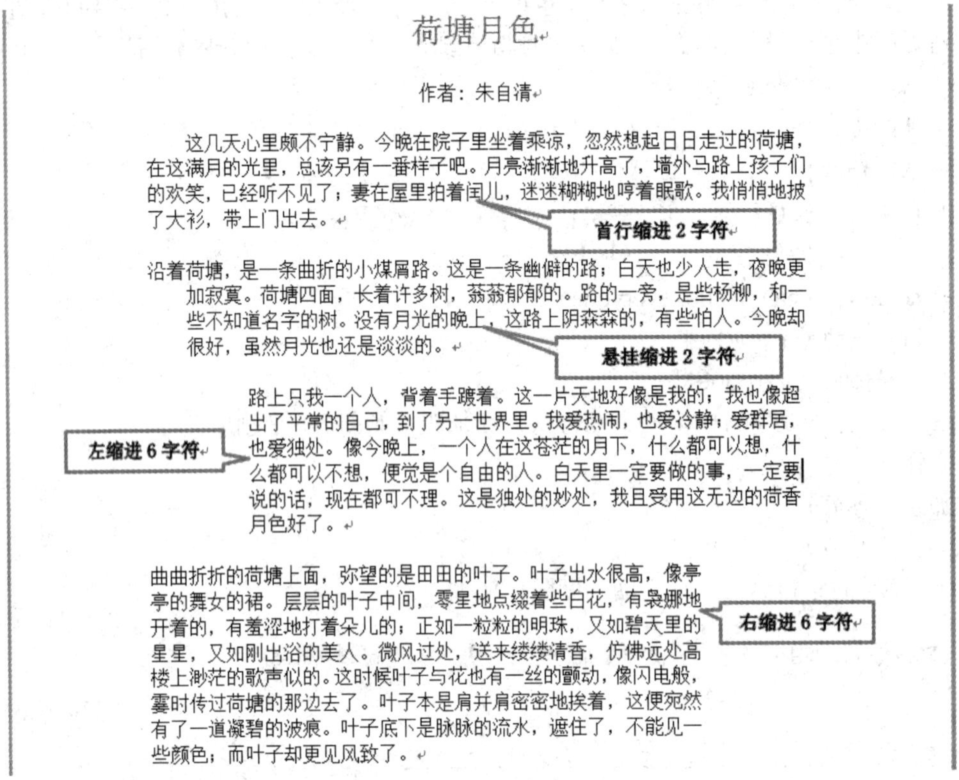

荷塘月色

作者：朱自清

这几天心里颇不宁静。今晚在院子里坐着乘凉，忽然想起日日走过的荷塘，在这满月的光里，总该另有一番样子吧。月亮渐渐地升高了，墙外马路上孩子们的欢笑，已经听不见了；妻在屋里拍着闰儿，迷迷糊糊地哼着眠歌。我悄悄地披了大衫，带上门出去。

首行缩进 2 字符

沿着荷塘，是一条曲折的小煤屑路。这是一条幽僻的路；白天也少人走，夜晚更加寂寞。荷塘四面，长着许多树，蓊蓊郁郁的。路的一旁，是些杨柳，和一些不知道名字的树。没有月光的晚上，这路上阴森森的，有些怕人。今晚却很好，虽然月光也还是淡淡的。

悬挂缩进 2 字符

左缩进 6 字符 路上只我一个人，背着手踱着。这一片天地好像是我的；我也像超出了平常的自己，到了另一世界里。我爱热闹，也爱冷静；爱群居，也爱独处。像今晚上，一个人在这苍茫的月下，什么都可以想，什么都可以不想，便觉是个自由的人。白天里一定要做的事，一定要说的话，现在都可不理。这是独处的妙处，我且受用这无边的荷香月色好了。

曲曲折折的荷塘上面，弥望的是田田的叶子。叶子出水很高，像亭亭的舞女的裙。层层的叶子中间，零星地点缀着些白花，有袅娜地开着的，有羞涩地打着朵儿的；正如一粒粒的明珠，又如碧天里的星星，又如刚出浴的美人。微风过处，送来缕缕清香，仿佛远处高楼上渺茫的歌声似的。这时候叶子与花也有一丝的颤动，像闪电般，霎时传过荷塘的那边去了。叶子本是肩并肩密密地挨着，这便宛然有了一道凝碧的波痕。叶子底下是脉脉的流水，遮住了，不能见一些颜色；而叶子却更见风致了。

右缩进 6 字符

图 5-6　设置段落缩进后的效果

(2) 设置文字的纵横混排效果。在文档中，使用纵横混排功能可以在横排的段落中插入竖排的文本，从而制作出特殊的段落效果。其设置方法为：先选择需要纵向放置的文字，再在"开始"选项卡的"段落"组中单击"中文版式"按钮 ❌·。在打开的菜单中选择"纵横混排"选项，应用于文档后的效果如图 5-7 所示。

(3) 设置双行合一效果。在编辑商务文档时，经常需要将两个单位名称合并在一起作为文档标题，这就是所谓的联合文件头。在 Word 中，使用双行合一的功能能够很方便地创建这种文件头。双行合一功能可以将两行文字显示在一行文字的空间中，该功能在制作特殊格式的标题或进行注释时十分有用。

先选择需要进行双行合一操作的文字，再在"开始"选项卡的"段落"组中单击"中文版式"按钮 ❌·，在打开的菜单中选择"双行合一"选项，应用于文档后的效果如图 5-8 所示。

图 5-7　纵横混排效果　　　　　图 5-8　双行合一效果

3．引用编号和项目符号

项目符号是放在文档段落前的点或其他符号，项目编号是在段落前加上的序号。合理使用项目符号和编号，不仅可以使文档排版更加醒目、整齐美观，还可以使文档的层次结构更清晰、更有条理，提高文档编辑速度。

在文档中使用项目符号和编号，可以直接引用 Word 提供的默认项目符号和编号。

(1) 引用项目符号。先选定要设置项目符号的段落，再选择"开始"选项卡的"段落"选项组，单击"项目符号"按钮，如图 5-9 所示。根据需要在弹出的"项目符号库"列表中选择对应的项目符号，选中后直接将项目符号应用到光标所在的段落前。

图 5-9　选择项目符号

(2) 引用编号。如果要引用编号，可以使用 Word 提供的"编号"列表来实现。先选定要设置编号的段落，再选择 "开始"选项卡的"段落"选项组，单击"编号"按钮。根据需要在弹出的"编号库"中选择对应的项目符号，选中后直接将编号应用到光标所在的段落前。

4．边框和底纹

在文档中某些地方为强调某些文本、段落的作用，会给它们添加边框和底纹，这样可以使文档相关的内容更加醒目，从而增强文档的可读性。

要给文本或段落添加边框或底纹，应先选择文本或段落内容，再选择 "开始"选项卡的"段落"选项组，单击"边框"按钮，再从弹出的列表中单击"边框和底纹"命令，打开"边框和底纹"对话框，如图 5-10 所示。

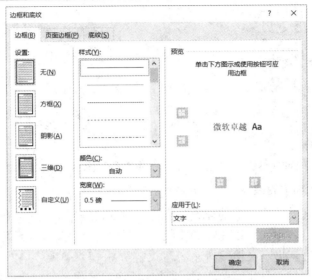

图 5-10　"边框和底纹"对话框

在对话框的"边框"选项卡中可以为文本或段落设置各种类型、各种线型、各种颜色和各种宽度的边框；在"页面边框"选项卡中可以对页面边框设置效果并选择不同的线型、颜色及宽度，还可以在"艺术型"下拉列表框中选择不同的艺术图形；在"底纹"选项卡中可以为文字或段落设置各种颜色、各种式样的底纹。

5.2.4　模板、样式和主题的应用

1. 模板

模板是指 Word 中内置的包含固定格式设置和版式设置的模板文件，用于帮助用户快速生成特定类型的文档。除了通用型的空白文档模板之外，Word 还内置了其他多种文档模板，如书法字帖模板、个人简历模板、博客文章模板等。此外，Office 网站还提供了证书、奖状、名片等特定功能模板。借助这些模板，用户可以快速创建比较专业的文档。

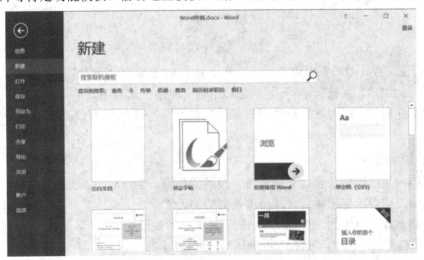

图 5-11　新建文件中的模板

要使用设计模板来创建文档，可以选择"文件"→"新建"菜单项，在右侧的模板列表(如图 5-11 所示)中选择需要的模板单击，即可创建一个具有基本格式的新文档。

在文档中填写相关的内容，即可得到自己想要的文档。

通过这种方式创建文档，部分标题文字内容已经由模板生成，字体、格式也已经由模板事先设置好了，仅作少量的文字输入和修改即可得到自己想要的文档，省时省力。

2. 样式

样式是文档中文本内容的字体格式设置和段落格式设置的组合，Word 中内置了正文样式、标题样式、副标题样式、标题 1、标题 2、标题 3、标题 4 等多种样式，每一种样式都是一种不同的字体格式和段落格式的设置组合。在"开始"选项卡的"样式"选项组列出常用的快速样式，如图 5-12 所示。

图 5-12　Word 内置的标题样式

我们可以选用某个样式来快速地设置文档格式，也可以根据需要修改这些样式的格式设置。

(1) 使用样式。要使用样式，先选定文档中要设置的文本内容，然后单击图 5-12 所示工具栏中的某一种快速样式，即可将所选定的文本内容按照样式预设的格式更改其字体和段落的格式。Word 中包含大量样式类型，其中一些可用于在 Word 中创建引用表。例如，"标题"样式常用于创建目录表。

(2) 修改样式。如果要快速更改文本格式，Word 样式是最有效的工具。将一种样式应用于文档中不同文本之后，只需更改该样式，即可更改这些文本的格式。

要修改样式，先在"开始"选项卡"样式"选项组的样式列表中选定要修改的样式，单击鼠标右键，再从弹出的菜单中选择"修改"选项，在打开的"修改样式"对话框中对样式的格式进行修改。

修改样式后，文档中所有使用该样式的段落格式即被修改，效果如图 5-13 所示。

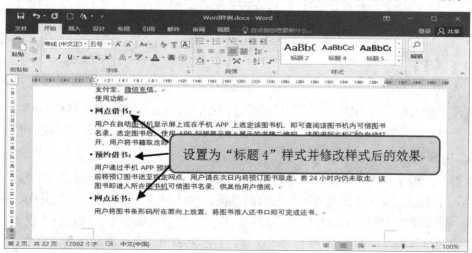

图 5-13　更改样式后的效果

在修改样式后,如果再在该样式的右击菜单中选择"更新正文以匹配所选内容"命令,则整篇文档中凡是带有该样式的所有文本都将会自动更改以匹配新样式。

(3) 使用样式集。样式集实际上是文档中标题、正文和引用等不同文本和对象格式的集合,为了方便用户对文档样式的设置,Word 为不同类型的文档提供了多种内置的样式集供用户选择使用。

由于更改样式集的按钮默认没有显示在功能区上,因此,需要先将"更改样式"按钮显示出来。其方法是:依次单击"文件"→"选项"选项打开"Word 选项"对话框,在对话框左侧列表中选择"快速访问工具栏"选项,并在"从下列位置选择命令"下拉列表中选择"不在功能区中的命令"选项,然后在其下的列表中选择"更改样式"选项,再单击"添加"命令将其添加到右侧的列表中。

"更改样式"按钮显示出来以后,即可在快速访问工具栏中单击该按钮,在打开的下拉菜单中选择"样式集"命令,再在打开的下级列表中选择文档需要使用的样式集,如图 5-14 所示。此时,选择的样式集将被加载到"样式"组的样式库列表中,同时文档格式将应用这个样式集的样式。

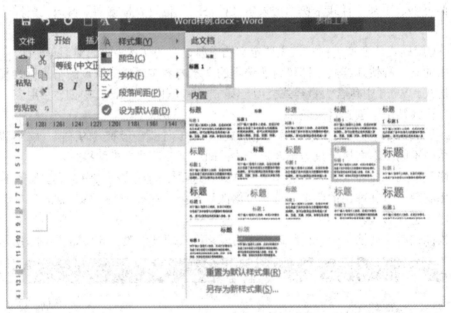

图 5-14 更改样式集

若需要修改样式集中的字体、颜色或段落间距,可以在快速访问工具栏中单击"更改样式"按钮,在下拉菜单中选择"字体""颜色"或"段落间距"命令进行相应的设置。

3. 主题

主题是一组格式选项,其中包括包含 12 种颜色、两种字体(标题和正文)和针对形状及 SmartArt 的效果。每个主题使用一组独特的颜色、字体和效果来打造一致的外观。需要注意的是,应用文档主题会影响在文档中使用的样式。使用主题命令,可点击"设计"选项卡的"主题"选项,如图 5-15 所示,从已有的主题列表中选择一种应用到文档中。

选择其中一种主题后,文档的格式将会随之发生相应的变化。

图 5-15　系统内置的主题列表

5.3　图 文 混 排

一篇文档中往往会使用到一些插图以便更直观地说明问题。所谓图文混排，就是将文档中的文字与图片等对象进行混合排版，使文档的版面更加美观、整洁。图文混排的关键就是要处理好图片与文字之间的环绕方式问题，文字可在图片的四周、嵌入图片下面、浮于图片上方等。Word 图文混排使用到的基本对象除了图片外，还有文本框、艺术字、数学公式等，这些对象也同样需要设置其文字的环绕方式。

5.3.1　插图

1．插入图片

在文档中插入图片不仅能使文档阅读起来不枯燥，而且可以使文档内容更加丰富。Word 2016 允许用户在文档的任意位置插入常见格式的图片。若要在文档中插入图片，可先在文档需要插入图片的位置单击鼠标左键，将插入点光标定位到该位置，再选择"插入"选项卡，在"插图"组中单击"图片"按钮，如图 5-16 所示。

图 5-16　单击"图片"按钮

按照提示选择磁盘上的某一图片文件插入，即可将选择的图片插入文档的插入点光标处。加入插图后的文档效果如图 5-17 所示。

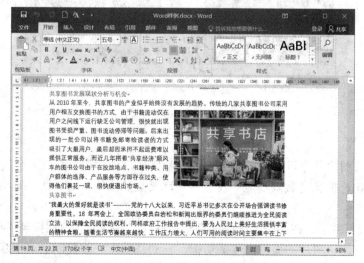

图 5-17　图片插入文档中

2．设置环绕方式

图片与它周围的文字、图形之间的关系叫作图片的文字环绕方式，也叫图片的版式。其环绕方式主要有嵌入型、四周型、紧密型、穿越型、上下型、衬于文字下方、浮于文字上方等几种。在文档中插入图片后，其环绕方式默认为嵌入型，图片不可以随意拖动。欲选择其他的环绕方式，需在"图片工具"→"格式"选项卡的"排列"组中单击"环绕文字"按钮，在其下拉列表中选择。设置好图片的环绕效果后，文档中图片与正文的位置关系便会发生改变。图片若被设置为除了"嵌入型"外的其他环绕方式，则该图片就可以用鼠标拖动到文档中的任意位置放置。

3．调整图片

在 Word 文档中插入图片后，可以对其大小和放置角度进行调整，以使图片适合文档排版的需要。调整图片的大小和放置角度可以通过拖动图片上的控制柄实现，也可以通过功能区设置项进行精确设置，如图 5-18 所示。

图 5-18　拖动控制柄调整图片大小

4．裁剪图片

有时插入的图片并不符合使用要求，这时就需要对图片进行裁剪，使图片看起来更加美观。Word 2016 的图片裁剪功能不仅能够实现常规的图像裁剪，还可以将图像裁剪为不同的形状。

(1) 常规裁剪方法。在文档中选中要调整的图片，在功能区中切换至"格式"选项卡，单击"裁剪"按钮，图片四周将出现裁剪框，拖动裁剪框上的控制柄调整裁剪框包围住图像的范围，如图 5-19 所示。操作完成后按"Enter"键，裁剪框外的图像将被删除。

图 5-19　图片裁剪

(2) 按比例裁剪。单击"裁剪"按钮上的下三角按钮，在下拉列表中单击"纵横比"选项，在下级列表中选择裁剪图像使用的纵横比，Word 将按照选择的纵横比创建裁剪框。按"Enter"键，Word 将按照选定的纵横比裁剪图像。

(3) 按形状裁剪。单击"裁剪"按钮上的下三角按钮，在下拉列表中选择"裁剪为形状"选项，在弹出的形状列表中选择一种形状。图像将被裁剪为指定的形状，如图 5-20 所示。

完成图像裁剪后，还可单击"裁剪"按钮上的下三角按钮，选择菜单中的"调整"选项，对裁剪框进行调整。完成裁剪框的调整后，按"Enter"键确认对图像裁剪区域的调整。

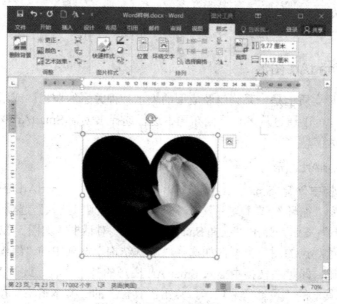

图 5-20　裁剪为指定的形状

5. 应用图片样式

在 Word 文档中插入的图片，默认状态下都是不具备样式的，而 Word 作为专业排版设计工具，考虑到方便用户美化图片的需要，提供了一套精美的图片样式以供用户选择。这套样式不仅涉及图片外观的方形、椭圆等各种样式，还包括各种各样的图片边框与阴影等效果。

选中文档中要调整的图片，在功能区切换到"格式"选项卡，单击"图片样式"组中的"快速样式"按钮，在展开的样式库中列出了 28 种内置的样式，如图 5-21 所示，选择其中一种样式应用于图片即可。

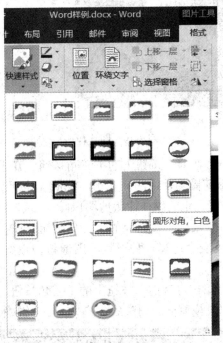

图 5-21　选择"圆形对角，白色"样式

5.3.2　插入 SmartArt 图形

SmartArt 图形实质上是一系列已经成型的表示某种关系的逻辑图或组织结构图，用以表达信息和观点，可以通过从多种不同布局中进行选择来创建 SmartArt 图形，从而快速、轻松、有效地传达信息。

1. 创建 SmartArt 图形

在 Word 文档中创建 SmartArt 图形时，需要选择一种 SmartArt 图形类型，如"流程""层次结构""循环"或"关系"等。在功能区切换到"插入"选项卡，单击"插图"组中的"SmartArt"按钮，弹出"选择 SmartArt 图形"对话框，如图 5-22 所示。在对话框中选择最适合表达观点的图形类型，如选择"层次结构"选项中的"组织结构图"，然后单击"确定"按钮，即可在文档中插入 SmartArt 图形的基本形状。此时 Word 会自动切换至"SmartArt 工具"的"设计"选项卡，点击工具栏上的"文本窗格"按钮，打开"在此键入文字"对话框，并在对话框中输入相应的文本内容，如图 5-23 所示。

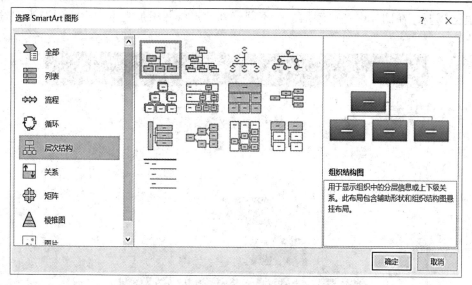

图 5-22 "选择 SmartArt 图形"对话框

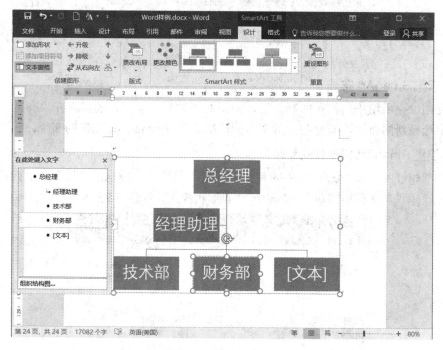

图 5-23 输入文本内容

2. 在 SmartArt 图形中添加形状

虽然 Word 2016 提供的 SmartArt 图形类型很多,但是直接选择的 SmartArt 图形有时难以满足要求,所以用户可以在插入 SmartArt 图形中添加形状从而获得满意的结果。

以图 5-24 添加的形状为例,选中最后一个形状"人事部",再单击"SmartArt 工具"→"设计"选项卡中的"添加形状"按钮,在下拉列表中单击"在后面添加形状"选项。此时,在所选的形状后方添加了一个形状,在形状中输入相应的文本内容,SmartArt 图形便制作完成了。

根据需要，在图形中还可添加多个不同级别的形状并添加文本，完成整个组织结构图的制作。

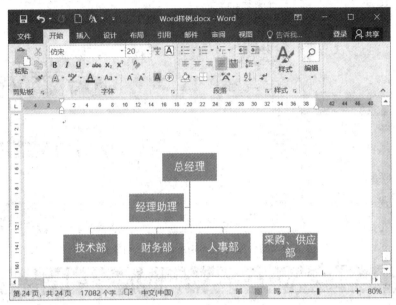

图 5-24　添加形状

3．调整 SmartArt 布局

在文档中完成组织结构图的制作后，如果对图效果不满意，还可以在"布局"组中的样式库中选择新的布局，即可在保留文本的情况下改变 SmartArt 图形的布局。

4．设置 SmartArt 图形样式和颜色

点击创建好的 SmartArt 图形中的某一个形状，利用"SmartArt 工具"→"格式"选项卡的"形状样式"选项组，进入 Word 预设的形状样式，如图 5-25 所示。

图 5-25　SmartArt 形状样式

如果对 Word 预设的 SmartArt 形状样式和颜色不满意，可以将其清除，然后通过"形状填充""形状轮廓""形状效果"等按钮为 SmartArt 图形设置自己喜欢的样式和颜色。

5.3.3 插入形状

1. 插入自选图形

Word 2016 为用户提供了丰富的自选图形。用户在文档中插入自选图形时要考虑图形要表达的效果，并选择适当的图形形状进行插入，以达到图解文档的作用。

在功能区中切换到"插入"选项卡，单击"插图"组中的"形状"按钮，在打开的下拉列表中选择需要绘制的形状，然后在 Word 文档中拖动鼠标即可绘制选择的图形，如图 5-26 所示。

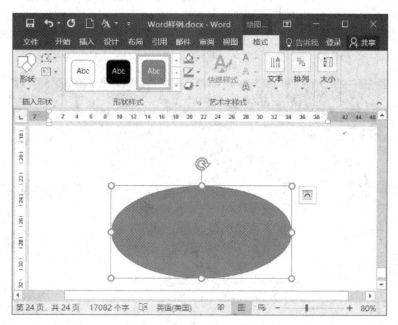

图 5-26 绘制自选图形

类似于插入的图片，对插入的自选图形也可通过拖动图形边框上的"控制柄"更改图形的外观形状、图形的大小或旋转角度，还可以用鼠标将图形拖动到文档中合适的位置上。

单击"格式"选项卡中的"形状样式"同样可以设置其样式。

2. 更改自选图形形状

在文档中插入自选图形后，如果发现图形形状不符合文档的整体需求，可以使用 Word 中提供的"更改形状"功能对图形形状进行更改。先选择欲调整的自选图形，在功能区中切换至"格式"选项卡，单击"编辑形状"→"更改形状"按钮，在下拉列表中选择形状即可实现选择图形形状的更改。

3. 在自选图形中添加文字

有时候需要在插入的图形中添加文字，例如在绘制一些流程图时需要添加文字或进行文字说明。添加的方法是选中自选图形并右击鼠标，在弹出的快捷菜单中选择"添加文字"

选项。在自选图形上会出现一个文本框，即可在文本框中输入文字。选择添加的文字，可如同其他的正文文本一样，设置文本框中文字的大小、字体以及颜色等。

单击"格式"选项卡中的"快速样式"按钮，也可以在下拉列表中选择预设艺术字样式应用到文字。

4．多个图形的组合

在一个 Word 文档中可以绘制多个形状图形，当要进行统一操作时，可以把这些图形组合起来，这样就能同时对所有的形状进行统一的设置，且无需担心形状组合之后的单个形状修改是否会有影响，因为在被组合的图形组中，仍然可以单独选中其中一个图形进行设置。

组合的方法是按住"Shift"键不放，用鼠标依次点击各个形状的边框线，连续选中所有形状，如图 5-27 所示。在"绘图工具"→"格式"选项卡下单击"排列"组中的"组合"按钮，并在展开的下拉列表中单击"组合"选项，随后即可在文档中看到选中的多个形状被组合成了一个整体图形。

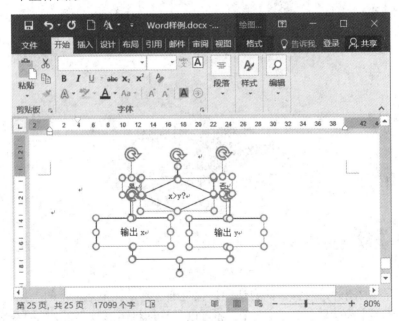

图 5-27　选择多个形状

组合后的多个图形被当成一个整体，可以对其进行统一的格式设置、缩放、旋转和移动。组合的图形组中，仍然可以单独选中其中一个图形进行设置。

5.3.4　插入文本框

文本框是 Word 中的一个常用工具，在 Word 中文本框被设计成一个独立的容器，用于突出显示文字。文本框内既可编辑文字又可插入形状和图片等对象，并可将文本框移动到文档的任何地方。文本框是图形对象，因此，可以在文本框中填充颜色、纹理、图案或图片，可以修改文本框的大小、边框线性和粗细，可以使文档中的文字以不同的方式环绕在文本框周围。文本框的引入，使得文档的排版更加灵活。

1. 插入文本框和绘制空白文本框

选择"插入"选项卡，单击"文本框"按钮，展开文本框样式列表，在列表中单击一种文本框样式(如奥斯汀引言)，则可在文档中插入该样式文本框。但在大多情况下，我们更多的是选择"绘制文本框"或"绘制竖排文本框"，然后在文本框中加入我们要加入的内容，如图 5-28 所示。

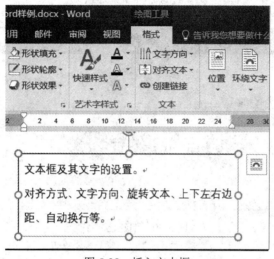

图 5-28　插入文本框

2. 文本框的设置

文本框也是形状，形状相关的操作(如编辑形状、形状填充、形状轮廓、形状效果等)对它同样适用，具体设置方法可参考前文"插入形状"一节的叙述。

单击"绘图工具"→"格式"选项卡中的"形状填充""形状轮廓""文字方向""对齐文本"等按钮，可以设置文本框的底纹颜色、边框线条、文字方向等。单击"环绕文字"按钮，在其展开的列表中也可以设置其文字环绕方式。

若要对文本框做进一步的设置，可单击"绘图工具"→"格式"选项卡中"形状样式"组右下角的"其他"按钮，在右边打开"设置形状格式"窗格，在其中进行更多的设置，如图 5-29 所示。

图 5-29　"设置形状格式"窗格

5.3.5　插入艺术字

顾名思义，艺术字就是具有艺术效果的文字。艺术字不仅美观，还很醒目，通过在文档中使用艺术字，可以突出显示文档标题或文档中重要的内容，使文档页面效果更加丰富。

Word 提供了插入艺术字的功能，还预设了多种艺术字效果，以便根据不同的文档制作出不同的艺术字效果。

1．插入艺术字

插入艺术字的方法很简单。首先，将插入点移到文档中欲插入艺术字的位置，单击“插入”选项卡“文本”组中的“艺术字”下拉按钮，在展开的艺术字样式列表中选择一种艺术字样式。

此时，在插入点处生成一个带有“请在此放置您的文字”提示的文本框，如图 5-30 所示。在此框中输入需要的文本，即可完成艺术字的创建。

图 5-30　创建艺术字

2．编辑艺术字

如果插入的艺术字不能满足当前文档的需要，可以利用“绘图工具”→“格式”选项卡中提供的功能，通过修改艺术字的内容、文字效果、文字方向、环绕文字等方式使文档内容更加完善。

艺术字不是普通的文字，在文档中插入的艺术字被当成图形对象对待，可以像处理图形对象那样对其进行处理，如设置形状边框、填充背景色、缩放、旋转等。编辑后的艺术字效果如图 5-31 所示。

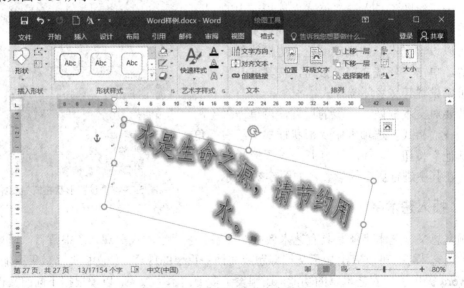

图 5-31　编辑后的艺术字效果

5.3.6　插入数学公式

插入 Word 文档中的公式不是一个可以计算的数学公式，而仅仅是一个公式的样式，不能用于计算。

Office 2016 提供三种插入公式的方法：使用内置公式、输入新公式和墨迹公式。在功能卡区中选择"插入"选项卡，点击"符号"组的"公式"按钮，从其展开的下拉列表中可以看到这些选项。

1. 插入内置公式

在 Word 2016 中，可以直接选择并插入所需公式，使用户可以快速完成文档的制作。将插入点移到需要插入公式的文档位置，在工具栏上的公式列表中选择"内置"组中的常见公式，便可根据需要进行选择并插入。例如，选择插入二次公式选项，如图 5-22 所示。

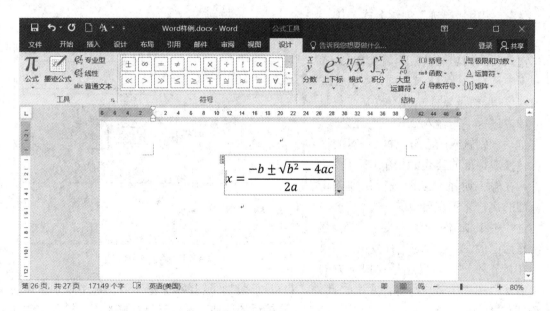

图 5-32　选择插入二次公式选项

在当前插入点插入公式后，还可以在方框内对公式中的内容进行编辑以形成所需的公式。

2. 手写输入公式

在 Word 2016 下已经不需要再安装 MathType 数学公式编辑器，因为它本身自带了功能强大的公式编辑器，利用这个自带的公式编辑器就可以编辑数学公式。

在工具栏上的公式列表中选择"插入新公式"选项后，文档中的插入点处会出现一个写有"在此处键入公式"提示的占位符，同时功能区自动切换到"公式工具"→"设计"选项卡。利用"公式工具"→"设计"选项卡中提供的各种工具和符号就可以进行复杂公式的编辑了。编辑后的效果如图 5-33 所示。

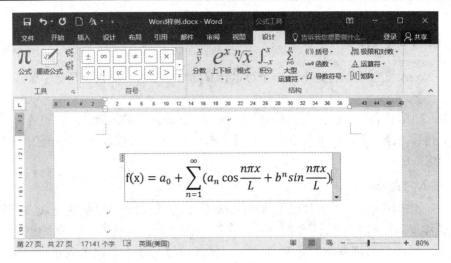

图 5-33　编辑公式的效果

3．使用"墨迹"创建公式

墨迹公式是 Word 2016 新增的手写输入公式的功能。在工具栏上的公式列表中选择"墨迹公式"项，弹出公式输入窗口，按下鼠标左键不放并在黄色区域中进行手写输入公式，"墨迹公式"会自动识别输入的字符，并将手写的字符转换成标准的公式，如图 5-34 所示。

在输入时系统立即进行识别并将标准的字符显示在窗口的上方，在书写的过程中识别错了之后不要着急改，继续写后面的，它会自动进行校正；如果实在校正不过，可以选择窗口下方的

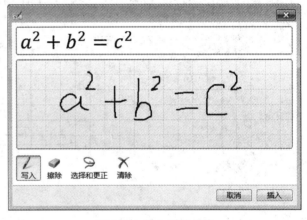

图 5-34　输入墨迹公式

"清除"图标工具进行擦除重写。此外，也可以通过"选择和更正"工具选中识别错误的符号，将会弹出一个菜单框，从中选择与字迹接近的其他候选符号进行修正。当输入完成并确认无误后，点击窗口右下角的"插入"按钮，所编辑的公式即被插入到文档之中。

5.4　表格处理

表格是一种对数据信息简明扼要的表现方式，也是一种常见的信息组织整理手段，因其结构严谨、效果直观而被广泛采用。在文档中应用表格，能很好地控制文本、图像等元素在页面上出现的位置，实现页面的精确排版和定位，达到整齐划一、美化页面的效果。

5.4.1　创建表格

在 Word 中插入表格的方法通常有两种，一种是使用"插入表格"库来插入，一种是

通过对话框插入表格。

1．使用"插入表格"库来插入表格

要在文档中快速插入表格，最适当的方法莫过于使用"插入表格"库来插入：先将插入点移到文档中欲插入表格的位置，再单击"插入"选项卡中"表格"组的"表格"下拉按钮，并在展开的"插入表格"库中拖动鼠标，选择合适的单元格个数(如"4×6")后再单击鼠标左键，即可在文档中插入空白表格。根据实际需要在表格中输入文本，即可完成表格的制作。如图 5-35 所示为插入了一个 4 列 6 行的表格。

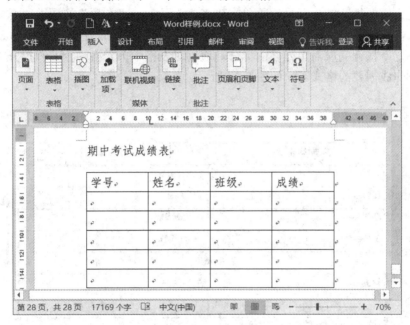

图 5-35　插入表格

2．通过对话框插入表格

使用"插入表格"库中插入的表格最多只有 10 列 8 行，如果插入的表格行列数更多，则需要通过"插入表格"对话框来插入表格：先将插入点移到文档中欲插入表格的位置，再单击"插入"选项卡中"表格"组的"表格"下拉按钮，在展开的下拉列表中单击"插入表格"选项。而后在弹出的"插入表格"对话框中设置表格的列数和行数(如 4 列和 6 行)，在"'自动调整'操作"选项中，选择"根据内容调整表格"，单击"确定"按钮，如图 5-36 所示。可以看到，在文档中插入了一个 4 列 6 行的表格。在表格中输入文本内容，表格中的单元格大小将自动和内容相匹配。

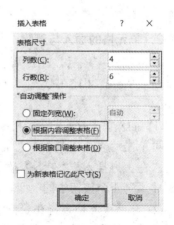

图 5-36　"插入表格"对话框

5.4.2　编辑表格

表格创建完成后生成的是一个规整的表格，但实际应用中往往需要对其中的一些单元

格进行多项编辑修改才能达到想要的效果，合并与拆分单元格、新增与删除单元格就是其中常常要做的操作。

1．单元格的合并与拆分

(1) 合并单元格。合并单元格就是将表格中相邻的多个单元格合并为一个单元格，方法是先在表格中选择需要合并的多个单元格，再单击“表格工具”→“布局”选项卡下“合并”组中的“合并单元格”按钮，即可将选择的多个单元格合并为一个单元格。

(2) 拆分单元格。拆分单元格就是将表格中的其中一个单元格拆分成若干个单元格，方法是先选定需要拆分的单元格，再单击“表格工具”→“布局”选项卡“合并”组中的“拆分单元格”按钮，然后在弹出的“拆分单元格”对话框中设置单元格拆分成的行列数，并单击“确定”按钮完成对单元格的拆分。通过对表格中单元格的合并和拆分，就可以把一个表格制作成需要的格式了，如图 5-37 所示。

图书借阅卡

图书信息栏		借阅信息栏	
图书编号		借阅人	
图书名称		办理人	
图书价格		借阅日期	
图书等级		归还日期	
签字确认栏			
借阅人签字： 年 月 日		办理人签字： 年 月 日	

说明：双方各留一份，便于日后归还确认。

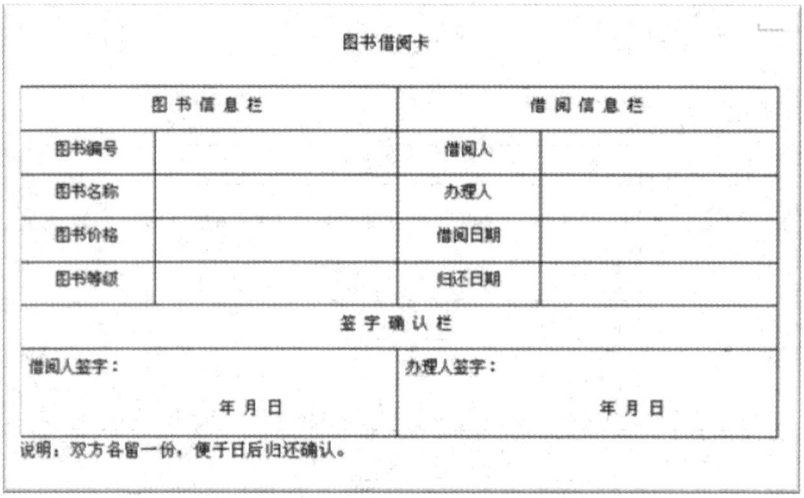

图 5-37　单元格合并和拆分的效果

2．单元格的插入与删除

表格创建完成后，往往需要对表格进行编辑修改，如在表格的某个位置插入或删除单元格。Word 2016 中，在表格中插入或删除表格一般使用右键快捷菜单中的命令进行操作。

(1) 插入单元格。先在表格中选择想要插入单元格的位置，再单击“表格工具”→“布局”选项卡“行和列”组中的“在上方插入”“在下方插入”“在左侧插入”或“在右侧插入”四个按钮中的一个，则可插入一行或一列。

(2) 删除单元格。先在表格中选择想要删除的单元格，再单击“删除”按钮下拉按钮，在展开的列表中单击“删除单元格...”选项，弹出“删除单元格”对话框，如图 5-38 所示。在对话框中可对删除方式进行设置，设置完成后单击“确定”按钮，则选定的单元格即被删除。

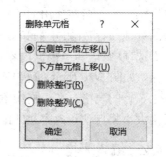

图 5-38　“删除单元格”对话框

另外，对表格中单元格的合并、拆分、插入和删除等操作，也可以在选定的单元格上单击鼠标右键，在弹出的快捷菜单中选择相应的选项来完成。

3．手动绘制表格

除前面介绍的两种简单的创建表格的方法外，Word 还提供了一种更随意的创建表格的方法，就是手动绘制表格。利用这种方法，用户可用鼠标在页面上任意画出横线、竖线和斜线，从而建立起所需的复杂表格。

在功能区切换到“插入”选项卡，在“表格”组中单击“表格”按钮，在展开的下拉列表中单击“绘制表格”选项，这时光标呈现铅笔形状，将光标指向需要插入表格的位置，单击拖动鼠标就可以自由绘制表格外框线及内部的行线和列线，从而完成整个表格的绘制。再在表格中输入文本内容，即可完成表格的制作。

5.4.3　表格格式化

1．设置表格的行高和列宽

默认情况下，创建的表格的单元格拥有相同的行高和列宽，在表格中输入内容后，单元格的内容较少时其宽度不会改变，但当输入的内容超过了单元格的宽度时，Word 会自动增大单元格的高度，以完整显示内容。因此，当表格的行高或列宽不能满足需要时，用户就需要自行进行调整。

(1) 手动调整单元格大小。若需要单独对表格中某行的高度或某列的宽度进行调整，可将鼠标光标指向需要调整的行(或列)边框线上，当光标变为双向箭头形状÷(或+|+)时，按住鼠标左键并拖动，即可调整表格的行高(或列宽)。

若要微调表格行高与列宽，可在按住“Alt”键的同时拖动鼠标进行调整。如果要单独调整某一个单元格的大小，可以先选择该单元格，再拖动鼠标进行调整，这样就不会再影响其他单元格的大小。

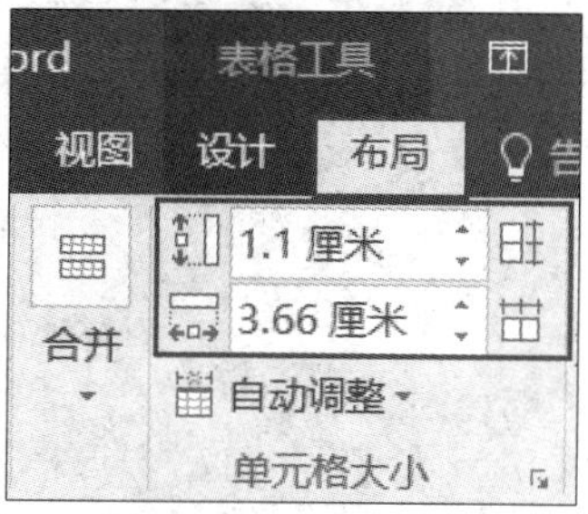

图 5-39　设置行高和列宽

(2) 指定单元格大小。通过拖动鼠标调整的单元格大小并不精确，如果需要精确设置单元格的大小，可以通过指定具体值的方式进行调整。如图 5-39 所示，在“表格工具”→“布局”选项卡“单元格大小”组中的“表格行高”(或“表格列宽”)数值框中设置合适的数值，即可将所设置的行高(或列宽)应用到选择的单元格中。

(3) 自动调整单元格大小。在 Word 中也可根据具体情况自动调整表格中单元格的大小。在“表格工具”→“布局”选项卡“单元格大小”组中的“自动调整”下拉列表中选择“根据内容自动调整表格”选项，即可根据单元格中内容的多少自动调整单元格的大小。

(4) 平均分布各行各列。在编辑表格时，使用平均分布各行各列的方法，可以快速平均分配多行的高度或多列的宽度。先选择需要平均分布的多行(或多列)，再点击“表格工具”→“布局”选项卡“单元格大小”组中的“分布行”按钮(或“分布列”按钮)，即可平均分配多行的高度(或多列的宽度)。

2.设置单元格的边框和底纹

插入的表格默认单线条边框和白底黑字样式，而有时候我们需要对表格中的不同部分应用不同的边框或底纹以便区分不同的数据。

要设置单元格的边框和底纹，先选择需要设置的单元格，然后在如图 5-40 所示的"表格工具"→"设计"选项卡中根据需要选择"底纹""边框样式""边框"或"边框刷"等选项的下拉按钮，并在展开的列表中选择适合的选项进行操作，即可对选定的单元格进行边框和底纹的设置。也可以在"表格工具"→"设计"选项卡的"边框"组中单击"边框"按钮的下拉按钮，并在展开的列表中选择"边框和底纹…"选项，在弹出的"边框和底纹"对话框中进行设置。

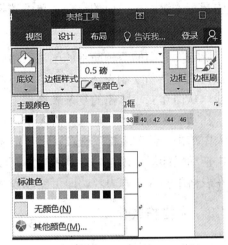

图 5-40　边框和底纹设置工具栏

3.套用表格样式

Word 中自带了一些表格样式。要给表格自动套用样式，应该先选中表格，再切换到"表格工具"→"设计"选项卡，在"表格样式"组中选择样式库中某一种合适的样式，如图 5-41 所示。

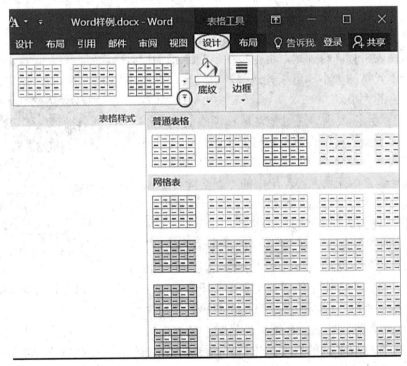

图 5-41　选择表格样式

为表格套用了某种样式后，可以看到表格的字体、边框线条、底纹等都发生了很明显的变化。

4．设置表内对齐方式和文字的方向

编辑表格时，我们经常需要对文字的对齐方式和方向进行设置，使数据更加直观，表格看起来更加整齐。设置文字的方式包括设置文字的对齐方式和设置文字的方向等。

先拖动鼠标选中要调整文本对齐方式的单元格，再将功能区切换到"表格工具"→"布局"选项卡，根据需要单击"对齐方式"组中的相应按钮，即可设置这些单元格内文字的对齐方式，如图5-42所示。同时，也可在"对齐方式"组中单击"文字方向"按钮![]，改变单元格内的文字方向。

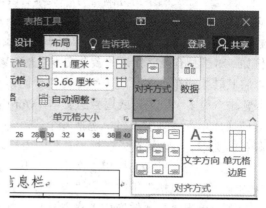

图 5-42 设置单元格的文字对齐方式

5．插入斜线表头

在日常工作中，很多表格都需要设计斜线表头，在 Word 中画斜线的方法有多种，比如单斜线、双斜线、三斜线等。要制作斜线表头，先选择设置斜线头的位置，再切换至"表格工具"→"设计"选项卡，在"绘图边框"组中单击"斜下框线""斜上框线"或"绘制表格"按钮，再拖动鼠标完成。

如果需要将单元格分为三栏或者多栏，可以通过插入形状的方法来完成。在"插入"选项卡中，点击"形状"选项的下拉按钮，在展开的列表中选择直线，接着在单元格中绘制出两条直线，即将一个单元格划分为三栏。

要在三栏中加入文字，需通过插入文本框并取消文本框的填充颜色以及边框线条的方法完成，然后再在文本框中输入文字，并调整到合适位置。插入斜线表头的效果如图5-43所示。

业绩 月份 姓名	一月	二月	三月	四月	合计
谢程俊	12302	23578	22106	23868	
刘岱	20520	22130	25102	18964	
程姗姗	9867	10256	23020	18445	
王海林	25004	32604	12543	23456	
牛千岁	16533	24005	16445	23488	
林乾川	32563	25433	26433	26445	
王海	19644	23661	26460	19450	

图 5-43 绘制斜线表头

5.4.4 表格与文本的相互转换

1．将文本转换为表格

在 Word 文档中，用户可以很容易地将文字转换成表格。

首先，在文档中用分隔符号将文本合理分隔。Word 能够识别常见的分隔符有：段落标记(用于创建表格行)、逗号、空格和制表符(用于创建表格列)。例如，对于只有段落标记的多个文本段落，Word 可以将其转换成单列多行的表格；而对于同一个文本段落中含有多个制表符或逗号的文本，Word 可以将其转换成单行多列的表格；包括多个段落、多个分隔符的文本则可以转换成多行、多列的表格。

　　其次，拖动鼠标选择相应文字，打开"插入"选项卡，在"表格"组中单击"表格"按钮，在下拉列表中单击"文本转换成表格"选项，在弹出的"将文字转换成表格"对话框中单击选中分隔符(如"制表符")按钮，确定文本使用的分隔符，在"列数"增量框中输入数字设置列数，如图 5-44 所示。完成设置后单击"确定"按钮即可将选定的文本内容转换成为表格。

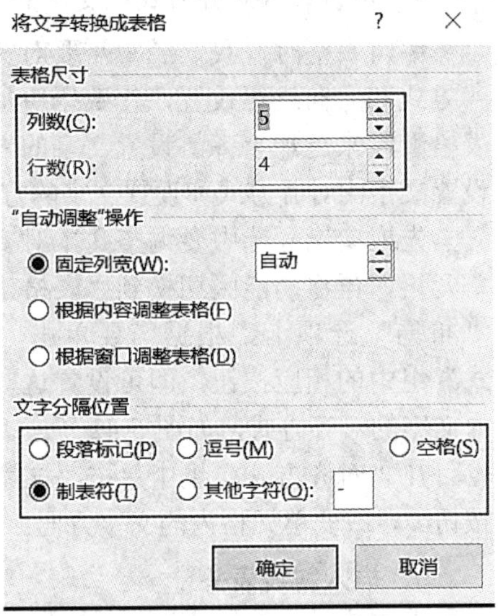

图 5-44　"将文字转换成表格"对话框

2．将表格转换为文本

　　在 Word 文档中，也可以将表格内容转换成普通的文本。首先要把光标定位在表格的任意一个单元格中，再打开"表格工具"→"布局"选项卡，在"数据"组中单击"转换为文本"按钮，然后在弹出的对话框中选择需要的文字分隔符，单击"确定"按钮后即可将表格内容转换成普通的文本。

5.4.5　将表格数据转换成图表

1．插入图表

　　Word 中插入的图表是指 Excel 图表，这是一种用图或表来直观展示统计数据信息的一种手段，多用于演示和比较数据。

　　在文档中插入图表之前，需要用户对图表的类型进行选择，常用的图表类型包括折线图、柱形图、条形图、饼图等。插入图表后需要在自动打开的 Excel 工作表中编辑图表数据才能完成图表的制作。

　　在文档中插入图表之前，需要在文档中先将光标定位在文档中要插入图表的位置，在功能区切换到"插入"选项卡，单击"插图"组中的"图表"按钮，在弹出的"插入图表"对话框中选择合适的图表类型(如单击"条形图"选项及右侧的"簇状条形图"图标)，如图 5-45 所示。此时即在文档中插入了一个默认的图表，并自动打开 Excel 工作表，在 Excel 窗口中编辑图表的数据，如图 5-46 所示。

　　完成 Excel 表格中数据编辑的过程中，可以看见 Word 窗口中同步显示的图表效果。图表数据编辑完成后，可单独关闭 Excel 工作表。

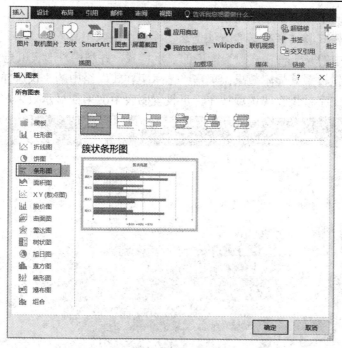

图 5-45　选择图表类型

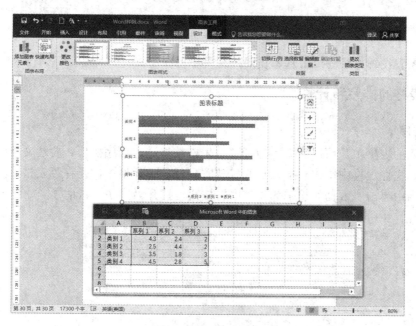

图 5-46　在 Excel 窗口中编辑图表的数据

2. 美化图表

成功创建一个图表后，可以对图表进行设置使图表看起来更加美观，包括改变图表的布局、套用图表的样式、设置图表中的文字格式、设置图表的大小和位置等。

套用图表样式的方法是：先在打开的文档中选中图表，切换到"图表工具"→"设计"选项卡，再在"图表样式"组中选择图表布局样式库中的某一种样式(如"样式 12")，就可以看到在新样式下图表的显示效果。

设置图表的格式和文字格式的方法是：切换到"图表工具"→"格式"选项卡，单击"形状样式"组中的某一种样式改变图表的显示样式，并利用"形状填充""形状轮廓"和"形状效果"按钮设置其显示效果；单击"艺术字样式"组中的"快速样式""文本填充""文本轮廓""文字效果"等选项按钮，可设置图表中文字的显示效果，如图 5-47 所示。

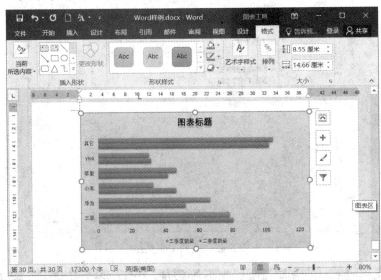

图 5-47　美化图表的效果

其他图表设置方法与以上基本相同，这里不再介绍。

5.4.6　表格的排序和计算

1．排序

在插入的表格中，可以用某列为标准对表格数据进行排序操作。要对文档中表格数据进行排序，先在表格中单击将插入点光标放置到任意单元格中，再在"表格工具"→"布局"选项卡中单击"数据"组中的"排序"按钮，打开"排序"对话框，如图 5-48 所示。

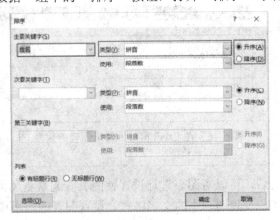

图 5-48　"排序"对话框

在"排序"对话框的"主要关键字"下拉列表中选择排序的主关键字，在"类型"下拉列表框中选择排序标准，并单击其后的"升序"(或"降序")单选按钮选择以升序(或降序)排列数据，设置完成后单击"确定"按钮，表格内容将按照设置的主要关键字数据大小以升序(或降序)重新排列。

在排序时，若指定了次要关键字和第三关键字，则在主要关键字内容相同之时按照次要关键字排序；若主要关键字和次要关键字内容均相同，则按第三关键字排序。

2．计算

在 Word 文档中，同样可以对表格中的数据进行简单的计算，如对数据求和、统计次数以及求平均数等。同时，对数据的计算也可以通过计算函数实现。如图 5-49 所示为插入函数"=SUM(LEFT)"计算"合计"列的结果。

销售业绩统计表					
姓名	一月	二月	三月	四月	合计
谢程俊	12302	23578	22106	23868	81854.00
刘岱	20520	22130	25102	18964	
程姗姗	9867	10256	23020	18445	
王海林	25004	32604	12543	23456	
牛千岁	16533	24005	16445	23488	
林乾川	32563	25433	26433	26445	
王海	19644	23661	26460	19450	

图 5-49　单元格中显示计算结果

5.5　长文档处理

5.5.1　样式与多级列表

样式是文档中文本内容的字体格式设置和段落格式设置的组合，在长文档处理中经常使用各种样式设置文档中的各级标题文字的格式。关于样式的概念和设置，可参见 5.2.4 节中有关样式的介绍。

1．大纲级别与样式

Word 使用层次结构来组织文档，大纲级别就是段落所处层次的级别编号，主要用于指定标题的层级结构和段落格式。Word 将段落分成了 10 个级别(1～9 级及正文)，其中只有正文级不会在文档结构图中出现，而从第 1 级到第 9 级的大纲级别会在文档结构图中显示从属关系。

Word 的目录提取是基于大纲级别和段落样式的，在 Normal 模板中已经提供了内置的标题样式，命名为"标题 1""标题 2"……"标题 9"，分别对应大纲级别的 1～9。

指定了大纲级别后，就可在大纲视图或文档结构图中处理文档。

事实上一般文档多数用样式来排版，而通常在样式中已经包含了大纲级别的设置，因此只要应用了标准的样式排版，就可以在任何时候方便地查阅文档。

段落大纲级别的指定一般可以通过以下两种方式进行。

(1) 在"大纲"视图下设置大纲的级别。大纲视图用缩进文档标题的形式代表标题在文档结构中的级别。用户可以使用大纲视图来设置和显示文档的层级结构，并可以方便地折叠和展开各种层级的文档。大纲视图广泛用于 Word 长文档的快速浏览和设置。

打开"视图"选项卡，在"视图"组中单击"大纲视图"按钮切换到大纲视图模式。此时文档将以大纲形式显示，功能区中将出现"大纲"选项卡，该选项卡提供了大纲操作的命令按钮。

将插入点光标放置到文档欲设置的段落(一般是某一标题行)中，并在"大纲级别"下拉列表中选择设置当前段落(标题)的大纲级别(可选 1 级、2 级、……、9 级，默认为"正文文本")，如图 5-50 所示。

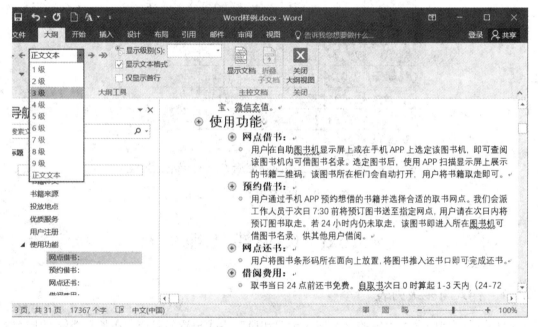

图 5-50　设置大纲级别

按照如上方法可将文档中其他标题的级别依次进行设置。设置过程中可利用"大纲"选项卡提供的大纲操作命令按钮如 «、←、→、» 来降低或提升标题的大纲级别；也可通过操作命令按钮 +、— 来展开或折叠选定标题下折叠的子标题和正文文字，使得文档看起来更加简洁、结构清晰。设置后标题的层级结构在"导航窗格"中能得到更加清晰的显示。

标题大纲设置完成后的效果如图 5-51 所示。点击"关闭大纲视图"按钮可返回到页面视图中继续编辑文档。

(2) 在"段落"对话框中设置大纲级别。标题大纲级别的设置也可在选定某一标题后，单击"开始"选项卡"段落"组右下角的"其他"按钮，在弹出的"段落"对话框中进行设置，如图 5-52 所示。

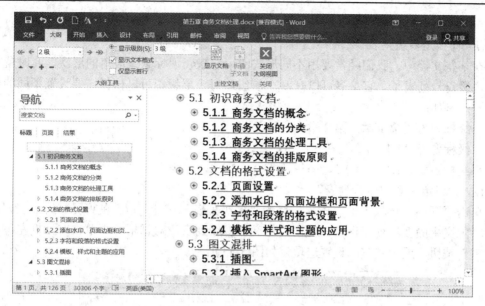

图 5-51　大纲设置完成后的效果

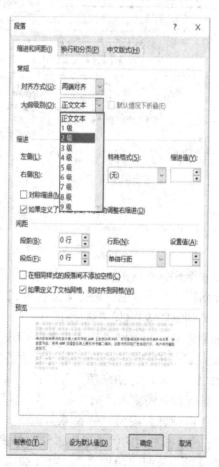

图 5-52　在"段落"对话框中设置大纲级别

2. 多级列表的设置(多级列表与样式建立关联)

(1) 什么是多级列表?

在某些文档中,我们经常要用不同形式的编号来表现标题或段落的层次,此时就需要用到多级符号列表了,它最多可以有 9 个层级,每一层级都可以根据需要设置不同的格式和形式。例如:

一级标题为"第 1 章、第 2 章、……"

二级标题为"1.1、1.2、……、2.1、2.2、……"

三级标题为"1.1.1、1.1.2、……、2.1.1、2.1.2、……"

(2) 如何定义新的多级列表?

单击"开始"选项卡的"段落"组的"多级列表"按钮,在其展开的下拉列表中选择"定义新的多级列表"项,弹出"定义新多级列表"对话框。再单击对话框左下角的"更多"按钮,展示完整的设置选项,如图 5-53 所示。

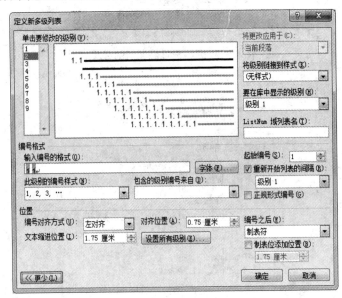

图 5-53 "定义新多级列表"对话框

先在对话框中将某一级别链接到相应的样式:在大纲级别列表中选择要设置的级别(如级别 1),再在"将级别链接到样式"文本框中选择对应的样式(如"标题 1"),并在"要在库中显示的级别"选项中选择相应的级别(如"级别 1")。

然后再设置此级别的标号格式:先删除"输入编号的格式"文本框里系统默认设置的编号(如"1"),再重新设置此级别的编号格式——从"包含的级别编号来自"和"选择此级别的编号样式"下的列表框中选择编号的来源,并在各级编号中间加入相应的附加符号(如在灰色阴影的数字"1"的前后分别输入"第"和"章"字)。

例如,我们需要设置第 1 级标题大纲为"第 X 章"的格式。首先要在对话框左上角的级别列表中点击"1",并在对话框右侧的"将级别链接到样式"列表中选择"标题 1",在"要在库中显示的级别"选项中选择"级别 1"。接下来再设置此级别的编号格式,在"输入编号的格式"文本框里已经有系统默认设置的编号"1"(若要设置此编号,需先删除文本框里系统默认设置的编号"1"，再从"此级别的编号样式"下的列表框中选择自动编号格式"1，2，3，……"），只需在灰色背景的数字"1"前面和后面分别输入"第"和"章"，使格式文本框显示为"第 1 章"的形式即可。这就是我们要设置的第 1 级标题的编号格式。其中，带有灰色背景的数字"1"是一个 Word 的"域"变量，这个数字不是固定不变的，在文档中的不同位置它会进行自动计数并编号，比如插入的第 1 个 1 级标题为"第 1 章"，接下来如果再插入 1 级标题，它会自动将标题编号设置为"第 2 章""第 3 章"等等。

要设置第 2 级标题大纲为形如"X.Y"的格式(其中 X 为"章"的编号，Y 为"节"的编号)，则稍微麻烦一些，这里需要弄清楚每个数字编号从何处生成(即来源)。这里的"X"值可以从第 1 级标题的"章"生成，而"Y"值为本章内的"节"编号，需要从 1 开始自动编号。因此，设置第 2 级标题大纲的操作为：先在对话框的级别列表中点击"2"，并将其链接到"标题 2"样式；接下来设置此级别的编号格式，先删除"输入编号的格式"文本框里系统默认设置的编号"1.1"，再从"包含的级别编号来自"列表框中选择"级别 1"(即指定 X 来源于"章"的编号)，并在灰色阴影的数字"1"后面输入"."作为分隔符；从"此级别的编号样式"下拉列表框中选择"1，2，3……"(即 Y 的编号为自动编号格式)，此时在编号格式文本框中显示"1.1"的样式，其中的两个数字均为带灰底的"域"变量，在文档中会自动依据其所在的位置变化，这就是要设置的第 2 级标题的编号格式。

其他级别的标题以同样的方法设置即可。至此，就把样式和多级列表关联起来了。

在多级列表中设置各级别大纲和样式的链接后，在文档中任意增、删、改标题，标题编号都是自动连续的。同时，在导航窗格中可以方便地观察到文档标题的层级结构，点击层级结构中的标题就可以快速访问文档中对应段落的内容。此外，依据文档标题的层级结构还可以快速自动生成带编号的目录。

5.5.2　引用与链接

1. 加入题注

题注是对文档中的图片、公式、表格、图表和其他项目进行编号与标注的文字片段。Word 可以自动插入题注，并且在插入时自动对这些题注进行编号。

例如，为文档中的插图加入题注，先单击文档中的插图，再在"引用"选项卡的"题注"组中单击"插入题注"按钮，打开如图 5-54 所示的"题注"对话框。此时在"题注"文本框中将显示该类标签的题注样式，如果不符合所需要求，则在"标签"下拉列表中选择标签类型，列表中若没有需要的标签名，可以单击"新建标签"按钮打开"新建标签"对话框，在"标签"文本框中输入新的标签样式(如图 5-54 所示)。单击"确定"按钮后即可将新建的标签添加到"标签"下拉列表中供选择，同样，单击"编号"按钮也可打开"题注编号"对话框，如图 5-55 所示，在此对话框中设置插图编号的格式(如勾选"包含章节号")。

设置完成后单击"题注"对话框中的"确定"按钮，创建的图题注的编号将被添加到插图的下方，在插入的图题注编号后面添加一行简要描述图形对象的文字，即完成图题注的插入，如图 5-56 所示。

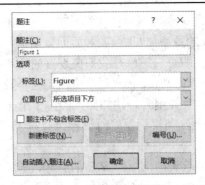

图 5-54　"题注"对话框

图 5-55　"题注编号"对话框

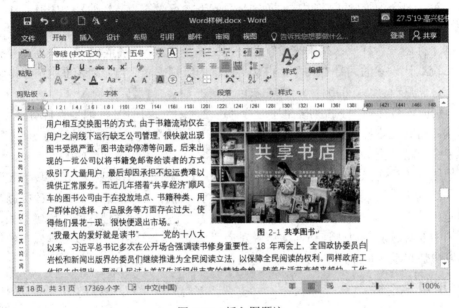

图 5-56　插入图题注

文档中插入的公式及表也可以以类似的方法加入题注，但是，一般的图题注加在图的下方，而表题注加在表的上方。

2. 交叉引用

交叉引用是对文档中其他位置内容的引用，如可为标题、脚注、书签、题注、编号段落等创建交叉引用。

在文档中，将插入点光标放置到需要实现交叉引用的位置，输入需要的文字，在"插入"选项卡中单击"链接"组中的"交叉引用"按钮，打开"交叉引用"对话框，如图 5-57 所示。

在对话框的"引用类型"下拉列表中选择需要的项目类型，在"引用内容"下拉列表中选择需

图 5-57　插入交叉引用

要插入的信息，在"引用哪一个标题"文本框中选择引用的具体内容。完成设置后单击"插入"按钮即可在插入点光标处插入一个"如图 XX 所示"的交叉引用了。

在文档中的交叉引用文字上按住"Ctrl"键单击鼠标，文档将跳转至引用指定的位置，达到快速访问和精确定位的目的。

如果需要对创建的交叉引用进行修改，则在文档中选择插入的交叉引用后，再次打开"交叉引用"对话框，选择新的引用项目后单击"插入"按钮即可。

3．更新题注和引用

如果文档中已经加入了很多图表的题注，再增删或移动其中的某些图表时，其他图表的题注编号会相应地改变，而正文中使用的交叉引用题注编号则不会自动改变，需手动更新。更新交叉引用的方法是在交叉引用的文本上单击鼠标右键，从弹出的快捷菜单中选择"更新域"(或按 F9 键)，即可更新交叉引用的编号。

当编辑诸如毕业论文之类的长文档的时候，常常要插入很多图表，逐个手动更新编号，就非常麻烦。这时，可以按"Ctrl+A"组合键全选文档内容后，再右击鼠标，然后从快捷菜单中单击"更新域"(或按 F9 键)，这样就可以快速更新全文中所有交叉引用的题注编号了。

4．插入超链接

超链接原本是网页中从一个网页链接到另一个网页、方便打开相关联网页的方法。在 Word 中，超链接可以链接到网页、文件、本文档中的位置、新建文档和电子邮件，其中链接到本文档中的位置可方便定位，特别是在文档内容特别多的时候十分有用。

无论是链接到网页或文件，还是链接到本文档中的位置或电子邮件，设置方法都基本相同：先在文档中选中特定的文字或图像作为超链接目标，然后单击"插入"选项卡中"链接"组的"超链接"按钮，在如图 5-58 所示的"插入超链接"对话框中设置各选项：根据需要在"链接到"项下选择"现有文件或网页""本文档中的位置""新建文档"或"电子邮件地址"等，然后在右边的输入框中输入相应的目标位置(如网址或文件名等)。

图 5-58　插入超链接

设置超链接后，文档中被选中的超链接文字已经变成蓝色并链接到目标网址。在文档中按住"Ctrl"键并在超链接的文字上单击鼠标左键，即可打开链接的网页或文件。

5.5.3　分页和分节

1．分页

要在文档中插入分页符，可以通过"分隔符"功能进行操作实现：先将光标定位到要插入分页符的位置，再在"布局"选项卡的"页面设置"选项组中单击"分隔符"按钮，展开分隔符列表菜单，如图 5-59 所示。

图 5-59　分隔符列表菜单

在列表中选中"分页符"选项，即可在光标所在的位置插入分页符，并将之后的文本作为新页的起始标记，效果如图 5-60 所示。

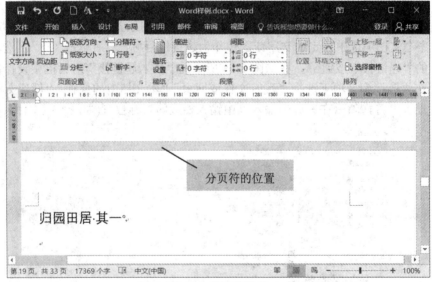

图 5-60　插入分页符效果

2．分节

节是一个逻辑的分段，其借用的是文章章节的概念，是 Word 用来划分文档的一种方式，通过分节符实现分隔不同部分文本的效果。利用分节可以针对文章不同部分进行不同的页面设置，如不同的页眉甚至纸张类型等。

默认方式下，Word 将整个文档视为一"节"，故对文档的页面设置，包括边距、纸型或方向、打印机纸张来源、页面边框、页眉和页脚、分栏等是应用于整篇文档的。若需要在一页之内或多页之间采用不同的版面布局，只需插入"分节符"将文档分成几"节"，然后根据需要设置每"节"的格式即可。在实际应用中，我们经常遇到的就是文档页面纸张方向横竖混排，并需要处理由此引发的一系列页眉、页脚的格式以及页码连续性的问题。

(1) 插入分节符。要在文档中添加分节符，先将光标定位到文档中需要插入分节符的位置。在"布局"选项卡的"页面设置"组中单击"分隔符"按钮，并在下拉列表的"分节符"栏中单击"下一页"或"连续"选项，即可在当前位置上插入一个分节符。

(2) 删除分节符。通常情况下，分节符在 Word 的页面视图下是看不见的，如果需要删除分节符，先在"开始"选项卡的"段落"组中单击"显示/隐藏编辑标记"按钮，此时在文档中就可以显示分节符的标记，如图 5-61 所示。在文档中将光标定位在分节符前面，然后按"Delete"键，就可以像删除普通字符一样把分节字符删除了。

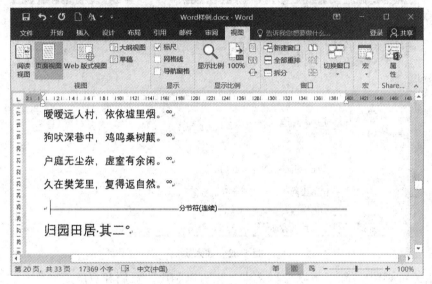

图 5-61　显示分节符

如果需要一次性删除文档中所有的分节符，也可以使用 Word 的"查找替换"功能。在"查找和替换"对话框中单击"高级"按钮，在"特殊字符"列表中选取"分节符"选项作为欲查找的内容，并替换为空，然后点击"全部替换"按钮，即可将文档中所有的分节符全部删除。

需要注意的是，在删除分节符时，该分节符前面的文字会依照分节符后面的文字版式进行重新排版。也就是说，分节符中所保存的版式信息影响的是其前面的文字，而不是后面的。例如，如果把一篇文档分为两个小节，第一小节分两栏，第二小节分三栏。此时如果删除它们之间的分节符，那么整篇文档就会变成三栏版式。因此，对分节符进行删除时，要注意选对分节符，若选错删除对象，则会把编辑好的文档弄得面目全非。

5.5.4　页眉和页脚

文档每个页面的顶部区域称为页眉，底部区域称为页脚，通常用于显示文档的附加信息，可以插入时间、日期、页码、图形、公司徽标、文档标题、单位名称、文件名或作者姓名等。

页眉和页脚的内容是可以编辑的，它可以是简单的文档标题或页码，也可以是图形、多个段落和字段。利用页眉和页脚工具，可以指定奇数页和偶数页使用不同的页眉或页脚，或第一页使用不同的页眉或页脚等。如果文档划分为多节，还可以在每一节中使用不同的页眉和页脚设置。

1．添加页眉和页脚

单击"插入"选项卡中"页眉和页脚"组的"页眉"(或"页脚")按钮，并从其展开的下拉列表中选择所需要的样式，然后在如图 5-62 所示的页眉(或页脚)处输入所要的文字内容。

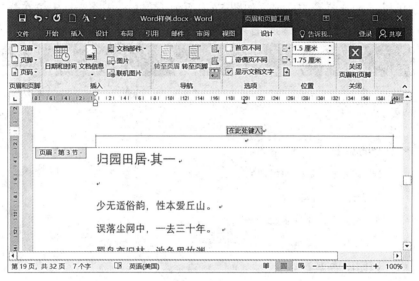

图 5-62　插入页眉

页眉(或页脚)中，除了可以编辑文本，也可以利用"页眉和页脚工具"→"设计"选项卡中的工具按钮加入日期、图片、页码等，或单击"文档信息"按钮并从展开的下拉列表中选择插入作者、文件名、文档标题等信息。

若要在页眉和页脚之间切换，可以单击"页眉和页脚工具"→"设计"选项卡中"导航"组中的"转到页眉"按钮▇或"转到页脚"按钮▇。

在页眉或页脚中插入的文本文字和文档中的文字一样，可设置其字体字号、颜色和对齐方式等。

页眉和页脚编辑完成后，可以单击"页眉和页脚工具"→"设计"选项卡中的"关闭页眉和页脚"按钮退出页眉和页脚编辑界面，切换到文档编辑页面。在页面视图中，页眉和页脚是可见的，但以浅灰色字体显示。

2．添加页码

页码是文档中的一种重要信息，一般都是附加在文档每一页的页脚或页眉中。

1) 在页眉或页脚中插入页码

先单击鼠标将插入点移到想要在其中放置页码的页眉或页脚中，再单击"插入"选项卡中"页眉和页脚"组的"页码"按钮，并从其展开的下拉列表中选择"当前位置"及其样式(如图 5-63 所示)，即可在页眉或页脚中插入页码。插入的页码是灰底的数字，这是一个"域"变量，在不同的页面上会自动计数和改变，也可以在插入的页码前后添加普通文本文字，写成形如"第 M 页(共 N 页)"样式的页码编号。

图 5-63　在当前位置插入页码

利用工具栏上的工具按钮可以设置页码的格式，或利用"首页不同""奇偶页不同"等按钮设置页面页码的显示形式。

2) 删除页眉和页脚

页眉和页脚中的内容可以与正文中的内容一样进行编辑和格式设置，也同样可以删除。但是，页眉或页脚的内容被删空后往往还会留下一条长长的横线。要删除这条线，需要先全选页眉或页脚(包括段落标记也选入)，再切换到"开始"选项卡，单击"段落"组中"边框"按钮　的下三角按钮，并从其展开的下拉列表中选择"无框线"选项，即可取消该长线条。

3) 在文档的不同部分使用不连续的页码

默认方式下，Word 将整个文档视为一"节"，因此对插入文档页眉或页脚中的页码也是在整篇文档中从头页到尾页按顺序连续编号，但实际中往往我们需要对文档不同部分的页码单独编排，并且不同部分使用的页码可能是不连续的。比如，一篇长文档中常常会包括封面、目录、正文等几部分，而每一部分需要从"1"开始单独编其页码，我们应该怎样设置呢？

首先需要在封面页后面和目录页后面适当的位置上插入分节符把文档分成封面、目录、正文等几节。再双击第 1 节的页眉或页脚进入页眉页脚编辑状态，如图 5-64 所示，单击"页眉和页脚工具"→"设计"选项卡中"导航"组的"上一节"按钮　或"下一节"按钮　切换到不同的节中；然后单击工具栏上的"链接到前一条页眉"按钮　，取消每节的与上一节的链接设置，以便分别对每节的页眉和页脚进行单独编写。

图 5-64　切换到不同"节"工具栏

取消了各节之间的链接之后，现在就可以对每节的页眉和页脚进行单独编辑了。比如，删除第 1 节(封面)的页眉和页脚；在第 2 节(目录)设置页眉为"目录表"，页脚居中位置插入"第 M 页"；第 3 节删除页眉，在页脚居右位置插入"第 M 页(共 N 页)"样式的内容，并且设置页码的格式从 1 开始编号(选中页码后从"页眉和页脚工具"→"设计"选项卡的"页码-设置页码格式"选项设置)。

单击工具栏上的"关闭页眉和页脚"按钮后，浏览文档就会看到在文档的不同部分设置不同的页眉页脚格式了。

5.5.5　浏览与定位

1．查找

在文档中，用户可以对特定内容进行快速查找。切换至"开始"选项卡，单击"编辑"组中的"查找"按钮打开"导航"窗格(或按快捷键"Ctrl+F"打开)，如图 5-65 所示。

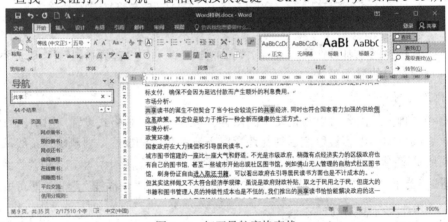

图 5-65　打开导航窗格查找

在"导航"窗格的"搜索文档"输入框中输入需要查找的文字，单击"搜索"按钮，Word 将在"导航"窗口中列出文档中包含查找文字的段落，同时查找文字在文档中突出显示。此时，在"导航"窗格中单击该段落选项，文档将定位到该段落。

单击"导航"窗格"搜索文档"输入框右侧的下三角按钮，在打开的菜单中选择"高级查找"选项，可以打开"查找和替换"对话框的"查找"选项卡，也可以单击"开始"选项卡"编辑"组中的"查找"按钮并从其下拉列表中选择"高级查找"，在"查找和替换"对话框中可以做更细致的查找。

2．替换

如果要对查找后的内容要进行替换，可直接使用 Word 的替换功能。使用替换功能不仅可以替换文本，还可以替换一些特殊字符，如空格符、制表符、分栏符和图片等。

1) 替换普通文本

切换至"开始"选项卡，单击"编辑"组中的"替换"按钮(或按快捷键"Ctrl+H")，打开"查找和替换"对话框的"替换"选项卡，并单击"更多"按钮完整打开对话框，如图 5-66 所示。

图 5-66 在"查找和替换"对话框查找"word"替换为"World"

在"查找内容"文本框中输入要查找的内容(如输入"word")，在"替换为"文本框中输入要替换的内容(如输入"World")，在"搜索"下拉列表中选择搜索的方向(此处选择"全部")。由于替换的内容只是大小写的不同，所以勾选"区分大小写"复选框，然后单击"查找下一处"按钮，即可看到文档中查找的内容。

单击"替换"按钮，即可将文档中当前查找到的"word"替换为"World"。如果单击"全部替换"按钮，则可将整个文档中的"word"替换为"World"。

2) 替换文本格式

在"查找内容"或"替换为"这两项的设置中还可以选择指定的格式来查找或替换。单击"格式"按钮，可以从获得的菜单中选择相应的命令来设置查找或替换格式，如字体、段落格式或样式等。如果单击"不限定格式"按钮，将取消设定的查找或替换格式。

例如，我们将文档中所有的单词"word"更改为红色加粗的"World"，就应该在"查找内容"文本框中输入"word"，再在"替换为"文本框中输入"World"，然后将光标放置于"替换为"文本框中后再单击对话框左下角的"格式"按钮，再从打开的快捷菜单中单击"字体"选项，最后在弹出"替换字体"对话框中选择字形为"加粗"，字体颜色为"红色"并返回，如图 5-67 所示。设置好后再单击"全部替换"按钮，则可将整个文档中的"word"替换为红色加粗字体的"World"。

图 5-67　替换格式为红色粗体字

3) 替换特殊字符

如果要替换的内容为特殊字符，例如在复制网页中的内容到 Word 文档中时，复制过来的内容往往在段落标记是软回车符号(即手动换行符)，如何将文档中的手动换行符替换为段落标记呢？

首先打开"查找和替换"对话框，将光标放置于"查找内容"文本框中后单击"特殊格式"按钮，在打开的快捷菜单中单击"手动换行符"选项，再将光标放置于"查找内容"文本框中后再次单击"特殊格式"按钮，在打开的快捷菜单中单击"段落标记"选项，如图 5-68 所示。

图 5-68　将手动换行符替换为段落标记

此时特殊符号会转换为代码输入文本框中，单击"查找下一处"按钮，即可在文档中查找到软回车符号(即手动换行符)。单击"全部替换"按钮，则可将整个文档中的软回车符号替换为段落标记(即硬回车符号)。

3. 定位

当用户需要编辑文档中某一段文字或者查找某一段文字，而这段文字在长文档的中间位置，每次翻页特别不方便时，就可以使用 Word 的定位功能。

在功能区中切换至"开始"选项卡，单击"编辑"组中"查找"按钮上的下三角按钮，在打开的快捷菜单中单击"转到"选项，打开"查找和替换"对话框的"定位"选项卡，如图 5-69 所示。

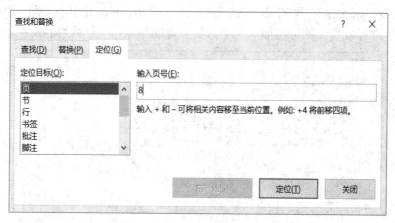

图 5-69 定位对话框

在"定位目标"列表中可以选择"页""节""行"等选项进行定位方法分别是：

在"定位目标"列表中选择"页"选项，并在"输入页号"文本框中输入页号，如这里输入数字"8"，此时，"下一处"按钮变为"定位"按钮，单击该按钮文档将定位到第 8 页。

在"定位目标"列表中选择"节"选项，并在"输入节号"文本框中输入"+2"，单击"定位"按钮，则插入点光标将移到当前位置下方 2 节的位置。

在"定位目标"列表中选择"行"选项，并在"输入行号"文本框中输入"+10"，单击"定位"按钮，则插入点光标将移到当前位置下方 10 行的位置。

此外，也可以通过书签、批注、脚注等进行定位。

5.5.6 生成目录表

对于一篇长文档，如课程设计报告、项目策划书、商业计划书等，通常会有各级各类标题，当内容的层次较多时，目录就显得至关重要。目录作为文档的导读图，与文档内容一一对应，用它来展示文档的层次结构和主要内容，可以直观地展示整个文档的面貌，向读者指示阅读的路径提供方便。

当在文档中正确应用了标题样式、正文样式等之后，就可以非常方便地应用 Word 自动创建目录的功能来制作文档目录了。在 Word 文档中，自动创建目录有通过标题样式创建和通过大纲级别创建两种方式。

1. 利用标题样式创建目录表

首先应参照 5.2.4 节中有关"样式"的设置方法，在文档中为各级标题指定恰当的标题样式。Word 内置"标题 1""标题 2""标题 3"等样式，我们需要在文档中为各级标题指定恰当的标题样式。例如，对于"第三章 国内外研究动态"这样的一级标题，我们可以采用"标题 1"样式；对于"第一节 欧美研究动态"这样的二级标题，显然可以指定为"标题 2"样式。

依次指定各级标题的样式后，我们就可以据此来自动生成目录表了。先在文档的开头位置插入一个空白页用以放置目录表，并将插入点放在此页的恰当位置上，再在功能区中切换到"引用"选项卡，单击"目录"组中的"目录"按钮，然后在其展开的下拉列表中选择一种目录样式，或在下拉列表中选"自定义目录"项，并在弹出的如图 5-70 所示的"目录"对话框中进行设置，即可在插入的空白页中自动生成与文档内容相对应的目录表。

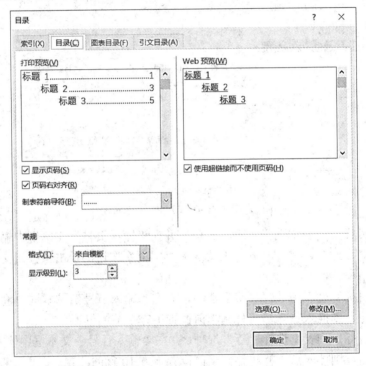

图 5-70　"目录"对话框

2. 利用大纲级别创建目录表

利用大纲级别区分不同级别的标题与文字，也能够快速制作出目录表。

首先，应参照 5.5.1 节中有关大纲级别的设置方法，在文档中为各级标题(段落)设置好不同的大纲级别，然后就可以依据文档各个标题的大纲级别来自动生成目录表：先在文档的开头位置插入一个空白页用以放置目录表，再在功能区中切换到"引用"选项卡，单击"目录"组中的"目录"按钮，然后在其展开的下拉列表中选择一种目录样式，或在下拉列表中选择"自定义目录"项，并在弹出的如图 5-70 所示的"目录"对话框中进行设置，即可在插入的空白页中生成和文档相对应的目录表。

3．更新目录表

目录表创建后，如果文档内容发生了变化，比如标题内容或页码发生改变等，已经生成的目录表内容是不能随之自动更新的，因此需要手动更新目录表，方法是在目录表上右击鼠标，从弹出的快捷菜单中执行"更新域"命令，如图 5-71 所示。然后再从弹出的"更新目录"对话框中选择"更新整个目录"或"只更新页码"单选按钮，单击"确定"按钮即完成对目录的更新。

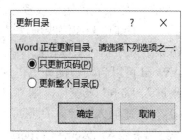

图 5-71　更新目录快捷菜单和对话框

若欲删除目录表，可在功能区中切换到"引用"选项卡，单击"目录"组中的"目录"按钮，然后在其展开的下拉列表中选择"删除目录"项。

5.5.7　创建封面

封面是商务文档的重要组成部分，一个完整的文档都需要一个封面。好的封面就好比门面，不仅可以使文档美观明了，而且可以使文档主题更加突出，内容更加鲜明，吸引阅读者的注意。文档的封面主要突出 4 项内容，即文档的主题、作者信息、制作时间及恰当的 Logo 或插图。

我们自己很难轻松设计出精美的封面，这时就可以借助 Word 中自带的封面设计来实现这个功能。先将插入点移到文档的开头位置，再在"插入"功能区的"页"组中单击"封面"按钮，并从下拉列表中选择一种合适的封面样式，即可自动在文档的首页插入这种样式的封面。

在封面页中，将其中的示例文本替换为自己的文本，并对封面图案、标题、作者等元素进行适当的缩放、修改、删除、添加等操作，直到满意为止，即可完成文档封面的设置。

若要删除封面页，可单击功能区"插入"选项卡"页面"组中的"封面"，然后在其下拉列表中选择单击"删除当前封面"选项。

5.5.8　设置装订线

为了阅读方便，常常会把电子文档打印在纸张上。如果多页文档打印，就要考虑把它们装订起来，方便文档的保存。那么在打印之前，就需要考虑对文档设置装订线，为文档保留出额外的空间，确保不会因装订遮住文字。比如，用 Word 制作试卷或编写书籍等，就常常要制作装订线。

在 Word 中设置文档的装订线，先在功能区"布局"选项卡"页面设置"组中单击"其他"按钮 ，打开页面设置对话框。在页面设置对话框中，选择"多页"下列表中的选项为"普通"(若使用"对称页边距""拼页"或"折页"，则"装订线位置"框不可用)；在"装订线"框中，输入装订线距离页面边缘的距离(默认以厘米为单位)；然后在"装订线位置"框列表中单击"左"或"上"。

若欲删除装订线，则同样打开 Word 页面设置对话框，把装订线的距离改成 0 厘米即可。

5.5.9　错误检查与更正

在 Word 中编辑文档时，如果输入错误或者输入不可识别的单词，Word 会在可能存在拼写错误的单词下面显示一条红色的波浪线进行提示；如果认为文档中有语法错误，Word 会在可能存在的语法错误下方显示一条绿色波浪线，这就是 Word 的错误检查和自动更正功能。利用这项功能，Word 可以自动检测并更正键入错误的单词、语法错误和错误的大小写等问题。例如，如果键入"teh"及空格，则"自动更正"会将键入内容替换为"the"。还可以使用"自动更正"快速插入文字、图形或符号。例如，可通过键入"(c)"来插入"©"，或通过键入"ac"来插入"Acme Corporation"。

1. 输入时纠正拼写和语法错误

在编辑文档时，如果输入的单词或短语被认为错误或者不可识别，则 Word 会在这些单词下面显示一条红色或蓝色的波浪线进行提示。右击有红色或蓝色波浪线的单词，会弹出如图 5-72 所示的快捷菜单。

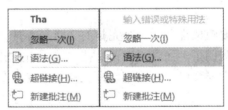

图 5-72　拼写错误和语法错误快捷菜单

在拼写错误快捷菜单中，会显示多个相近的正确拼写建议，在其中选择一个正确的拼写方式即可替换原有的错误拼写。

在语法错误快捷菜单中，若 Word 对可能的语法错误有语法建议，将显示在语法错误快捷菜单的最上方；若没有语法建议，则会显示"输入错误或特殊用法"的信息。

2. 对整篇文档进行拼写和语法检查

用户除了可以在键入时对文本进行拼写与语法检查外，还可以对已完成的文档进行拼写与语法检查。

先将光标定位于需要检查的文字部分的开头，在功能区"审阅"选项卡的"校对"组中单击"拼写和语法"按钮，会在文档右侧打开"拼写检查"窗格，如图 5-73 所示。

图 5-73　"拼写检查"窗格

"拼写检查"窗格上方的列表框中显示了文档中拼写有误的单词或语法有问题的句子，在下方的列表框中列出相应的拼写或语法建议以供选择，单击"更改"或"全部更改"按钮即可更改文档中的单词。

3．设置自动更正选项

自动更正是 Word 等文字处理软件的一项功能，可用自动更正检测键入错误的单词、语法错误和错误的大小写等。这对使用者来说非常有用，极大地减少了输入错误，那么如何开启自动更正功能呢？

首先点击功能区"文件"→"选项"项，打开"Word 选项"对话框，在对话框左侧单击"校对"项，可以看到右侧窗格罗列出多项自动更正的选项。

点击其中的"自动更正选项"按钮，在弹出的如图 5-74 所示的"自动更正"对话框中选择"自动更正"选项卡，就可以按自己的需求来进行各项参数的设置。

完成上述设置后就可以打开 Word 的自动更正功能了。

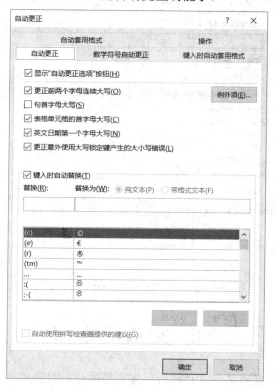

图 5-74　设置自动更正选项

4．添加自动更正词条

在图 5-74 所示的对话框中，在"替换"文本框中输入要更正的单词或文字，如"JSJ"，在"替换为"文本框中输入正确的单词或文字，如"计算机"，单击"添加"按钮，该词条就添加到自动更正的列表中。一旦建立了一个自动更正词条后，用户只要在文档中输入词条名(如"JSJ")，按空格键或逗号之类的标点符号后，Word 就会用相应的词条(如"计算机")来代替它。通过这种方式，我们还可以使用词条来快速插入一些特殊的图形或符号。例如，可通过键入"(c)"来插入"©"，或通过键入"(r)"来插入"®"等等。

5. 关闭语法检查和自动更正

　　Word 自带拼写检测、自动替换功能很好用，但有时反而画蛇添足，提示很碍眼，若想在编辑某一文档的过程中关闭拼写检查，不显示检测提示的波浪线，那我们应该怎样做呢？

　　在功能区中单击"文件"→"选项"菜单项打开"Word 选项"对话框，在对话框的左侧栏目单击"校对"项，并在右侧页面底部的"例外项"中选择操作的文档名称(默认为正在编辑的文档的名称)，勾选"只隐藏此文档中的拼写错误"及"只隐藏此文档中的语法错误"两项前的复选框，如图 5-75 所示。单击对话框的"确定"按钮，即可关闭拼写检查，同时消除文档中单词下的波浪号提示。

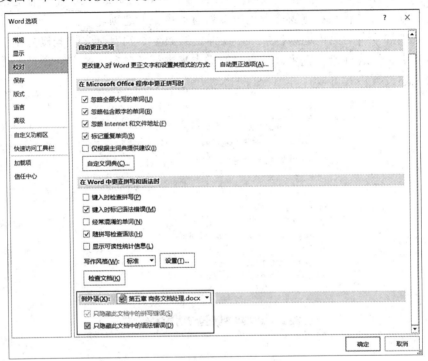

图 5-75　关闭语法检查和自动更正

5.6　文档的审阅

　　审阅即审查阅读，是对某一文档进行仔细浏览并进行批改。当对一篇文档进行阅读或审阅时发现一些问题后，常常不想直接对其进行修改，仅仅在旁边加上批注，或对其修改但希望留下修改的痕迹，这时我们用 Word 中的审阅功能就可以将文中需要修改以及批注的内容进行详细描述，使其达到一目了然的结果。

5.6.1　审阅和修订

　　Word 软件提供了文档修订功能，在打开修订功能的情况下，将会自动跟踪对文档的所有更改，包括插入、删除和格式更改，并对更改的内容作出标记。

1. 启用修订功能

启动 Word 的修订功能进入修订状态，用户就可以对文档进行修订操作，修订的内容会通过修订标记显示出来，并且不会对原文档进行实质性的删减，同时也能方便原作者查看修订的具体内容。

要开启修订功能，先在功能区"审阅"的"修订"组单击"简单标记"右侧的下三角按钮，在弹出的下拉列表中选择"所有标记"项；然后单击"显示标记"右侧的下三角按钮并从列表中选择"批注框"→"以嵌入方式显示所有修订"项，然后单击"修订"按钮下方的下三角按钮，在下拉列表中选择"修订"选项，就开启了修订功能，如图 5-76 所示。

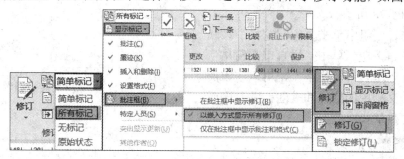

图 5-76　设置审阅标记

此时返回文档中对文档进行编辑，文档中被修改的内容将以修订的方式(被删除的内容置为红色并加删除线)显示，如图 5-77 所示。

·书籍种类·

通过对南京、无锡、苏州和上海等城市的调研结果看，像南京、上海这样生活节奏快工作压力大的城市里，人们多愿意看生活类（职场、教育、励志、旅游）图书；而在无锡和苏州，读者更青睐文学小说类书籍。因此我们在不同城市提供的书籍种类各有侧重。通过大数据技术，我们统计出经常在某固定网点借书用户喜爱书籍的种类，我们秉承"用心服务，关爱永随"的服务理念，为这类用户推荐同类的其他书籍。近年来，随着城市城建的不断发展，路边书报亭数量骤降，期刊杂志行业随之衰落。我们与多家出版社合作，在地铁城际线以及市域快轨线沿线车站投放期刊杂志，供长时间乘坐列车的通勤旅客翻阅。设立在高校内部的图书机亦可回收学生们使用过的课本教辅资料，我们会筛选笔记详细工整的书，整理贴上条形码放入图书机，供同学们借走参考学习。

图 5-77　文档修订后的效果

在编辑文档过程中，单击"修订"按钮 将直接进入修订状态，再次单击该按钮，将退出文档的修订状态。当我们想直接看到修改后的最终版时，将"修订"旁的选项改成"无标记"即可。

2. 浏览修订项

当文档中存在多个修订时，在功能区"审阅"的"更改"组中单击"上一条"或"下一条"按钮能够将插入点光标定位到上一条或下一条修订处。

在"更改"组中单击"接受"按钮的下三角按钮，在下拉列表中选择"接受并移到下一条"选项，将接受当前的修订并定位到下一条修订。如果用户想接受其他审阅者的全部修订，则可以选择"接受所有修订"选项。

在"更改"组中单击"拒绝"按钮下方的下三角按钮，在下拉列表中选择"拒绝并移到下一条"选项，将拒绝当前的修订并定位到下一条修订。如果用户不想接受其他审阅者的全部修订，则可以选择"拒绝所有修订"选项。

Word 能够将在文档中添加批注的所有审阅都记录下来。在"修订"组中单击"显示标记"按钮，在下拉列表中选择"特定人员"选项，在打开的审阅者名单列表中选择相应的审阅者，可以仅查看该审阅者添加的批注，如图5-78所示。

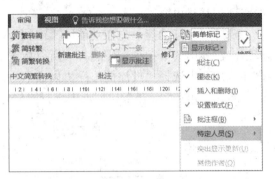

图5-78 指定特定审阅者

在"修订"组中单击"审阅窗格"按钮下方的下三角按钮，单击"垂直审阅窗格"选项将打开"垂直审阅窗格"，可以在审阅窗格中查看文档中的修订和批注，并且随时更新修订的数量。

3．设置修订选项

在"修订"组中单击"修订选项"按钮，在打开的"修订选项"对话框中根据需要勾选修订需要显示的项目，如"批注""墨迹"等，也可单击"高级选项"按钮，打开"高级修订选项"对话框，做更进一步的设置。

5.6.2　加入批注

批注是对文档进行的注释，由批注标记、连线以及批注框构成。当需要对文档进行附加说明时，比如需要对文档中某一段落或一句话提出修改建议时，就可插入批注，也可以通过特定的定位功能对批注进行查看，当不再需要某条批注时，可将其删除。

首先将插入点光标放置到需要添加批注内容的后面，或选择需要添加批注的对象。在"审阅"选项卡的"批注"组中单击"新建批注"按钮，此时在文档旁边将会出现一个批注框。在批注框中输入批注内容即可创建批注，如图5-79所示。

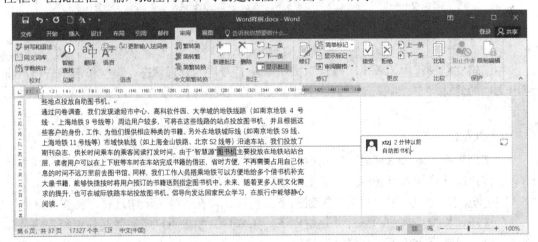

图5-79 插入批注

在批注框中，单击"答复"按钮 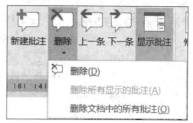，或单击"审阅"选项卡的"新建批注"按钮，可在批注框中键入批注答复。

当文档中存在多处批注时，在功能区"审阅"的"批注"组中单击"上一条"或"下一条"选择浏览批注，如图 5-80 所示。

将插入点光标放置到批注框中，在"批注"组中单击"删除"按钮下方的下三角按钮，在下拉菜单中单击"删除"选项，当前批注将会被删除，也可选"删除文档中的所有批注"删除文档中的全部批注。

图 5-80　浏览或删除批注

5.6.3　保护

在 Word 文档制作完成后，有时我们需要将文档保护起来，以防止没有权限的人员打开或修改文件。在 Word 2016 中，用户可以通过设置只读文档、设置加密文档和限制编辑等方法对文档进行保护。单击功能区的"文件"→"信息"菜单项，单击"保护文档"按钮，从其展开的下拉列表中可以看到这几种方式，如图 5-81 所示。

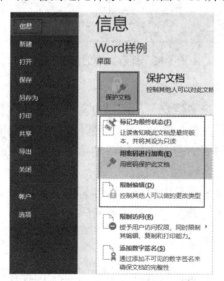

图 5-81　文档保护选项

1．设置只读文档

只读文档是指开启的文档处在"只读"状态无法被修改。设置只读文档的方法有以下两种：

(1) 单击"文件"→"信息"菜单项，再单击"保护文档"按钮，从其展开的下拉列表中选择"标记为最终状态"项，将文档标记为最终状态，可以让用户知晓文档是最终版本，并将其设置为只读，Office 在打开一个已经标记为最终状态的文档时将自动禁用所有编辑功能。

(2) 保存文件时，在"另存为"对话框中，使用保存文件时的常规选项来设置只读方式，如图 5-82 所示。

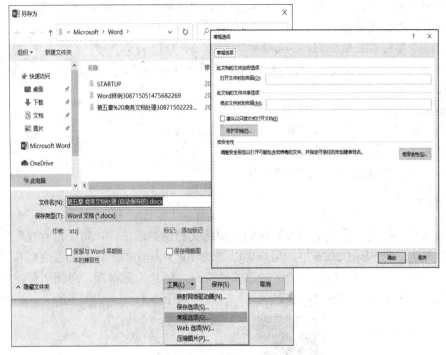

图 5-82　保存文件的常规选项

2．设置加密文档

在日常办公中，为了保护文档安全，可以为文档设置打开密码。单击"文件"→"信息"菜单项，再单击"保护文档"按钮，从其展开的下拉列表中选择"用密码进行加密"项，并按照提示设置自己想要的密码。加密成功后，再次打开此文档时，只有输入正确的密码才能打开文档。

密码保护功能最大的问题就是用户自己也容易忘记密码。一旦忘记密码，只能通过使用第三方工具进行密码破解，但有可能会损坏文档。

3．限制编辑

我们还可以通过设置文档的编辑权限，来保护文档的指定部分内容不被修改。其方法是：单击"文件"→"信息"菜单项，再单击"保护文档"按钮，从其展开的下拉列表中选择"限制编辑"项，或切换到功能区"审阅"选项卡的"保护"组，单击"限制编辑"按钮，就会在文档的右侧显示"限制编辑"窗格，如图 5-83 所示。

限制编辑功能提供了三个选项：格式设置限制、编辑限制、启动强制保护。

处于保护模式下的文档，文档指定内容将处于不可编辑状态，只有再次将文档取消强制保护后才可编辑。

若需要解除文档强制保护设置，可再次切换到功能区"审

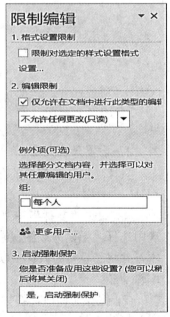

图 5-83　"限制编辑"窗格

阅"选项卡的"保护"组,单击"限制编辑"按钮,打开"限制编辑"窗格。在"限制编辑"窗格中单击下方的"停止保护"按钮,并按照提示输入强制保护密码,密码输入正确后即可解除对文档的限制编辑保护。

5.7　文档的打印输出

文档的编辑排版工作完成后,可以以电子文档的形式保存在电脑上,也可以通过打印机在纸上打印出来。Word 软件提供的打印功能十分强大:可以在打印前预览打印效果、可以进行双面打印、可以指定打印范围、可以设定打印质量、可以按页码逆序打印、可以按纸型缩放等等。

1. 打印设置

在 Word 2016 中,为打印进行页面、页数和份数等设置,可以单击功能区"文件"→"打印"选项,在中间窗格"设置"项下可以进行打印选项的设置,如图 5-84 所示。

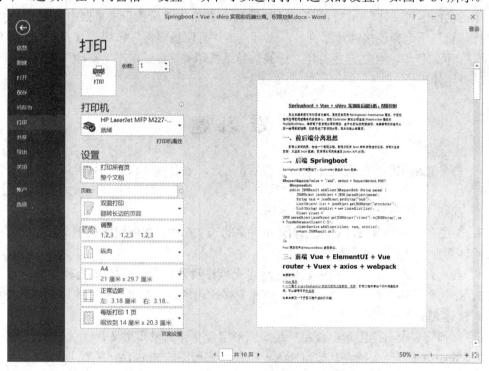

图 5-84　打印设置

Word 2016 默认的是打印文档中的所有页面。单击此时的"打印所有页"按钮,在打开的列表中选择相应的选项,可以对需要打印的页进行设置。如这里选择"打印当前页"选项则只打印当前页;若选"自定义打印范围"项,可在其下方的"页数"后的文本框中输入要打印的页码或页码范围(用逗号分开页码,如 1,3,5-12)来指定打印的页。

此外,在窗格中提供了其他常用的打印设置项,如调整页面的打印顺序、页面的打印方向、纸张类型以及设置页边距等。用户只需要单击相应的选项按钮,在下级列表中选择预设参数即可。如果需要进一步的设置，可以单击右下角的"页面设置"命令打开"页面设置"对话框来进行设置。

2．打印预览

在打印 Word 文档前，可以对文档进行预览，该功能可以根据文档打印的设置模拟文档打印在纸张上的效果。

单击功能区"文件"→"打印"选项，在最右侧的窗格中将能够预览打印效果。拖动右下角"显示比例"滚动条上的滑块能够调整文档的显示大小，单击"下一页"按钮▶和"上一页"按钮◀，能够进行预览的翻页操作。

预览时可以及时发现文档中的版式错误，如果在预览中发现文档中有需要改动的地方，可以及时对文档的版面进行重新设置和调整，以获得满意的打印效果，避免纸张的浪费。

3．打印输出

打印设置完成并且对预览效果满意后，如果电脑正确连接了打印机并安装了打印驱动程序，就可以对文档进行打印输出了。

单击功能区"文件"→"打印"选项，在中间窗格中"份数"增量框中设置打印份数；在"打印机"下选择连接的计算机名；还可点击"打印机属性"按钮设置打印机的其他参数，如单/双面打印、黑白/彩色打印、标签信封纸打印等；然后单击"打印"按钮即可开始文档的打印输出了。

本 章 习 题

1．商务文档主要有哪些类别？除了 Word 之外，还有哪些软件工具可以用来处理商务文档？

2．简述在 Word 文档中如何设置水印。

3．简述在一篇包含封面页、目录页和正文的长文档中，如何设置从正文开始显示的连续页码，而封面页和目录页不显示页码？

4．在一篇 100 页长的文档中，快速地将光标移到第 80 页，应该如何操作？

5．如何在一篇内容很多的文档中，将重复多次出现的"桂林"快速地加上突出显示的格式？试述其操作的主要步骤。

6．如何将多个自绘图形组合在一起？图形组合有什么现实意义？

7．SmartArt 有什么特点？如何插入一个程序流程图的 SmartArt 图？

8．如何在文档中插入如下公式？

$$dg = \frac{1}{2}q\mu\left(\frac{\eta bd}{hvK_f l^3}\right)^{1/2}\Phi_{e,\lambda}^{\frac{1}{2}}d\Phi_{e,\lambda}$$

9．样式有什么用处？怎样修改系统样式中的字体格式和段落间距？

10．如何为一篇长文档添加自动的章节编号？

11．简述为一篇长文档制作目录表的主要步骤。

12．如何将一篇文档设置为只能打开阅读，不能修改其中的内容？试述其设置步骤。

第六章　数据分析基础

6.1　初识数据分析

在现实生活中，无论政府机构、公司还是个人，几乎每天都要面对各种问题和进行各种选择。如何才能透过现象看本质发现问题的本源所在？如何才能做出科学正确的抉择？数据分析可以帮我们拨开迷雾发现真相，为抉择提供有力的数据支撑。

6.1.1　数据分析的概念

从专业的角度讲，数据分析是有针对性地收集、加工、整理数据，并采用统计、挖掘技术分析和解释数据的科学与艺术。

从行业的角度讲，数据分析是基于某种行业目的，有目的地收集、整理、加工和分析数据，提炼有价值信息的一个过程。

数据分析立足于三点：一是要有针对性的目的；二是基于统计基础和数据挖掘的方法；三是达到最初目的并有较好应用的结果。

6.1.2　数据分析的步骤

数据分析通常分为以下六个步骤。

1．明确分析目的和内容

对数据分析目的的把握是数据分析成败的关键，可以从以下三个方面来考虑：

(1) 数据分析的对象是什么？

(2) 数据分析的目的是什么？

(3) 最终的结果是要解决什么业务问题？

2．数据收集

数据收集要考虑如何准确有效地收集数据，从而客观全面地反映要研究的问题的真实情况。

3．数据处理

数据预处理是指对收集到的数据进行加工、整理，以便开展数据分析，它是数据分析前必不可少的阶段。概括起来，数据处理的过程包括数据审查、数据清理、数据转换和数据验证四个步骤。

(1) 数据审查：检查数据的数量(记录数)是否满足分析的最低要求，字段值的内容是否与研究目的要求一致、是否全面，包括利用描述性统计分析，检查各个字段的字段类型，字段的最大值、最小值、平均数、记录个数、缺失值或空值个数等。

(2) 数据清理：针对数据审查过程中发现的明显错误值、缺失值、异常值、可疑数据，选用适当的方法进行"清理"，使"脏"数据变为"干净"数据，使得后续的数据分析得出可靠的结论。

(3) 数据转换：不同字段由于计量单位不同，往往造成数据不可比，需要在分析前对数据进行变换，包括无量纲化处理、线性变换、汇总和聚集、适度概化、规范化、归一化等。

(4) 数据验证：初步评估和判断数据是否满足统计分析的需求，从而决定是否需要增加或减少数据量。利用简单的线性模型及散点图、直方图、柱形图、折线图等图形进行探索性分析，利用相关性分析、一致性检验等方法对数据的准确性进行验证，确保不把错误和偏差的数据带入到数据分析中。

上述四个步骤是一个逐步深入、由表及里的过程。先是从表面上查找容易发现的问题(如数据记录个数、最大值、最小值、缺失值或空值个数等)，接着对发现的问题进行处理，即数据清理；再就是提高数据的可比性，对数据进行一些变换，使数据形式上满足分析的需要；最后则是进一步检测数据内容是否满足分析需要，诊断数据的真实性及数据之间的协调性等，确保优质的数据进入分析阶段。

4．数据分析

数据分析是指通过分析手段、方法和技巧对准备好的数据进行探索、分析，从中发现因果关系、内部联系和业务规律，为国家机构、企业及个人提供决策参考。

(1) 常用的数据分析方法：主要有期望、方差、中位数、众数等数据描述方法以及回归、分类、聚类、时间序列数据分析等方法。

(2) 常用的数据分析工具：Excel、SPSS、R、Matlab、SAS、Python 等。

5．数据展现

一般情况下，数据分析的结果都是通过图、表的方式来呈现的，借助数据展现手段，能更直观地让数据分析师表述想要呈现的信息、观点和建议。常用的图表包括饼形图、折线图、柱形图/条形图、散点图、雷达图、金字塔图、矩阵图、漏斗图、帕雷托图等。

6．报告撰写

最后一个阶段就是撰写数据分析报告，对整个数据分析成果进行呈现。通过报告，把数据分析的目的、过程、结果及方案完整地呈现出来。数据分析报告要有明确的结论、建议和解决方案，不仅仅是找出问题，更重要的是解决问题。

本章主要介绍数据分析工具 Excel 的基本使用方法。

6.2　Excel 的应用范围

Excel 是一个电子表格软件，最重要的功能是存储数据，并对数据进行统计与分析。Excel 广泛应用于财务、会计、行政、人力资源、文秘、统计和审计等众多行业，可以大大提高用户对数据的处理效率。下面简单介绍 Excel 2016 在不同行业中的应用。

1．在财务管理中的应用

财务管理是一项涉及面广、综合性和制约性都很强的系统工程，是通过价值形态对资金运动进行决策、计划和控制的综合性管理，是企业管理的核心内容。在财务管理领域，使用 Excel 可以制作企业财务查询表、成本统计表、年度预算表等。

2．在人力资源管理中的应用

人力资源管理是一项系统、复杂的组织工作。使用 Excel 系列应用组件可以帮助人力资源管理者轻松、快速地完成数据报表及制作。

3．在市场营销中的应用

在市场营销领域，使用 Excel 可制作产品价目表、进销存管理系统、年度销售统计表、市场渠道选择分析以及员工销售业绩分析表等。

6.3　Excel 基本元素

电子表格是管理和维护数据的常用工具，Excel 则是管理和维护电子表格的有效工具。要进行电子表格的管理，首先要分清楚工作簿、工作表和单元格三大基本元素，如图 6-1 所示。

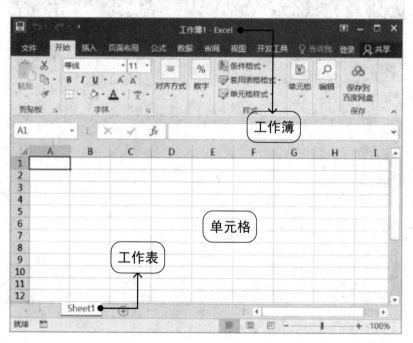

图 6-1　Excel 的基本元素

1．工作簿

工作簿是指在 Excel 中用来存储并处理工作数据的文件，其扩展名是.xlsx。在 Excel 中无论是数据还是图表，都是以工作表的形式存储在工作簿中的。通常所说的 Excel 文件指的就是工作簿文件，从图 6-2 中即可看到该文件夹中包含两个工作簿。

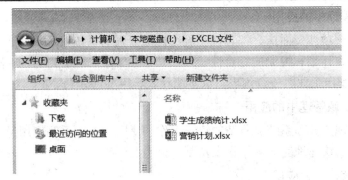

图 6-2　Excel 文件夹内容

在 Excel 中，一个工作簿包含许多工作表，工作表中可以存储不同类型的数据。当启动 Excel 时，系统会自动创建一个新的工作簿文件，默认名称为"工作簿 1"，以后创建工作簿的名称默认为"工作簿 2""工作簿 3"……，可根据需要自行修改文件名。

2．工作表

工作表是 Excel 存储和处理数据最重要的部分，是显示在工作簿窗口中的表格，如图 6-3 所示。

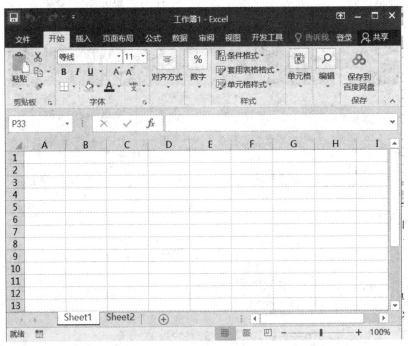

图 6-3　Excel 工作表

工作表是工作簿里的一页，工作表由单元格组成。通常把相关的工作表放在一个工作簿里。Excel 2016 的新建工作簿默认有一个工作表，用户可以根据需要添加工作表，每一个工作簿最多可以包含 255 个工作表。

3．单元格

工作表中行列交汇处的区域称为单元格，是存储数据的基本单位，它可以存放文字、数字、公式和声音等。在一个工作簿中，无论有多少个工作表，将其保存时都将会保存在同一个工作簿文件中，而不是按照工作表的个数保存。

　　总体来说，工作簿、工作表和单元格之间是包含的关系，工作簿包含多张工作表，而一张工作表由 16384(列)×1048576(行)个单元格组成。

　　默认情况下，Excel 用列序号字母和行序号数字来表示一个单元格的位置，称为单元格地址。在工作表中，每个单元格都有其固定的地址，一个地址也只表示一个单元格，如 A3 就表示位于 A 列与第 3 行的单元格，如图 6-4 所示。

　　如果要表示一个连续的单元格区域，可用"该区域左上角的一个单元格地址＋冒号＋该区域右下角的一个单元格地址"来表示，如 A1:C5 表示从单元格 A1 到单元格 C5 整个区域，如图 6-5 所示。

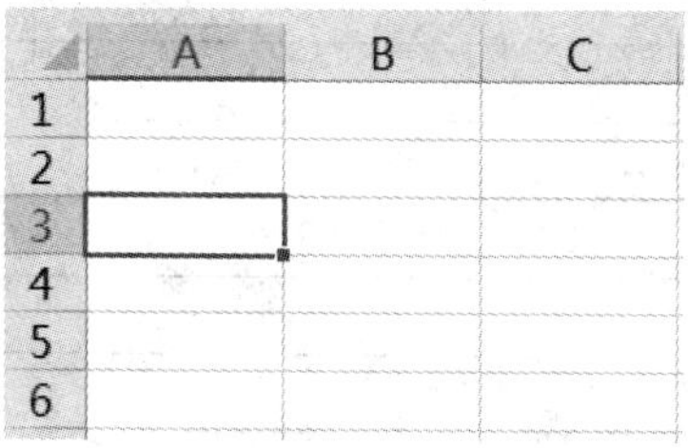

图 6-4　A3 单元格地址 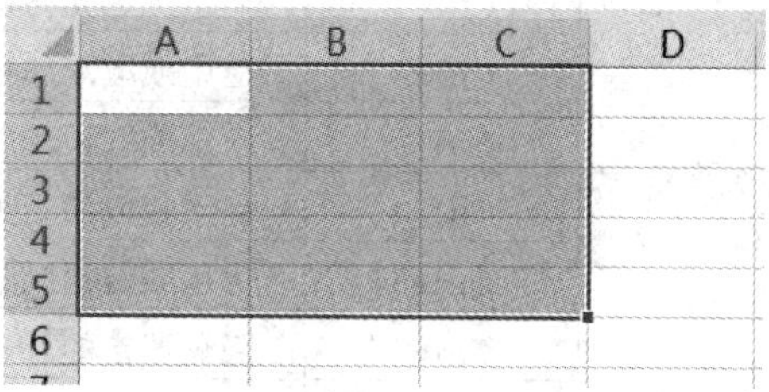　　　　　图 6-5　A1：C5 连续单元格区域

　　由于一个工作簿文件可能会包含多个工作表，因此为了区分不同工作表的单元格，可以在地址前面增加工作表的名称。

　　(1) Sheet1!A1 表示该单元格是工作表"Sheet1"中的单元格"A1"，"!"是工作表名与单元格之间的分隔符。

　　(2) 如果在不同的工作簿中工作表名相同可以这样表示：[工作簿名字]工作表名字! 单元格地址，如图 6-6 所示。"[ ]"是工作簿名与工作表名之间的分隔符。

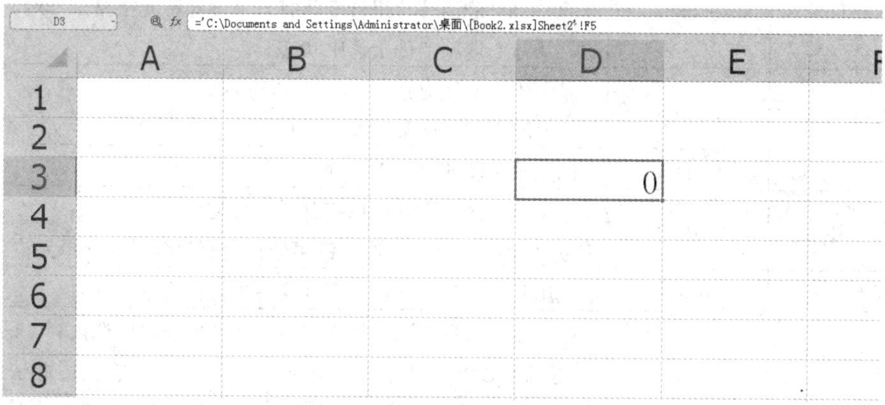

图 6-6　不同工作簿中相同工作表名

4．常用快捷键

　　掌握 Excel 的常用操作及其快捷键可以提高工作效率，表 6-1 列出了 Excel 2016 常用的命令及其快捷键。

表 6-1　　Excel 2016 常用命令及快捷键

常用操作	快捷键	说　明
快速引用表格样式	Ctrl+Shift+~	应用"常规"数字格式
	Ctrl+Shift+$	应用带有两位小数的"货币"格式(负数放在括号中)
	Ctrl+Shift+%	应用不带小数位的"百分比"格式
	Ctrl+Shift+#	应用带有日、月和年的"日期"格式
	Ctrl+Shift+!	应用带有两位小数、千位分隔符和减号(−)(用于负值)的"数值"格式
快速插入当前时间	Ctrl+Shift+:	输入当前时间
快速插入当前日期	Ctrl+;	输入当前日期
Ctrl 键与数字键命令	Ctrl+1	显示"单元格格式"对话框
	Ctrl+2	应用或取消加粗格式设置
	Ctrl+3	应用或取消倾斜格式设置
	Ctrl+4	应用或取消下划线
	Ctrl+5	应用或取消删除线
	Ctrl+9	隐藏选定的行
	Ctrl+0	隐藏选定的列
全选数据	Ctrl+A	选择整张工作表 如果工作表包含数据，则按"Ctrl+A"组合键将选择当前区域；再次按"Ctrl+A"组合键将选择整张工作表
复制	Ctrl+C	复制选定的单元格
查找和替换	Ctrl+F	显示"查找和替换"对话框，其中的"查找"选项卡处于选中状态 按"Shift+F5"组合键也会显示此选项卡，而按"Shift+F4"组合键则会重复上一次"查找"操作 按"Ctrl+Shift+F"组合键将打开"设置单元格格式"对话框，其中的"字体"选项卡处于选中状态
定位	Ctrl+G	显示"定位"对话框 按"F5"键也会显示此对话框
创建空白工作簿	Ctrl+N	创建一个新的空白工作簿
打开文件	Ctrl+O	显示"打开"对话框以打开或查找文件 按"Ctrl+Shift+O"组合键可选择所有包含批注的单元格
保存	Ctrl+S	使用其当前文件名、位置和文件格式保存活动文件
粘贴	Ctrl+V	在插入点处插入剪贴板的内容，并替换任何所选内容。只有在剪切或复制了对象、文本或单元格内容之后，才能使用此快捷键。按"Ctrl+Alt+V"组合键可显示"选择性粘贴"对话框，只有在剪切或复制了工作表或其他程序中的对象、文本或单元格内容后，此快捷键才可用
关闭选定工作簿	Ctrl+W	关闭选定的工作簿窗口
剪切	Ctrl+X	剪切选定的单元格
撤销	Ctrl+Z	使用"撤销"命令来撤销上一个命令或删除最后输入的内容

6.4 数据输入和格式化

在 Excel 中输入数据时，必须先了解输入数据的类型，不同类型的数据输入方法有所不同。数据的类型有文本型、数值型、日期型等。

6.4.1 数据的输入

1. 文本型数据

在 Excel 中，文本包括汉字、英文字母、数字、空格及所有键盘能输入的符号。文本输入后默认的对齐方式为单元格左对齐。输入的文本超过单元格列宽时，若右侧单元格没有数据，则超过宽度的数据会在右边单元格中显示；若右侧单元格有内容，则超宽部分隐藏，如果要显示隐藏部分，只需增大列宽或设置自动换行即可。如果需要在单元格中输入多行文本，可在输入时按"Alt+Enter"组合键，进行强制换行。

如输入学生的学号，先在英文输入法状态下输入单引号"'"，然后输入"062031113"，回车后即显示数值型文本数据的效果，如图 6-7 所示。

	A	B	C
1			
2		062031113	
3		学号	
4		abc	
5		#@$	
6		中华人民共和国	
7		韩梅梅 (80分)	

图 6-7 文本型数据

2. 数值型数据

在 Excel 中数值型数据是最为复杂的数据类型，一般由数字 0～9、正号、负号、小数点、斜杠"/"、百分号"%"、指数符号"E"或"e"、货币符号"$"或"￥"等组成。不同数据的输入方法分别是：

(1) 输入数值时，数据自动右对齐。数值型数据默认为常规表示法，当数值位数达到 12 位或以上时，会自动转换成科学计数法表示。

(2) 输入百分比数据：可以直接在数值后输入百分号"%"。

(3) 输入小数：一般直接在指定的位置输入小数点即可。

(4) 输入分数：输入分数时，为了与日期型数据区分，需要在分数之前加一个零和一个空格。例如：在 A1 中输入"1/4"，则显示"1 月 4 日"；在 B1 中输入"0 1/4"，则显示"1/4"，值为 0.25。数值型数据输入效果如图 6-8 所示。

	A	B
1	1月4日	1/4
2	123	1.23457E+14
3	1.234	95.20%
4	￥123.00	

图 6-8 数值型数据

3. 日期和时间型数据

日期和时间型数据在单元格中靠右对齐。如果 Excel 不能识别输入的日期或时间格式，则输入的数据将被视为文本并在单元格中靠左对齐。下面分别介绍输入日期和时间的方法。

(1) 输入日期：输入斜杠"/"或者"-"来分隔日期中的年、月、日部分，首先输入年份，然后输入 1～12 数字作为月，再输入 1～31 数字作为日，显示时通常用斜杠"/"分隔年、月、日。

(2) 输入时间：用冒号(:)分开时间的时、分、秒。系统默认输入的时间是按 24 小时制的格式输入的。输入 12 小时制的时间时，在输入时间后面加空格，再输入 AM 或 PM。日期时间型数据输入效果如图 6-9 所示。

按快捷键"Ctrl+;"可在单元格中插入当前日期；按快捷键"Ctrl+Shift+;"可在单元格中插入当前时间。如果同时输入日期和时间，则应在日期与时间之间用空格加以分隔。

	A	B
1	1982/2/1	1982-2-1
2	正确(默认)	22:23
3	正确(12小时	10:00 AM
4	错误	10:00am

图 6-9　日期和时间型数据

6.4.2　数据输入的技巧

1．在多个单元格中输入相同数据

若要一次性在所选单元格区域填充相同数据，可先选中要填充数据的单元格区域，再输入数据，然后按"Ctrl+Enter"组合键即可将数据输入到所有选定的单元格中。

2．自动填充数据

(1) 利用填充柄填充数据。在同一行或同一列的多个连续单元格中输入相同或有规律的数据，可以利用填充柄实现快速填充，如图 6-10 所示。

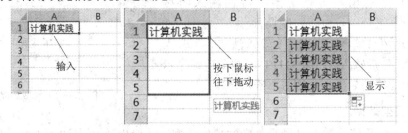

图 6-10　填充柄输入数据

(2) 自定义序列。序列数据是指有规律地变化的数据，如类似序列"甲、乙、丙、丁、……"和"星期一、星期二、星期三、……"等，都是 Excel 中已经定义好的序列。只要在单元格中输入已定义序列中的某个值，再拖动填充柄至单元格区域的最后一个就可以自动填充。

单击"文件"→"选项"菜单项，在弹出的对话框中选择"高级"→"编辑自定义序列"按钮，在弹出的对话框的列表中就可以看到已定义好的序列，如图 6-11 所示。

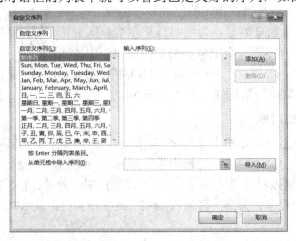

图 6-11　自定义序列

用户还可以自定义序列。在某单元格区域中输入将要用作填充序列的数据，选定数据区域，然后在图 6-11 所示的对话框中单击"导入"按钮，即可使用选定的数据作为填充序列。也可以单击"新序列"选项，然后在"输入序列"列表框中输入新的序列元素，每输入一个元素后，按 Enter 键换行，序列数据输入完成后，再单击"添加"按钮完成新序列的添加。若要删除自定义序列，则单击"删除"按钮即可。

3．使用序列生成器

一些有规律的数据序列(如"1、3、5、7、……""2020-01-01、2020-02-01、2020-03-01、……")，还可以采用序列生成器来输入。

首先在某单元格中输入序列的初始值，然后选择包含该单元格的单元格区域，再单击"开始"→"编辑"组中的"填充 填充"→"序列(S)…"按钮，在弹出的"序列"对话框中根据需要设置序列属性，如图 6-12 所示。

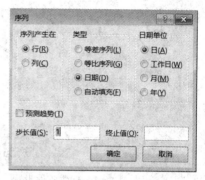

图 6-12　"序列"对话框

6.4.3　数据输入有效性验证

在向工作表中输入数据时，为了防止输入错误的数据，可以为单元格设置有效的数据范围，限制用户只能输入指定范围内的数据，这样可以极大地减小数据处理操作的复杂性。

(1) 允许在单元格中设置任何值。选中要设置数据有效性的单元格，单击"数据"→"数据工具"选项组中的"数据验证"按钮，弹出"数据验证"对话框，在"设置"选项卡的"允许"下拉列表框中有多种类型的数据格式，默认情况下，有效性条件为可输入任何值，即对输入数据不作任何限制，如图 6-13 所示。

图 6-13　数据验证

(2) 设置在单元格中只能输入 0～10。选中要设置数据有效性的单元格，单击"数据"→"数据工具"选项组中的"数据验证"按钮，在弹出对话框的"设置"选项卡的"允许"下拉列表框中选择"整数"选项，在"数据"下拉列表框中选择"介于"选项，在"最小值"文本框中输入"1"，在"最大值"文本框中输入"10"，如图 6-14 所示，然后单击"确定"按钮确认。在设置有验证条件的单元格中输入数据，当输入错误时会弹出错误提示。

(3) 设置开始日期和结束日期。可在"开始日期"输入框中输入"=TODAY()"(表示当前日期),在"结束日期"输入框中输入"=TODAY()+5"(表示 5 天后的日期),如图 6-15 所示,单击"确定"按钮完成设置。

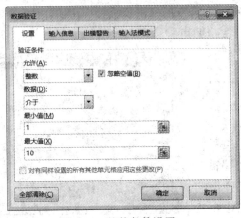

图 6-14 整数条件设置

图 6-15 日期条件设置

(4) 禁止在 A1 单元格中输入字母和数字,只能输入文本。可以在公式框中输入"=LENB(A1)=2",如图 6-16 所示。

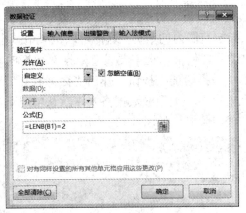

图 6-16 限定输入文本

表 6-2 提供了一些常用的公式示例,供参考。

表 6-2 常用公式示例

满足的条件	输入的公式
限制的单元格只能输入数字	=ISNUMBER(A1)
限制单元格只能包含文本	=ISTEXT(A1)
限制单元格只能输入以 A 开头的文本	=LEFT(A1)="A"
限制单元格里面只能输入 11 位的数字	=LEN(A1)=I1
限制单元格不能输入小于今天的日期	=TODAY()
限制只能输入 A1:A5 单元格区域中的数据	=$A$1:$A$5
限制重复值的输入	=COUNTIF($A$1:$A$5,A1)=1
禁止单元格前后输入多余空格	=A1=TR1M(A1)

6.4.4　条件格式

条件格式是指当条件为真时，Excel 自动将格式(如单元格的底纹或字体颜色)应用于所选的单元格，即在所选的单元格中将符合条件的单元格以一种格式显示，将不符合条件的单元格以另一种格式显示，如图 6-17 所示。

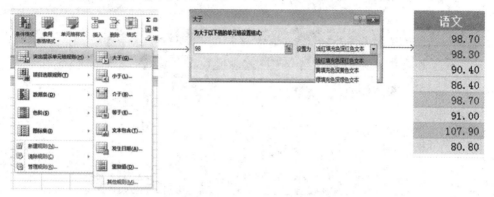

图 6-17　单元格规则条件格式

除了用突出单元格规则这种普遍使用的方法外，还可以利用数据条、色阶、图标集的方式来显示数据，如图 6-18 所示。

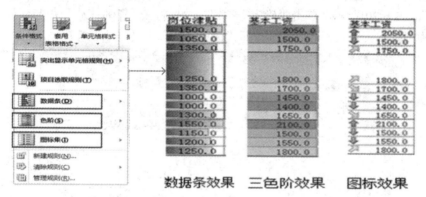

图 6-18　其他方式条件格式

6.5　数据分析基础

使用 Excel 可以对表格中的数据进行基础分析：通过 Excel 的排序功能可以将数据表中的内容按照特定的规则排序，便于用户观察数据之间的规律；使用筛选功能可以对数据进行"过滤"，将满足用户条件的数据单独显示；使用分类显示和分类汇总功能可以对数据进行分类。

6.5.1　数据排序

Excel 2016 提供了多种排序方法，用户可以根据需要进行单条件排序或多条件排序，也可以按照行、列排序，或根据需要自定义排序。

（1）选择表格中所需排序的单元格数据区域，单击"数据"→"排序和筛选"选项组中的"排序"按钮。

（2）打开"排序"对话框，单击"主要关键字"后的下拉按钮，在下拉列表框中选择"基本工资"选项，设置"排序依据"为"数值"，设置"次序"为"降序"完成排序，如图 6-19 所示。

图 6-19　"排序"对话框

（3）如需新增排序条件，单击"添加条件"按钮，再单击"次要关键字"后的下拉按钮，在下拉列表框中选择"岗位工资"选项，设置"排序依据"为"数值"，设置"次序"为"降序"，如 6-20 所示，单击"确定"按钮。数据将按"基本工资"由高到低的顺序进行排序，而"基本工资"相等时，则按照"岗位工资"由高到低进行排序。

图 6-20　添加排序条件

6.5.2　数据筛选

Excel 提供了较强的数据处理、维护、检索和管理功能，可以通过筛选功能准确地找出符合要求的数据，也可以通过排序功能将数据进行升序或降序排列。筛选是将不满足条件的记录从视图中"隐藏"起来，只显示满足条件的数据，并不删除记录。

例如，在"员工信息表"中，将性别为"女"且奖金大于"600"的数据筛选出来，具体的操作步骤如下：

（1）选择数据区域内的任一单元格，单击"数据"→"排序和筛选"选项组中的"筛选"按钮，进入"自动筛选"状态，此时在标题行每列的右侧出现一个下拉箭头，如图 6-21 所示。

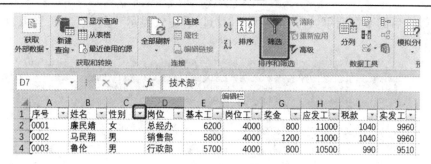

图 6-21 自动筛选状态

(2) 单击"性别"列右侧的下拉箭头，在弹出的下拉列表框中取消"全选"复选框，选择"女"复选框，如图 6-22 所示，单击"确定"按钮。

图 6-22 筛选性别为"女"

(3) 单击"奖金"列右侧的下拉箭头，在弹出的下拉列表框中选择"数字筛选(F)"→"大于(G)…"，在弹出的对话框中输入"600"(如图 6-23 所示)，单击"确定"按钮。

图 6-23 筛选奖金大于"600"

经过筛选后的数据清单如图 6-24 所示，可以看出仅显示奖金高于 600 的女性，其他记录被隐藏。

	A	B	C	D	E	F	G	H	I	J
1	序号	姓名	性别	岗位	基本工	岗位工	奖金	应发工	税款	实发工
2	0001	廉	女	总经办	6200	4000	800	11000	1040	9960
5	0004	鲁	女	销售部	3500	4000	900	8400	780	7620
6	0005	张	女	技术部	5500	4000	700	10200	960	9240
16	0015	齐	女	人事部	3200	4000	700	7900	730	7170
18	0017	孟	女	总经办	4800	4000	800	9600	900	8700
21	0020	滕	女	销售部	2500	4000	1500	8000	740	7260
22	0021	平	女	技术部	4500	4000	700	9200	860	8340

图 6-24　筛选结果

6.5.3　分类汇总

在处理含有大量数据的工作表时，往往需要对特定的数据进行汇总计算。Excel 的分类汇总功能可以用来协助进行某列数据的求和、平均等运算。

例如，在数据列表中，使用分类汇总来求男女实发工资的平均值，具体操作步骤如下：

(1) 选择数据区域，单击"数据"→"排序"按钮，在弹出的对话框中，"主要关键字"选择"性别"，"排序依据"选择"数值"，"次序"选择升序，然后单击"确定"按钮完成对数据的排序。

(2) 在"数据"选项卡中，单击"分级显示"→"分类汇总"按钮，弹出"分类汇总"对话框。在"分类字段"下拉列表框中选择"性别"选项，表示以"性别"字段进行分类汇总，在"汇总方式"下拉列表框中选择"平均值"选项，在"选定汇总项"列表框中选中"实发工资"复选框，并选择"汇总结果显示在数据下方"复选框，如图 6-25 所示。

(3) 单击【确定】按钮，进行分类汇总后的效果如图 6-26 所示。

图 6-25　"分类汇总"对话框

图 6-26　分类汇总效果

6.5.4　数据透视表

数据透视表是一种对大量数据快速汇总和建立交叉列表的交互式动态表格，能够帮助用户分析、组织既有数据，是 Excel 中的数据分析利器。

数据透视表的主要用途是从数据库的大量数据中生成动态数据报告，以对数据进行分类汇总和聚合，帮助用户分析和组织数据。还可以对记录数量较多、结构复杂的工作表进行筛选、排序、分组和有条件地设置格式，显示数据中的规律。

对于任何一个数据透视表来说，可以将其整体结构划分为四大区域，分别是行区域、列区域、值区域和筛选器。

(1) 行区域。行区域位于数据透视表的左侧，每个字段中的每一项显示在行区域的每一行中。通常在行区域中放置一些可用于进行分组或分类的内容。

(2) 列区域。列区域由数据透视表各列顶端的标题组成，每个字段中的每一项显示在列区域的每一列中。通常在列区域中放置一些可以随时间变化的内容，如"第一季度"和"第二季度"等，可以很明显地看出数据随时间变化的趋势。

(3) 值区域。在数据透视表中，包含数值的大面积区域就是值区域。值区域中的数据是对数据透视表中行字段和列字段数据的计算和汇总，该区域中的数据一般都是可以进行运算的。默认情况下，Excel 对数值区域中的数值型数据进行求和，对文本型数据进行计数。

(4) 筛选器。筛选器位于数据透视表的最上方，由一个或多个下拉列表组成，通过选择下拉列表框中的选项，可以一次性对整个数据透视表中的数据进行筛选。

使用数据透视表的具体操作步骤如下：

(1) 单击"插入"→"表格"选项组中的"数据透视表"按钮，弹出"创建数据透视表"对话框，如图 6-27 所示。

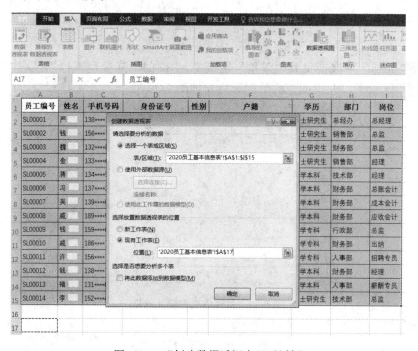

图 6-27　"创建数据透视表"对话框

(2) 在"创建数据透视表"对话框的"请选择要分析的数据"区域选中"选择一个表或区域"单选项，在"表/区域"输入框中设置数据透视表的数据源，单击其后的按钮，用鼠标拖曳选择 A1:I15 单元格区域。在"选择放置数据透视表的位置"区域选中"现有工作表"单选项，在"位置"中点击 A17，单击"确定"按钮。

(3) 弹出数据透视表的编辑界面，工作表中会出现数据透视表，其右侧是"数据透视表字段"任务窗格，如图 6-28 所示。在"数据透视表字段"任务窗格中选择要添加到报表的字段，即可完成数据透视表的创建。此外，在功能区会出现"数据透视表工具"的"分析"和"设计"两个选项卡。

图 6-28　数据透视表字段

(4) 将"性别"字段拖曳到"Σ值"区域中，"部门"拖曳至"行"区域中，"性别"拖曳至"列"区域中，完成创建的数据透视表如图 6-29 所示。

计数项:性别	各部门男 ▼		
行标签 ▼	男	女	总计
财务部	2	4	6
行政部	1		1
技术部		2	2
人事部	1	1	2
销售部		2	2
总经办	1		1
总计	5	9	14

图 6-29　数据透视表统计效果

6.6　数 据 展 示

图表作为一种比较形象、直观的表达形式，可以表示各种数据的数量多少、数量增减变化情况以及部分数量同总数量之间的关系等，使人易于理解、印象深刻，且更容易发现隐藏在背后的数据变化的趋势和规律。当工作表中的数据发生变化时，图形表会相应改变，不需要重新绘制。

6.6.1　图表的基本概念和组成

图表由图表区和绘图区构成，图表区是指图表整个背景区域，绘图区则包括数据系列、坐标轴、图表标题、数据标签、图例等。图 6-30 所示为图表的构成。

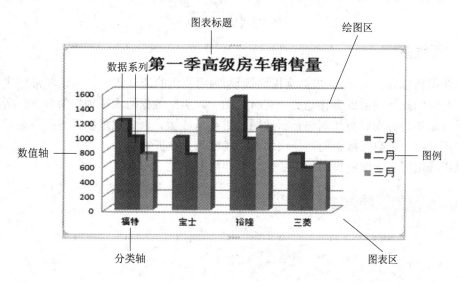

图 6-30　图表的构成

(1) 数据系列：图表中的相关数据点，代表着表格中的行、列。图表中每一个数据系列都具有不同的颜色和图案，各个数据系列的含义将通过图例体现出来。在图表中，可以绘制一个或多个数据系列。

(2) 坐标轴：度量参考线，x 轴为水平坐标轴，通常表示分类(分类轴)，y 轴为垂直坐标轴，通常表示数值(数值轴)。

(3) 图表标题：图表名称，一般自动与坐标轴或图表顶部居中对齐。

(4) 数据标签：为数据标记附加信息的标签，通常代表表格中某单元格的数据点或值。

(5) 图例：表示图表的数据系列，通常有多少数据系列，就有多少图例色块，其颜色或图案与数据系列相对应。

6.6.2　柱形图

柱形图也叫直方图，是较为常用的一种图表类型，主要用于显示一段时间内的数据变化或显示各项之间的比较情况，易于比较各组数据之间的差别。柱形图包括簇状柱形图、堆积柱形图、百分比堆积柱形图、三维簇状柱形图、三维堆积柱状图、三维百分比堆积柱形图和三维柱形图等。

以簇状柱形图展示上半年销售额，如图 6-31 所示。

图 6-31　柱形图

6.6.3　折线图

　　折线图可以显示随时间(根据常用比例设置)而变化的连续数据，因此非常适用于显示在相等时间间隔下的数据变化趋势。在折线图中，类别数据沿水平轴均匀分布，所有值数据沿垂直轴均匀分布。折线图包括折线图、堆积折线图、百分比堆积折线图、带数据标记的堆积折线图、带数据标记的百分比堆积折线图和三维折线图等。

　　以折线图展示年度销售增长率变化情况，如图 6-32 所示。

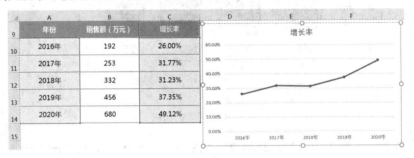

图 6-32　折线图

6.6.4　饼图

　　饼图是显示一个数据系列中各项的大小与总和比例的图形。在实际中如果需要计算总费用或金额的各个部分构成比例情况，一般都是通过各个部分与总额相除来计算，但这种比例表示方法很抽象，此时可以使用饼图显示各个组成部分所占比例。饼图包括三维饼图、复合饼图、复合条饼图和圆环图等。

　　以三维饼图来展示各月份销量占比，如图 6-33 所示。

图 6-33　饼图

6.6.5　条形图

条形图可以显示各个项目之间的比较情况，与柱形图相似，但是又有所不同，条形图显示为水平方向，柱形图则显示为垂直方向。条形图包括簇状条形图、堆积条形图、百分比堆积条形图、三维簇状条形图、三维堆积条形图和三维百分比堆积条形图。

条形图如图 6-34 所示。

月份	硬糖	奶糖	巧克力
1月	¥3,847.00	¥4,054.00	¥6,490.00
2月	¥4,434.00	¥5,744.00	¥6,203.00
3月	¥4,553.00	¥5,584.00	¥6,409.00
4月	¥3,760.00	¥3,978.00	¥3,994.00
5月	¥6,214.00	¥5,354.00	¥5,526.00
6月	¥12,000.00	¥11,000.00	¥4,511.00

图 6-34　条形图

6.6.6　散点图

XY 散点图表示因变量随自变量而变化的大致趋势，据此可以选择合适的函数对数据点进行拟合。在分析多个变量间的相关关系时，可利用散点图矩阵来同时绘制各自变量间的散点图，这样可以快速发现多个变量间的主要相关性，例如科学数据、统计数据和工程数据。XY 散点图(气泡图)包括散点图、带平滑线和数据标记的散点图、带平滑线的散点图、带直线和数据的散点图、带直线的散点图、气泡图和三维气泡图。

以 XY 散点图展示各省销售完成情况，如图 6-35 所示。

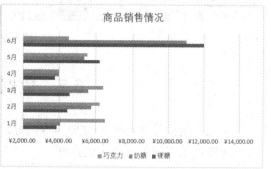

	销售额	销售额增加率
江西	4022	2.2%
广西	5426	-28.0%
广东	6961	29.3%
湖南	6631	5.6%
湖北	6962	13.8%
浙江	5442	7.5%

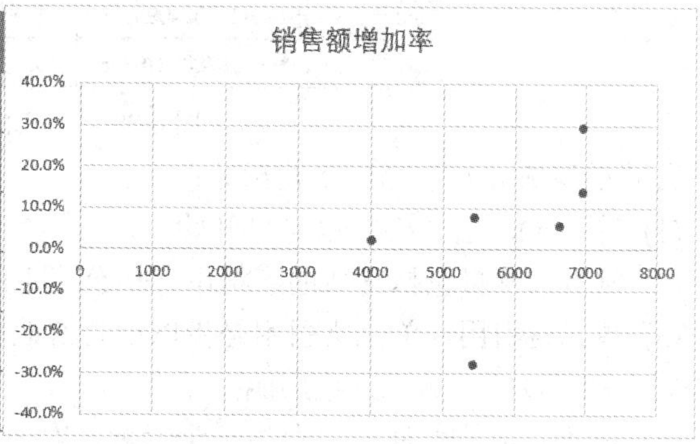

图 6-35　散点图

6.6.7　股价图

股价图可以显示股价的波动，以特定顺序排列在工作表的列或行中的数据可以绘制为股价图，不过这种图表也可以显示其他数据，如日降雨量和每年温度等的波动，但必须按正确的顺序组织数据才能创建股价图。股价图包括盘高—盘低—盘图、开盘—盘高—盘低

—收盘图、成交量—盘高—盘低—收盘图、成交量—开盘—盘高—盘低—收盘图。

使用股价图显示股价涨跌，如图 6-36 所示。

图 6-36　股价图

6.7　数据计算与统计

公式和函数是 Excel 的重要组成部分，具有非常强大的计算功能，为用户分析和处理工作表中的数据提供了很大的方便。

6.7.1　初识公式

Excel 中的公式是以等号"="开头，通过运算符将数据和函数等元素按一定顺序连接在一起的表达式。在 Excel 中，凡是在单元格中先输入等号"="，再输入其他数据的，都会被自动判定为公式。

现以计算年龄为例，介绍公式的组成。计算当前年龄的公式为"=(TODAY()-D2)/365"，如图 6-37 所示。

	A	B	C	D	E
1	姓名	身份证号	性别	出生日期	年龄
2	严	51****197604095633	男	1976-04-09	45
3	钱	41****197805216366	女	1978-05-21	43

E2　　fx　=(TODAY()-D2)/365

图 6-37　公式组成

公式的组成元素包括以下几部分：

(1) 等号(=)。公式必须以等号开始。

(2) 常量。常量包括常数的字符串。如公式中的"365"是常数。

(3) 单元格引用。单元格引用是指以单元格地址或名称来代表单元格的数据进行计算。如公式中的"D2"是单元格的引用。

(4) 函数。函数也是公式中的一个元素，对一些特殊、复杂的运算，使用函数会更简单。如公式中的"TODAY()"是函数。

(5) 括号。括号可以用于控制公式中元素运算的先后顺序，一般每个函数后面都会跟一个括号，用于设置参数。

6.7.2　单元格引用

单元格引用就是标识工作表上的单元格或单元格区域。Excel 单元格的引用包括相对引用、绝对引用和混合引用 3 种方式。

(1) 相对引用。相对引用是在公式中用列标和行号直接表示引用的单元格，如 A1、B5 等。当某个单元格的公式被复制到另一个单元格时，原单元格中公式的地址在新单元格中就会发生变化。

例如，在单元格 A9 中输入公式 "=SUM(A1:A8)"，当将单元格 A9 中的公式复制到 C10 后，C10 中的公式就会变成 "=SUM(C2:C9)"。

(2) 绝对引用。绝对引用时应在引用单元格的列标和行号前面加上 "$"符号。将单元格中的公式复制到新的单元格时，公式中引用的单元格地址将始终保持不变。

例如，在单元格 A9 中输入公式 "=SUM($A$1:$A$8)"，当将单元格 A9 中的公式复制到 C10 后，C10 中的公式依然是 "=SUM($A$1:$A$8)"。

(3) 混合引用。混合地址的表示方法是在引用单元格的列标或行号前加 "$" 符号，如 "$B10" 或 "D$12"。在公式中如果采用混合引用，当公式所在的单元格位置改变时，绝对引用不变，相对引用将对应改变。

例如，在单元格 A9 中输入公式 "=A$3"，当将 A9 中的公式复制到 B10 时，B10 中的公式就会变成 "=B$3"。

6.7.3　初识函数

Excel 2016 提供了大量的内置函数，利用这些函数进行数据计算与分析，不仅可以大大提高工作效率，还可以提高数据的准确率。根据运算类别及应用行业的不同，Excel 2016 中的函数可以分为财务、日期与时间、数学与三角函数、统计、查换与引用、文本、逻辑等。

大部分函数由函数名称和函数参数两部分组成，即 "=函数名(参数 1，函数 2，…，函数 n)"，例如 "=SUM(A1:A9)"；还有小部分函数没有参数即 "=函数名()"，例如 "=RAND()" "=TODAY()"。

6.7.4　常用函数

1. 日期时间函数

(1) YEAR：返回某日期对应的年份。

・函数格式：

YEAR (serial_number)

・参数说明：

serial_number 表示要提取年份的时间，可以是表示时间的序列号、时间文本或单元格引用。

・注意事项：

① YEAR 函数只显示日期值或表示日期文本的年份。返回值是 1900～9999 间的整数。

② 参数表示的日期应该以标准的日期格式输入，或者用 DATE、NOW、TODAY 等函数输入。如果是文本，则返回错误值#VALUE!。

・示例：使用 YEAR 函数提取 "年"，如图 6-38 所示。

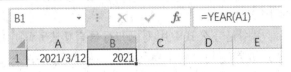

图 6-38　使用 YEAR 函数提取年

(2) MONTH：返回某日期对应的月份。

· 函数格式：

MONTH (serial_number)

· 参数说明：

serial_number 表示要提取月份的日期，可以是表示日期的序列号、时间文本或单元格引用。

· 注意事项：

① 使用 MONTH 函数只显示日期值或表示日期文本的月份。返回值是 1～12 间的整数。

② 参数 serial_number 表示的日期应该以标准的日期格式输入，如果日期以非标准日期格式的文本形式输入，则 MONTH 函数将返回错误值#VALUE!。

· 示例：

使用 MONTH 函数提取"月"，如图 6-39 所示。

(3) DAY：返回某日期中具体的某一天。

· 函数格式：

DAY(serial_number)

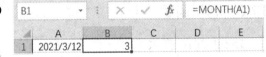

图 6-39　使用 MONTH 函数提取"月"

· 参数说明：

serial_number：表示要提取天数的日期，日期有多种输入方式：带引号的文本串(例如 "1988/01/30")、系列数(例如，如果使用 1900 日期系统则 35825 表示 1998 年 1 月 30 日)或其他公式或函数的结果(例如 DATEVALUE("1998/1/30"))。

· 注意事项：

① 只显示日期值或表示日期文本的天数，返回值为 1～31 间的整数。

② 参数 serial_number 表示的日期应该以标准的日期格式输入，如果日期以非标准日期格式的文本形式输入，DAY 函数将返回错误值#VALUE!。

· 示例：

使用 DAY 函数提取"日"，如图 6-40 所示。

(4) TODAY：返回当前日期。

· 函数格式：

TODAY()

· 参数说明：

不需要参数。

· 注意事项：

① TODAY 函数返回的是操作系统中设置的日期。

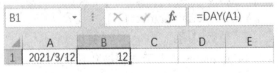

图 6-40　使用 DAY 函数提取"日"

② TODAY 函数返回的日期不会实时更新，除非工作表被重新计算。

・示例：

使用 TODAY 函数计算年龄，如图 6-41 所示。

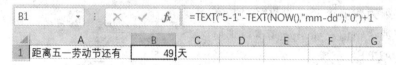

图 6-41　使用 TODAY 函数计算年龄

(5) NOW：返回日期时间格式的当前日期和时间。

・函数格式：

NOW()

・参数说明：

不需要参数。

・注意事项：

① NOW 函数返回的是操作系统中设置的日期和时间。

② NOW 函数返回的日期不会实时更新，除非工作表被重新计算。

・示例(五一倒计时)：

使用 NOW 函数返回当前日期，然后使用 TEXT 函数将当前日期设为"月-日"格式。再使用 5 月 1 日减去当前日期，然后使用 TEXT 函数将差值设置为数字格式，即日期序列号。最后加 1 即可得到当前日期距离 5 月 1 日的天数，结果如图 6-42 所示。

B1		$\times$ $\checkmark$ f_x	=TEXT("5-1"-TEXT(NOW(),"mm-dd"),"0")+1				
	A	B	C	D	E	F	G
1	距离五一劳动节还有	49 天					

图 6-42　使用 NOW 函数返回当前日期

(6) WEEKDAY：返回当前日期是星期几。

・函数格式：

WEEKDAY (serial_number，return_type)

・参数说明：

serial_number：表示返回值类型的数字，返回代表一周中的第几天的数值，是一个 1～7 之间的整数。

return_type：返回代表一周中的第几天的数值，是一个 1～7 之间的整数。从星期日=1 到星期六=7，用 1；从星期一=1 到星期日=7，用 2；从星期一=0 到星期日=6 时，用 3。

・注意事项：

serial_number 参数如果以非标准日期格式的文本形式输入，则返回错误值#VALUE!。如果输入负数，则返回错误值#NUM！。

・示例(判断是否加班)：

首先使用 WEEKDAY 函数提取 A 列日期中的星期，将 WEEKDAY 函数的第 2 参数设置为 2，表示 WEEKDAY 函数如果返回 1，则相当于星期一。然后判断 WEEKDAY 返回值是否大于 5，如果大于 5，则说明该日期为周末，是否加班列显示“是”，否则显示“否”，如图 6-43 所示。

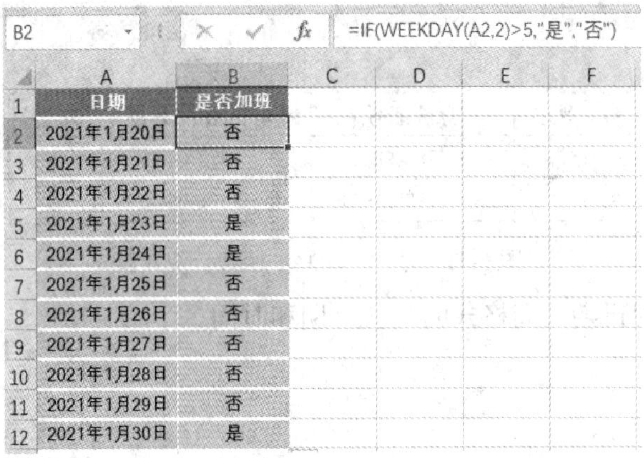

	A	B	C	D	E	F
1	日期	是否加班				
2	2021年1月20日	否				
3	2021年1月21日	否				
4	2021年1月22日	否				
5	2021年1月23日	是				
6	2021年1月24日	是				
7	2021年1月25日	否				
8	2021年1月26日	否				
9	2021年1月27日	否				
10	2021年1月28日	否				
11	2021年1月29日	否				
12	2021年1月30日	是				

图 6-43　使用 WEEKDAY 函数示例

2．数学与三角函数

(1) ABS：计算数字的绝对值。

• 函数格式：

ABS(number)

• 参数说明：

number(必选)：表示要返回绝对值的数字。

• 注意事项：

参数必须为数值类型，即数字、文本格式的数字或逻辑值。如果是文本，则返回错误值#VALUE!。

• 示例(计算绝对值)：

使用 ABS 函数计算数字的绝对值，如图 6-44 所示。

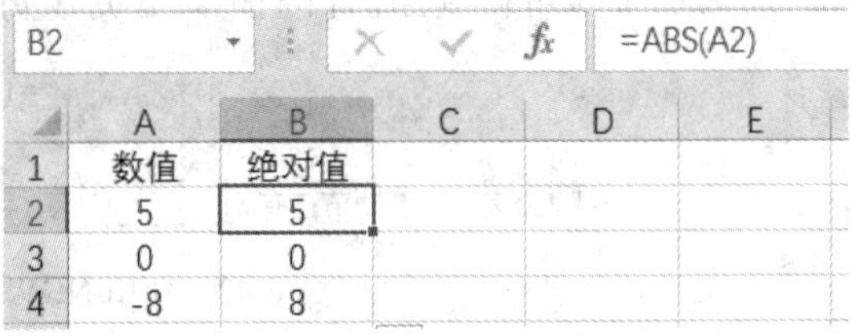

	A	B	C	D	E
1	数值	绝对值			
2	5	5			
3	0	0			
4	-8	8			

图 6-44　使用 ABS 函数计算数字的绝对值

(2) MOD：返回商的余数。

• 函数格式：

MOD(number,divisor)

• 参数说明：

number：表示被除数。

divisor：表示除数。

• 注意事项：

① 参数必须为数值类型，即数字、文本格式的数字或逻辑值。如果是文本，则返回错误值#VALUE!。

② 如果除数为 0(零)，MOD 将返回错误值#VALUE!。

• 示例(判断年份是否为闰年)：

规则：如果某年份能被 4 整除而不能被 100 整除，或者能被 400 整除，则该年份为闰年。公式=IF(OR(AND(MOD(A2,4)=0,MOD(A2,100)<>0),MOD(A2,400)=0),"是","否")，结果如图 6-45 所示。

B2			× ✓ fx		=IF(OR(AND(MOD(A2,4)=0,MOD(A2,100)<>0),MOD(A2,400)=0),"是","否")						
▲	A	B	C	D	E	F	G	H	I	J	K
1	当前年份	是否闰年									
2	1982	否									
3	2000	是									
4	2012	是									
5	2021	否									

图 6-45　使用 MOD 函数判断年份是否为闰年

(3) SUM：计算数字之和。

• 函数格式：

SUM (number1,number2,...)

• 参数说明：

number1：表示需要相加的第一个数值参数。

number2，…：表示需要相加的第 2～255 个数值参数。

• 注意事项：

① 每个参数都可以是区域、单元格引用、数组、常数、公式或另一函数的结果。

② 如果参数是一个数组或引用，则只计算其中的数字。数组或引用中的空白单元格、逻辑值或文本将被忽略。

③ 如果任意参数为错误值或为不能转换为数字的文本，Excel 将会显示错误。

• 示例(计算各科总分)：

使用 SUM 函数计算总分，如图 6-46 所示。

H2			× ✓ fx		=SUM(C2:G2)			
▲	A	B	C	D	E	F	G	H
1	学号	学生姓名	语文	数学	英语	物理	化学	总分
2	C121401	宋	98	87	84	93	76	438
3	C121402	郑	85	112	35	20	78	330
4	C121403	张	90	103	95	93	72	453
5	C121404	江	86	94	94	93	84	451
6	C121405	齐	缺考	70	50	96	75	291
7	C121406	孙	91	105	94	75	77	442
8	C121407	甄	107	95	90	95	89	476
9	C121408	周	缺考	20	96	35	68	219

图 6-46　使用 SUM 函数计算各科总分

(4) SUMIF：按给定条件对指定单元格求和。

• 函数格式：

SUMIF(range, criteria, sum_range)

• 参数说明：

range：用于条件计算的单元格区域。每个区域中的单元格都必须是数字或名称、数组或包含数字的引用。空值和文本值将被忽略。

criteria：用于确定对哪些单元格求和的条件，其形式可以为数字、表达式、单元格引用、文本或函数。例如，条件可以表示为 100、">100"、A5、32、"32"。

sum_range：要求和的实际单元格。如果省略 sum_range 参数，则 Excel 会对在范围参数中指定的单元格(即应用条件的单元格)求和。

- 注意事项：

① 使用 SUMIF 函数匹配超过 255 个字符的字符串时，将返回错误值#VALUE！。

② 当参数 criteria 中包含比较运算符时，运算符必须用双引号括起，否则公式会出错。

- 示例(计算"外设产品"的销售数量)：

使用 SUMIF 函数计算"外设产品"的销售数量，公式为 F20=SUMIF(C2:C19, "外设产品", F2:F19)，结果如图 6-47 所示。

	产品编号	名称	类别	单位	单价	销售数量
1						
2	SL01001	笔记本	电脑整机	台	¥4,699.00	25
3	SL01003	台式机	电脑整机	台	¥4,999.00	151
4	SL01002	游戏本	电脑整机	台	¥6,969.00	132
5	SL01004	一体机	电脑整机	台	¥4,999.00	186
6	SL02002	SSD硬盘	电脑配件	个	¥549.00	36
7	SL02006	机箱	电脑配件	个	¥269.00	175
8	SL02003	显示器	电脑配件	台	¥999.00	58
9	SL02001	CPU	电脑配件	个	¥1,199.00	62
10	SL02004	显卡	电脑配件	个	¥1,499.00	101
11	SL02005	组装电脑	电脑配件	个	¥2,459.00	122
12	SL04001	机械键盘	游戏设备	个	¥12.00	126
13	SL04002	游戏鼠标	游戏设备	个	¥169.00	43
14	SL04003	游戏手柄	游戏设备	个	¥429.00	24
15	SL03005	摄像头	外设产品	个	¥125.00	46
16	SL03003	U盘	外设产品	个	¥129.00	72
17	SL03001	鼠标	外设产品	个	¥79.00	176
18	SL03002	键盘	外设产品	个	¥79.00	223
19	SL03004	移动硬盘	外设产品	个	¥499.00	62
20					外设产品销售量	579

F20 =SUMIF(C2:C19,"外设产品",F2:F19)

图 6-47　使用 SUMIF 函数示例

(5) SUMIFS：按多个条件对指定单元格求和。

- 函数格式：

SUMIFS(sum_range,criteria_range1,criteria1,[criteria_range2], [criteria2],…)

- 参数说明：

sum_range：对一个或多个单元格求和，包括数字或包含数字的名称、名称、区域或单元格引用。空值和文本值将被忽略。

criteria_range1：在其中计算关联条件的第一个区域。

criteria1：条件的形式为数字、表达式、单元格引用或文本，可用来定义将对 criteria_range1 参数中的哪些单元格求和。

[criteria_range2]：表示要作为条件进行判断的第 2~127 个单元格区域。

criteria2：表示要进行判断的第 2~127 个条件，形式可以为数字、文本或表达式。

· 注意事项：

① 仅当 sum_range 参数中的每一单元格满足所有相应的指定条件时，才对这些单元格进行求和。例如，假设一个公式中包含两个 criteria_range 参数。如果 criteria_range1 的第一个单元格满足 criteria1，而 criteria_range2 的第一个单元格满足 critera2，则 sum_range 的第一个单元格计入总和中。对于指定区域中的其余单元格，以此类推。

② 包含 TRUE 的 sum_range 参数中的单元格计算为 1；包含 FALSE 的 sum_range 中的单元格计算为 0(零)。

③ 与 SUMIF 函数中的区域和条件参数不同，SUMIFS 函数中每个 criteria_range 参数包含的行数和列数必须与 sum_range 参数相同。

· 示例：

使用 SUMIFS 函数计算销量高于 80 的"外设产品"总销售数量，公式为 F20= SUMIFS(F2: F19, C2:C19,"外设产品", F2:F19,">80")，结果如图 6-48 所示。

F20		fx	=SUMIFS(F2:F19,C2:C19,"外设产品",F2:F19,">80")				
	A	B	C	D	E	F	G
1	产品编号	名称	类别	单位	单价	销售数量	销售金额
2	SL01001	笔记本	电脑整机	台	¥4,699.00	25	¥117,475.00
3	SL01003	台式机	电脑整机	台	¥4,999.00	151	¥754,849.00
4	SL01002	游戏本	电脑整机	台	¥6,969.00	132	¥919,908.00
5	SL01004	一体机	电脑整机	台	¥4,999.00	186	¥929,814.00
6	SL02002	SSD硬盘	电脑配件	个	¥549.00	36	¥19,764.00
7	SL02006	机箱	电脑配件	个	¥269.00	175	¥47,075.00
8	SL02003	显示器	电脑配件	台	¥999.00	58	¥57,942.00
9	SL02001	CPU	电脑配件	个	¥1,199.00	62	¥74,338.00
10	SL02004	显卡	电脑配件	个	¥1,499.00	101	¥151,399.00
11	SL02005	组装电脑	电脑配件	台	¥2,459.00	122	¥299,998.00
12	SL04001	机械键盘	游戏设备	个	¥12.00	126	¥1,512.00
13	SL04002	游戏鼠标	游戏设备	个	¥169.00	43	¥7,267.00
14	SL04003	游戏手柄	游戏设备	个	¥429.00	24	¥10,296.00
15	SL03005	摄像头	外设产品	个	¥125.00	46	¥5,750.00
16	SL03003	U盘	外设产品	个	¥129.00	72	¥9,288.00
17	SL03001	鼠标	外设产品	个	¥79.00	176	¥13,904.00
18	SL03002	键盘	外设产品	个	¥79.00	223	¥17,617.00
19	SL03004	移动硬盘	外设产品	个	¥499.00	62	¥30,938.00
20					外设产品(销量高于80)销售量	399	

图 6-48　使用 SUMIFS 函数示例

(6) AVERAGE：返回其参数的算数平均值。

• 函数格式：

AVERAGE (number1,number2,...)

• 参数说明：

number1(必选)：要计算平均值的第一个数字、单元格引用或单元格区域。

number2,...(可选)：要计算平均值的其他数字、单元格引用或单元格区域，最多可包含 255 个。

• 注意事项：

① 参数可以是数字或者是包含数字的名称、单元格区域或单元格引用。

② 逻辑值和直接键入到参数列表中代表数字的文本被计算在内。

③ 如果区域或单元格引用参数包含文本、逻辑值或空单元格，则这些值将被忽略，但包含零值的单元格将被计算在内。

④ 如果参数为错误值或为不能转换为数字的文本，将会导致错误。

⑤ 若要在计算中包含引用中的逻辑值和代表数字的文本，可使用 AVERAGEA 函数。

• 示例(计算平均值)：

使用 AVERAGE 函数计算平均分，如图 6-49 所示。

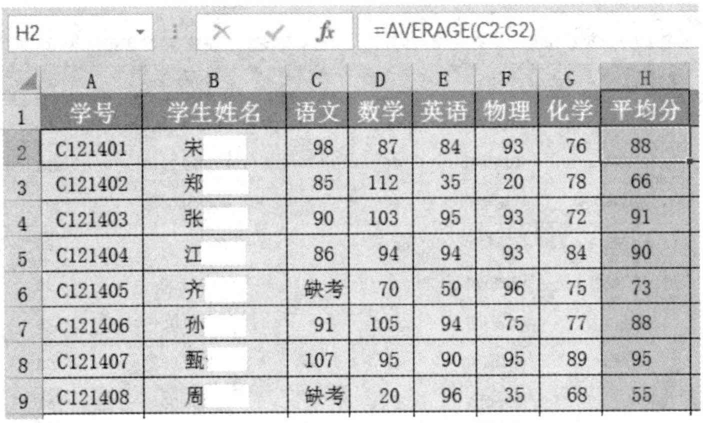

H2		⋮	×	✓	fx	=AVERAGE(C2:G2)	
▲	A	B	C	D	E	F	G	H
1	学号	学生姓名	语文	数学	英语	物理	化学	平均分
2	C121401	宋	98	87	84	93	76	88
3	C121402	郑	85	112	35	20	78	66
4	C121403	张	90	103	95	93	72	91
5	C121404	江	86	94	94	93	84	90
6	C121405	齐	缺考	70	50	96	75	73
7	C121406	孙	91	105	94	75	77	88
8	C121407	甄	107	95	90	95	89	95
9	C121408	周	缺考	20	96	35	68	55

图 6-49　使用 AVERAGE 函数计算平均分

(7) AVERAGEA：返回所有参数的算数平均值。

• 函数格式：

AVERAGEA(value1,value2,...)

• 参数说明：

value1(必选)：表示要计算非空值的平均值的第 1 个数字，可以是直接输入的数字、单元格引用或数组。

value2，...(可选)：表示要计算非空值平均值的第 2～255 个数字，可以是直接输入的数字、单元格引用或数组。

• 注意事项：

① 如果在 AVERAGEA 函数中直接输入参数的值，那么数字、文本格式的数字以及逻辑值都将被计算在内，其中逻辑值 TRUE 按 1 计算，逻辑值 FALSE 按 0 计算。如果在参

数中输入文本，则 AVERAGEA 函数将返回错误值#VALUE!。

② 如果使用单元格引用或数组作为 AVERAGEA 函数的参数，则数字和逻辑值将被计算在内，但文本格式的数字和文本都按 0 计算，空白单元格将被忽略。错误值则会使 AVERAGEA 函数返回错误值。

③ AVERAGEA 函数最多能够指定 30 个参数，如果参数超过 30 个，则会出现"此函数输入参数过多"的提示信息。

• 示例(计算各科平均分)：

使用 AVERAGEA 函数计算平均分，如图 6-50 所示。

I6		fx	=AVERAGEA(C6:G6)					
	A	B	C	D	E	F	G	H	I
1	学号	学生姓名	语文	数学	英语	物理	化学	平均分	平均分(含缺考)
2	C121401	宋	98	87	84	93	76	88	88
3	C121402	郑	85	112	35	20	78	66	66
4	C121403	张	90	103	95	93	72	91	91
5	C121404	江	86	94	94	93	84	90	90
6	C121405	齐	缺考	70	50	96	75	73	58
7	C121406	孙	91	105	94	75	77	88	88
8	C121407	甄	107	95	95	89	89	95	95
9	C121408	周	缺考	20	96	35	68	55	44

图 6-50 使用 AVERAGEA 函数计算平均分

AVERAGEIF、AVERAGEIFS 使用方法与 SUMIF、SUMIFS 类似，主要功能是按给定条件对指定单元格求平均值、按多个条件对指定单元格求平均值，这里均不再描述。

(8) INT：计算永远小于原数字的最接近的整数。

• 函数格式：

INT(number)

• 参数说明：

number：表示要向下舍入取整的数字，可以是直接输入的数值或单元格引用。

• 注意事项：

参数必须是数值类型，即数字、文本格式的数字或逻辑值。如果是文本，则返回错误值 #VALUE!。

B2		fx	=INT(A2)
	A	B	C	D	E
1	原数据	取整数据			
2	1.23	1			
3	3.14	3			
4	10.28	10			

• 示例(对数据进行取整)：

使用 INT 函数对数据进行取整，如图 6-51 所示。

图 6-51 使用 INT 函数对数据进行取整

(9) ROUND：对数字进行四舍五入。

• 函数格式：

ROUND (number,num_digits)

• 参数说明：

number：表示要四舍五入的数字，可以是直接输入的数值或单元格引用。

num_digits：表示要进行四舍五入的位数。如果其值大于 0，则四舍五入到指定的小数位；如果等于 0，则四舍五入到最接近的整数；如果小于 0，则在小数左侧进行四舍五入。

· 注意事项：

① 每个参数都必须是数值类型，即数字、文本格式的数字或逻辑值。如果是文本，则返回错误值#VALUE！。

② 参数 num_digits 可以被省略，但必须输入一个逗号作为占位，此时 ROUND 函数将以 0 作为参数 num_digits 的值。

· 示例(对数字四舍五入)：

使用 ROUND 函数对数字指定位数进行四舍五入，如图 6-52 所示。

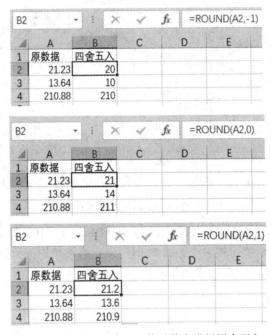

图 6-52　使用 ROUND 函数对数字进行四舍五入

(10) RAND：返回大于或等于 0 且小于 1 的平均分布的随机数字。

· 函数格式：

RAND()

· 参数说明：

无参数。

· 注意事项：

① 每次重新打开工作簿或在随机函数所在单元格操作时，单元格内的随机数都会发生改变。

② 无参数的 RAND 函数只能返回大于等于 0 且小于 1 的数字。如果需要返回一个指定范围的数字，可使用公式 RAND()*(b-a)+a，其中 a 为范围下限，b 为范围上限。

· 示例(产生随机数字)：

使用 RAND 函数产生随机数字，如图 6-53 所示。

图 6-53 使用 RAND 函数产生随机数字

(11) RANDBETWEEN：返回指定的两个数字所表示的范围中的随机数字。

· 函数格式：

RANDBETWEEN(bottom,top)

· 参数说明：

bottom：表示要返回的最小整数，即随机数下限，可以是直接输入的数字或单元格引用。

top：表示要返回的最大整数，即随机数上限，可以是直接输入的数字或单元格引用。

· 注意事项：

① 每个参数都必须是数值类型，即数字、文本格式的数字或逻辑值。如果是文本，则返回错误值#VALUE！。

② 参数 top 不能小于参数 bottom，否则函数将返回错误值#VALUE！。

③ 如果参数中包含小数，则 RANDBETWEEN 函数会自动对小数截尾取整。

④ 每次重新打开工作簿或在随机函数所在单元格操作时，单元格内的随机数都会发生改变。

· 示例(随机产生幸运号码)：

假设幸运号码从 1～30 中产生，使用 RANDBETWEEN 函数即可产生，如图 6-54 所示。

图 6-54 使用 RANDBETWEEN 函数产生幸运号码

3. 统计函数

(1) COUNT：计算区域中包含数字的单元格的个数。

· 函数格式：

COUNT(value1, value2, ...)

· 参数说明：

value1(必选)：待统计包含数字的单元格引用或单元格区域。

value2, ...(可选)：待统计包含数字其他单元格引用或单元格区域，最多可包含 255 个。

· 注意事项：

① 数字参数、日期参数或者代表数字的文本参数被计算在内。

② 逻辑值和直接键入到参数列表中代表数字的文本被计算在内。

③ 如果参数为错误值或不能转换为数字的文本，统计个数时将被忽略。

④ 如果参数是一个数组或引用，则只计算其中的数字，数组或引用中的空白单元格、

逻辑值、文本或错误值将被忽略。

　　⑤ 如果要统计逻辑值、文本或错误值，可使用 COUNTA 函数。

　　• 示例：

统计实际参加考试的人数，如图 6-55 所示。

D2	▼ ：× ✓ fx	=COUNT(B2:B9)		
	A	B	C	D	E
1	姓名	成绩			
2	宋■■	84	实际考试人数	6	
3	郑■■	35	应参加考试人数		
4	张■■	95			
5	江■■	缺考			
6	齐■■	缺考			
7	孙■■	94			
8	甄■■	89			
9	周■■	68			

图 6-55　使用 COUNT 函数统计实际参加考试的人数

(2) COUNTA：计算区域中非空单元格的个数。

　　• 函数格式：

COUNTA(value1,value2,...)

　　• 参数说明：

value1(必选)：表示要计数的值的第一个参数。

value2,...(可选)：表示要计数的值的其他参数，最多可包含 255 个参数。

　　• 注意事项：

COUNTA 函数计算包含任何类型的信息(包括错误值和空文本(""))的单元格。例如，如果区域中包含的公式返回空字符串，则 COUNTA 函数仍然会把该空字符串的区域统计在内，但它不会对空单元格进行计数。

　　• 示例：

统计应参加考试的人数，如图 6-56 所示。

D3	▼ ：× ✓ fx	=COUNTA(B2:B9)		
	A	B	C	D	E
1	姓名	成绩			
2	宋■■	84	实际考试人数	6	
3	郑■■	35	应参加考试人数	8	
4	张■■	95			
5	江■■	缺考			
6	齐■■	缺考			
7	孙■■	94			
8	甄■■	89			
9	周■■	68			

图 6-56　使用 COUNTA 函数统计应参加考试的人数

(3) COUNTIF：计算某个区域中满足给定条件的单元格数目。

　　• 函数格式：

COUNTIF(range,criteria)

　　• 参数说明：

range(必选)：要计数的一个或多个单元格，包括数字或包含数字的名称、数组或引用。空值和文本值将被忽略。

criteria(必选)：定义要进行计数的单元格的数字、表达式、单元格引用或文本字符串条件。例如，条件可以表示为 95、">80"、B4、"缺考"或"32"。

· 注意事项：

① 用户可以在条件中使用通配符，即问号(?)和星号(*)。问号匹配任意单个字符，星号匹配任意一串字符。如果要查找实际的问号或星号，则在字符前键入波形符(~)。

② 条件不区分大小写。例如，字符串"HELLO"和字符串"hello"将匹配相同的单元格。

③ 使用 COUNTIF 函数匹配超过 255 个字符的字符串时，将返回不正确的结果 #VALUE!。

示例：统计满足条件的人数，如图 6-57 所示。

图 6-57 使用 COUNTIF 函数统计满足条件的人数

(4) COUNTIFS：统计一组给定条件所指定的单元格数。

· 函数格式：

COUNTIFS(criteria_range1,criteria1,criteria_range2,criteria2, …)

• 参数说明：

criteria_range1(必选)：计算关联条件的第一个区域。

criteria1(必选)：条件的形式为数字、表达式、单元格引用或文本，它定义了要计数的单元格范围。例如，条件可以表示为 95、">80"、B4、"缺考"或"32"。

criteria_range2,criteria2,...(可选)：附加的区域及其关联条件。最多允许 127 个区域/条件对。但是需要注意的是，每一个附加的区域都必须与参数 criteria_range1 具有相同的行数和列数。这些区域无需彼此相邻。

• 注意事项：

① 每个区域的条件一次应用于一个单元格。如果所有的第一个单元格都满足其关联条件，则计数增加 1。如果所有的第二个单元格都满足其关联条件，则计数再增加 1，依此类推，直到计算完所有单元格。

② 如果条件参数是对空单元格的引用，则 COUNTIFS 会将该单元格的值视为 0。

③ 用户可以在条件中使用通配符，即问号(?)和星号(*)。问号匹配任意单个字符，星号匹配任意字符串。如果要查找实际的问号或星号，则在字符前键入波形符(~)。

• 示例：

统计年龄大于 46 且性别为女的人数，如图 6-58 所示。

	A	B	C	D	E	F	G
					E9		fx =COUNTIFS(E2:E7,">46",C2:C7,"女")
1	姓名	身份证号	性别	出生日期	年龄	婚姻状况	学历
2	严□□	51****197604095633	男	1976-04-09	45	已婚已育	博士研究生
3	钱□□	41****197805216366	女	1978-05-21	43	已婚未育	硕士研究生
4	魏□□	43****197302247985	女	1973-02-24	48	已婚已育	博士研究生
5	金□□	23****197103068271	男	1971-03-06	50	已婚已育	硕士研究生
6	蒋□□	36****196107246846	女	1961-07-24	60	离异已育	大学本科
7	冯□□	41****197804215552	男	1978-04-21	43	已婚未育	大学本科
8							
9					2		

图 6-58 使用 COUNTIFS 函数

4．查找与引用函数

(1) HLOOKUP：在首行查找数据，并返回选定列中指定行处数值。

• 函数格式：

HLOOKUP(lookup_value,table_array,row_index_num,range_lookup)

• 参数说明：

lookup_value：此参数为必选项，表示要在表格的第一行中查找的值。它可以是数值、引用或文本字符串。

table_array：此参数为必选项，表示查找数据的数据表。

row_index_num：此参数为必选项，表示 table_array 中待返回匹配值的行号。假如该参数为 2，table_array 将返回第 2 行的值。

range_lookup：此参数为可选项，它是一个逻辑值，表示是精确查找或模糊查找。

· 注意事项：

① range_lookup 为 TRUE 或省略时，表示模糊查找，返回小于等于 lookup_value 的最大值；若为 FALSE，则表示精确查找，如果找不到精确匹配值，则返回错误值#N/A。

② 如果 range_lookup 为 TRUE，则 table_array 的第一行的数值必须按升序排列；如果 range_lookup 为 FALSE，则 table_array 不必进行排序。

③ 如果参数 row_index_num 小于 1，则 HLOOKUP 函数将返回错误值#VALUE!；如果参数 row_index_num 大于引用区域或数组中的行数，则 HLOOKUP 函数将返回错误值#REF!。

· 示例(查找岗位工资)：

根据岗位的工资标准，查找相应岗位的工资数值，公式为 E2=HLOOKUP(C2,$G$2:$K$3,2,0)，结果如图 6-59 所示。

E2 =HLOOKUP(C2,$G$2:$K$3,2,0)

	A	B	C	D	E
1	员工编号	姓名	岗位	基本工资	岗位工资
2	GU00001	严	总经理	6200	8000
3	GU00002	钱	总监	5800	6000
4	GU00003	魏	总监	5750	6000
5	GU00004	金	销售经理	2110	3000
6	GU00005	蒋	销售经理	4120	3000
7	GU00006	冯	销售经理	3040	3000
8	GU00007	帅	总监	3090	6000
9	GU00008	袁	会计	2590	4000
10	GU00009	钱	会计	2650	4000
11	GU00010	戚	会计	5500	4000
12	GU00011	周	会计	2990	4000
13	GU00012	钱	销售经理	4630	3000
14	GU00013	韦	销售经理	4490	3000
15	GU00014	李	总监	4490	6000
16	GU00015	邹	会计	2690	4000
17	GU00016	刘	总监	2810	6000
18	GU00017	陈	销售经理	4800	3000
19	GU00018	刘	销售经理	4500	3000
20	GU00019	帅	总监	3320	6000
21	GU00020	朱	销售经理	2080	3000

G	H	I	J	K
岗位	总经理	总监	会计	销售经理
岗位工资	8000	6000	4000	3000

图 6-59 使用 HLOOKUP 函数查找岗位工资

(2) LOOKUP(向量形式)：在单行或单列中查找数据。

· 函数格式：

LOOKUP(lookup_value, lookup_vector, result_vector)

· 参数说明：

lookup_value(必选)：表示要查找的值。若在查找区域中找不到该值，则返回由参数 lookup_vector 指定区域或数组中小于等于查找值的最大值。它可以是数字、文本、逻辑值、名称或对值的引用。

lookup_vector(必选)：表示要在其中查找的区域或数组。如果该参数指定的是区域，则必须为单行或单列；如果是数组，则必须为水平或垂直的一维数组。

result_vector(可选)：表示指定函数返回值的单元格区域，该参数可以是区域或数组，但是其大小必须与参数 lookup_vector 一致。

• 注意事项：

① 参数 lookup_vector 表示的查找区域或数组中的数据必须按升序排列，排序规则为：数字<字母<FALSE<TRUE。如果查找前未排序，那么函数可能会返回错误结果。

② 如果要查找的值(lookup_value)小于查找区域或数组(lookup_vector)中最小的值，那么函数会返回错误值#N/A!。

③ 参数 lookup_vector 和参数 result_vector 方向必须相同，即如果查找方向为行方向，那么返回结果的区域就不能是列方向上的。

• 示例(根据姓名查找身份证号码)：

使用 LOOKUP 函数根据姓名在数据列表中查找身份证号码。

C14=LOOKUP(B14,$B$2:$B$9,$C$2:$C$9)

	A	B	C	D
	C14		f_x	=LOOKUP(B14,$B$2:$B$9,$C$2:$C$9)
1	学号	学生姓名	身份证号	
2	C121401	宋	45****199912200026	
3	C121402	郑	45****200007260023	
4	C121403	张	45****199805060312	
5	C121404	江	45****200102061234	
6	C121405	齐	45****198508092546	
7	C121406	孙	45****198608087894	
8	C121407	甄	45****199802094321	
9	C121408	周	45****199908094522	
10				
11				
12		lookup函数		
13		姓名	身份证号	
14		孙	45****198608087894	
15		甄	45****199802094321	
16		周	45****199908094522	

图 6-60 使用 LOOKUP 函数查找身份证号码

(3) VLOOKUP：在首列查找数据，并返回选定行中指定列出数值。

• 函数格式：

VLOOKUP(lookup_value,table_array,col_index_num,range_lookup)

• 参数说明：

lookup_value(必选)：表示要在区域或数组中的首列查找的值。它可以是数值或者单元格引用。

table_array(必选)：表示要在其中查找数值的区域或数组。

col_index_num(必需)：参数 table_array 返回的匹配值的列号。例如，若该参数为 1，则参数 table_array 返回第一列的值。

range_lookup(可选)：是一个逻辑值，指定函数 VLOOKUP 查找精确匹配值还是近似匹配值。若为 TRUE 或省略，则进行模糊查找，返回小于等于参数 lookup_value 的最大值，且查找区域必须按升序排列；若为 FALSE，则进行精确查找，返回等于查找区域中与参数 lookup_value 相等的值，查找区域无需排序。

• 注意事项：

① 在参数 table_array 第一列中搜索文本值时，table_array 第一列中的数据没有前导空格、尾部空格、直引号(' 或 ")与弯引号('或 ")或非打印字符。否则，VLOOKUP 可能返回不正确或意外的值。

② 若参数 col_index_num 小于 1 或者大于 table_array 的列数，则函数 VLOOKUP 返回错误值#REF!。

③ 当使用模糊查找时，如果查找区域没有按照升序排列，则函数可能会返回错误值；当精确查找时，如果找到多个近似值，则函数只返回第一个找到的值。

• 示例：

使用 VLOOKUP 函数根据院系编号查找院系名称，如图 6-61 所示。

E2=VLOOKUP(D2,$B$13:$C$16,2)

E2			f_x	=VLOOKUP(D2,$B$13:$C$16,2)	
	A	B	C	D	E
1	学号	学生姓名	身份证号	院系编号	院系名称
2	C121401	宋	45****199912200026	Dep3	计算机学院
3	C121402	郑	45****200007260024	Dep1	机电学院
4	C121403	张	45****199605060312	Dep5	商学院
5	C121404	江	45****200102061233	Dep5	商学院
6	C121405	齐	45****198508092545	Dep4	艺术学院
7	C121406	孙	45****198608087894	Dep4	艺术学院
8	C121407	甄	45****199208094572	Dep3	计算机学院
9	C121408	周	45****199908094629	Dep3	计算机学院
10					
11					
12	序号	院系编号	院系名称		
13	001	Dep1	机电学院		
14	003	Dep3	计算机学院		
15	004	Dep4	艺术学院		
16	002	Dep5	商学院		

图 6-61 使用 VLOOKUP 函数进行查找

5. 逻辑函数

(1) AND：判断多个条件是否同时成立。

• 函数格式：

AND(Logical1,Logocal2,…)

• 参数说明：

Logical1：此参数为必选项，是要测试的第一个条件，其计算结果可以为 TRUE，也可以是 FALSE，最多可包含 255 个条件。

　　Logocal2...：要测试第 2～255 个条件。

　　· 注意事项：

　　参数的计算结果必须是逻辑值 TRUE 或 FALSE，或者是包含逻辑值的数组或单元格引用。如果指定的单元格区域未包含逻辑值，则会返回错误值#VALUE!。如果参数为数组或单元格引用，则其中的文本和空白单元格会被 AND 函数忽略。

　　· 示例：

　　判断学生的考试成绩是否为优秀，即所有的考试科目均大于等于 90 时才为优秀，只要有一科小于 90，其成绩都不是优秀，公式为 I2=AND(D2>=90, E2>=90, F2>=90, G2>=90, H2>=90)，结果如图 6-62 所示。

I2				fx	=AND(D2>=90,E2>=90,F2>=90,G2>=90,H2>=90)					
	A	B	C	D	E	F	G	H	I
1	学号	学生姓名	身份证号	语文	数学	英语	物理	化学	是否优秀
2	C121401	宋子丹	45****199912200026	75	87	84	66	76	FALSE
3	C121402	郑	45****200007260024	85	112	35	20	78	FALSE
4	C121403	张	45****199605060312	90	103	95	93	96	TRUE
5	C121404	江	45****200102061233	86	94	94	93	84	FALSE
6	C121405	齐	45****198508092545	80	70	50	96	75	FALSE
7	C121406	孙	45****198608087894	91	105	94	75	77	FALSE
8	C121407	甄	45****199208094572	107	95	90	95	98	TRUE
9	C121408	周	45****199908094629	68	20	96	35	68	FALSE

图 6-62　使用 AND 函数进行判断

　　(2) OR：判断多个条件中是否至少有一个成立。

　　· 函数格式：

OR(logical1, logical2, ...)

　　· 参数说明：

logical1：该参数为必选项，表示要测试的第一个条件，其结果可以是 TRUE 或 FALSE。

logical2 ...：表示要检测的第 2～255 个条件，其结果可以是 TRUE 或 FALSE。

　　· 注意事项：

　　参数的计算结果必须是逻辑值 TRUE 或 FALSE，或者是包含逻辑值的数组或单元格引用。如果指定的单元格区域未包含逻辑值，则会返回错误值#VALUE!。如果参数为数组或单元格引用，则其中的文本和空白单元格会被 OR 函数忽略。

　　· 示例(判断成绩是否为优秀)：

　　在 OR 函数指定的多个条件中，若任意一个参数的计算结果为 TRUE，则函数的返回值为 TRUE，公式为 I2=OR(D2>=90,E2>=90,F2>=90,G2>=90,H2>=90)，结果如图 6-63 所示。

	I2	▼	:	×	✓	fx	=OR(D2>=90,E2>=90,F2>=90,G2>=90,H2>=90)		

▲	A	B	C	D	E	F	G	H	I
1	学号	学生姓名	身份证号	语文	数学	英语	物理	化学	是否优秀
2	C121401	宋█	45****199912200026	75	87	84	66	76	FALSE
3	C121402	郑█	45****200007260024	85	112	35	20	78	TRUE
4	C121403	张█	45****199605060312	90	103	95	93	96	TRUE
5	C121404	江█	45****200102061233	86	94	94	93	84	TRUE
6	C121405	齐█	45****198508092545	80	70	50	96	75	TRUE
7	C121406	孙█	45****198608087894	91	105	94	75	77	TRUE
8	C121407	甄█	45****199208094572	107	95	90	95	98	TRUE
9	C121408	周█	45****199908094629	68	20	96	35	68	TRUE

图 6-63　使用 OR 函数进行判断

(3) XOR：返回所有参数的逻辑异或值。

• 函数格式：

XOR(logical1, logical2, ...)

• 参数说明：

logical1：该参数为必选项，表示要测试的第一个条件，其结果可以是 TRUE 或 FALSE。

logical2 ...：表示要检测的第 2～255 个条件。

• 注意事项：

① 参数计算结果必须为逻辑值，如 TRUE 或 FALSE，或者为包含逻辑值的数组或引用。如果指定的区域中不包含逻辑值，则 XOR 返回错误值 #VALUE!。

② 如果数组或引用参数中包含文本或空白单元格，则这些值将被忽略。

③ 可以使用 XOR 数组公式检查数组中是否出现某个值。若要输入数组公式，则按组合键"Ctrl+Shift+Enter"。

• 示例(返回所有参数的逻辑异或值)：

异或也叫半加运算，其运算法则相当于不带进位的二进制加法：二进制下用 1 表示真，0 表示假。异或(xor)的逻辑符号为"^"，形象表示为：

1 ^ 0 = 1

0 ^ 1 = 1

0 ^ 0 = 1

1 ^ 1 = 0

或者

True ^ False = True

False ^ True = True

False ^ False = False

True ^ True = False

结果如图 6-64 所示。

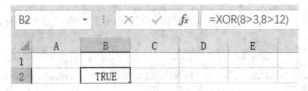

图 6-64 使用 XOR 函数示例

(4) NOT：对参数的逻辑值求反。

• 函数格式：

NOT(logical)

• 参数说明：

logical：该参数为必选项，计算结果为 TRUE 或 FALSE 的任何值或表达式。

• 注意事项：

① 参数可以是逻辑值 TRUE 或 FALSE，或者是可以转换为逻辑值的表达式。对于数字来说，0 等价于逻辑值 FALSE，非 0 等价于逻辑值 TRUE。

② 若参数为数组或者单元格引用，则 NOT 函数将忽略其中包含的文本和空单元格。

③ 若参数是直接输入的非逻辑值，则 NOT 函数将返回错误值#VALUE!。

• 示例(根据平均分确定合格否)：

在考试成绩中各科平均分大于等于 60 分的即合格，显示 TRUE，否则显示 FALSE，如图 6-65 所示。

	A	B	C	D	E	F	G	H	I	J
1	学号	学生姓名	身份证号	语文	数学	英语	物理	化学	平均分	是否合格
2	C121401	宋	45****199912200026	98	87	84	93	76	88	TRUE
3	C121402	郑	45****200007260023	85	112	35	20	78	66	TRUE
4	C121403	张	45****199805060312	90	103	95	93	72	91	TRUE
5	C121404	江	45****200102061234	86	94	94	93	84	90	TRUE
6	C121405	齐	45****198508092546	80	70	50	96	75	74	TRUE
7	C121406	孙	45****198608087894	91	105	94	75	77	88	TRUE
8	C121407	甄	45****199802094321	107	95	90	95	89	95	TRUE
9	C121408	周	45****199908094522	68	20	96	35	68	57	FALSE

图 6-65 使用 NOT 函数示例

(5) IF：根据条件判断返回不同的值。

• 函数格式：

IF(logical_test, [value_if_true], [value_if_false])

• 参数说明：

logical_test：该参数为必选项，计算结果为 TRUE 或 FALSE，用来测试的值或表达式。

value_if_true：该参数为可选项，表示参数 logical_test 结果为 TRUE 时返回的值。如果参数 logical_test 的结果为 TRUE，但是省略了参数 value_if_true(即参数 logical_test 后仅有一个逗号时)，则 IF 函数将返回 0。

value_if_false：该参数同样为可选项，表示参数 logical_test 结果为 FALSE 时返回的值。如果参数 logical_test 的结果为 FALSE 并且省略了参数 value_if_true，则 IF 函数将返回 0，形如 IF(A1>60,"通过",)，在 value_if_true 参数后面保留一个逗号。如果参数 logical_test

的结果为 FALSE 并且参数 value_if_facse 省略，则 IF 函数将返回 FALSE，形如 IF(A1>60,"通过")。

· 注意事项：

IF 函数最多可以嵌套 64 层，可以创建条件复杂的表达式来进行测试。

· 示例(根据平均分评定成绩等级)：

根据平均分评定"成绩等级"大于等于 90 优秀、80～89 良好、60～79 合格、小于 60 不合格，公式为，J2==IF(I2>=90,"优秀",IF(I2>=80,"良好",IF(I2>=70,"中等",IF(I2>=60,"及格","不及格"))))，结果如图 6-66 所示。

	J2	▼	:	×	✓	fx		=IF(I2>=90,"优秀",IF(I2>=80,"良好",IF(I2>=70,"中等",IF(I2>=60,"及格","不及格"))))
▲	A	B	C	D	E	F	G	H	I	J
1	学号	学生姓名	身份证号	语文	数学	英语	物理	化学	平均分	成绩等级
2	C121401	宋■	45****199912200026	98	87	84	93	76	88	良好
3	C121402	郑■	45****200007260023	85	112	35	20	78	66	及格
4	C121403	张■	45****199805060312	90	103	95	93	72	91	优秀
5	C121404	江■	45****200102061234	86	94	94	93	84	90	优秀
6	C121405	齐■	45****198508092546	80	70	50	96	75	74	中等
7	C121406	孙■	45****198608087894	91	105	94	75	77	88	良好
8	C121407	甄■	45****199802094321	107	95	90	95	89	95	优秀
9	C121408	周■	45****199908094522	68	20	96	35	68	57	不及格

图 6-66　使用 IF 函数示例

(6) IFERROR；若计算结果错误，则返回指定值，否则返回公式结果。

· 函数格式：

IFERROR(value, value_if_error)

· 参数说明：

value：该参数为必选项，检查是否存在错误参数。

value_if_error：该参数为必选项，表示当计算结果发生错误时返回的值。计算错误的类型为#N/A、#VALUE!、#REF!、#DIV/0!、#NUM!、#NAME?或#NULL!。

· 注意事项：

① 如果两个参数是空单元格，则 IFERROR 将其视为空字字符串值("")。

② 如果 Value 是数组公式，则 IFERROR 为 value 中指定区域的每个单元格返回一个结果数组。

· 示例：

检验公式是否存在错误，如图 6-67 所示。

	C2	▼	:	×	✓	fx	=IFERROR(A2/B2,"公式错误")
	名称框						
▲	A	B	C	D	E	F	G
1	数值1	数值2	商				
2	156	0	公式错误				
3	23	32	0.72				
4	87	25	3.48				
5	65	21	3.10				

图 6-67　使用 IFERROR 函数示例

6. 文本函数

(1) LEFT：从文本第一个字符开始返回指定个数的字符。

• 函数格式：LEFT(text,num_chars)

• 参数说明：

text(必选)：text 表示要从中提取字符的文本。

num_chars(可选)：表示要提取的字符个数。

• 注意事项：

num_chars 的返回值有以下几种情况：

① 省略：默认为 1，返回第一个字符。

② 0：返回空文本。

③ 大于 0：返回指定个数的字符。

④ 大于文本总长度：返回全部文本。

⑤ 小于 0：返回错误值#VALUE!。

• 示例：

提取省份信息，如图 6-68 所示。

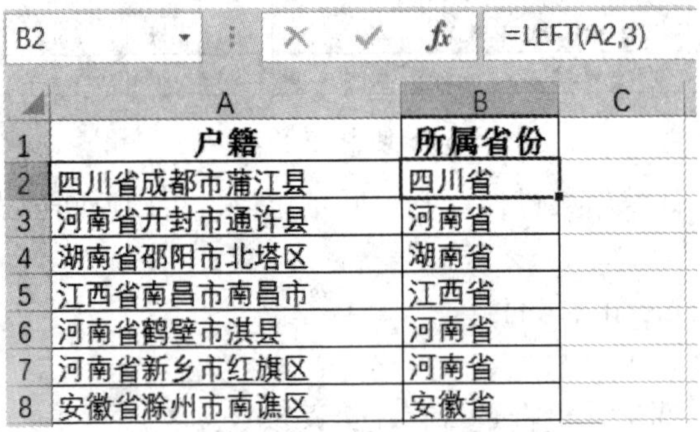

B2	▼	:	✕ ✓	*fx*	=LEFT(A2,3)

▲	A	B	C
1	户籍	所属省份	
2	四川省成都市蒲江县	四川省	
3	河南省开封市通许县	河南省	
4	湖南省邵阳市北塔区	湖南省	
5	江西省南昌市南昌市	江西省	
6	河南省鹤壁市淇县	河南省	
7	河南省新乡市红旗区	河南省	
8	安徽省滁州市南谯区	安徽省	

图 6-68 使用 LEFT 函数示例

(2) RIGHT：从文本最后一个字符开始返回指定个数的字符。

• 函数格式：

RIGHT(text,num_chars)

• 参数说明：

text(必选)：表示要从中提取字符的文本。

num_chars(可选)：表示要提取的字符个数。

• 注意事项：

num_chars 的返回值有以下几种情况：

① 省略：默认为 1，返回第一个字符。

② 0：返回空文本。

③ 大于 0：返回指定个数的字符。

④ 大于文本总长度：返回全部文本。

⑤ 小于 0：返回错误值#VALUE!。

• 示例：

使用 RIGHT 函数返回字符数，如图 6-69 所示。

| B2 | | × | ✓ | *fx* | =RIGHT(A2,3) |

	A	B	C
1	户籍	姓名	
2	四川省成都市蒲江县李大嘴	李大嘴	
3	河南省开封市通许县张大头	张大头	
4	湖南省邵阳市北塔区王小军	王小军	
5	江西省南昌市南昌县帅新平	帅新平	
6	河南省鹤壁市淇县袁火日	袁火日	
7	河北省保定市高碑店市韦小杰	韦小杰	
8	河南省新乡市红旗区周乐乐	周乐乐	

图 6-69 使用 RIGHT 函数示例

(3) LEN：返回文本字符串的字符个数。

・ 函数格式：

LEN(text)

・ 参数说明：

text(必选)：text 表示要查找其长度的文本。

・ 注意事项：

如果参数 text 直接输入文本，需用双引号引起来，如果不加双引号，将返回错误值 #NAME?，且指定的文本单元格只有一个，不能指定单元格区域，否则将返回错误值 #VALUE!。字符串不分全角和半角，句号、逗号、空格作为一个字符进行计数。

・ 示例：

使用 LEN 函数返回字符数，如图 6-70 所示。

| B2 | | × | ✓ | *fx* | =LEN(A2) |

	A	B	C
1	户籍	字符数	
2	四川省成都市	6	
3	河南省 开封市	7	
4	湖南省邵阳市A	7	
5	河南省新乡市-红旗区	10	
6	安徽省滁州市(南谯区)	11	

图 6-70 使用 LEN 函数示例

(4) MID：从文本指定的起始位置起返回指定长度的字符。

・ 函数格式：

MID(text，start_num,num_chars)

・ 参数说明：

text(必选)：表示要从中提取字符的文本。

start_num(必选)：表示文本中要提取的第一个字符的位置。

num_chars(必选)：表示 MID 从文本中返回字符的个数。

・ 注意事项：

如果参数 start_num 大于文本长度，则 MID 函数返回空文本；如果 start_num 小于 1，则 MID 函数返回错误值#VALUE!。

・示例：

使用 MID 函数返回字符数，如图 6-71 所示。

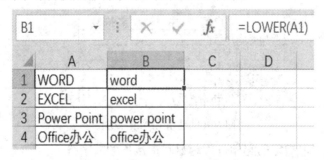

图 6-71　使用 MID 函数示例

(5) LOWER：将一个文本字符串的所有字母转换为小写形式。

・函数格式：

LOWER(text)

・参数说明：

text(必选)：表示要转换为小写字母的文本。

・注意事项：

如果直接指定文本字符串，需用双引号引起来，否则返回错误值#NAME?。参数指定的文本单元格只有一个，而且不能指定单元格区域，否则返回错误值#VALUE!。

・示例：

将文本中的大写字母转换成小写字母，如图 6-72 所示。

图 6-72　使用 LOWER 函数示例

(6) FIND：返回一个字符串在另一个字符串中出现的起始位置。

・函数格式：

FIND(find_text,within_text,start_num)

・参数说明：

find_text(必选)：表示要查找的文本。

within_text(必选)：表示包含要查找文本的文本。

start_num(可选)：指定开始进行查找的字符。

· 注意事项：

① within_text 中的首字符是编号为 1 的字符。如果省略 start_num，则假定其值为 1。

② FIND 函数区分大小写，并且不允许使用通配符。

③ 如果 within_text 中没有 find_text，则 FIND 返回错误值#VALUE!。

④ 如果 start_num 不大于 0，或大于 within_text 的长度，则 FIND 返回错误值#VALUE!。

⑤ 可以使用 start_num 来跳过指定数目的字符。

· 示例：

使用 FIND 函数查找空格，如图 6-73 所示。

B2		×	✓	*fx*	=FIND(" ",A2)

	A	B
1	户籍	空白位置
2	四川省成都市 蒲江县李大嘴	7
3	河南省开封市通许县 张大头	10
4	湖南省邵阳市北塔区王小军	#VALUE!
5	江西省 南昌市南昌县帅新平	4
6	河南省鹤壁市淇县 袁火日	9

图 6-73　使用 FIND 函数示例

(7) TEXT：根据指定的数值格式将数字转成文本。

· 函数格式：

TEXT(value，format_text)

· 参数说明：

value(必选)：表示要设置格式的数字。

format_text(必选)：用引号括起的文本字符串的数字格式。

· 注意事项：

① TEXT 函数与使用"设置单元格格式"对话框设置数字格式功能基本相同，但 TEXT 函数无法设置单元格字体颜色。

② 经过 TEXT 函数设置后的数字将转变为文本格式，而经"设置单元格格式"设置后，单元格中的值仍为数字。

· 示例：

使用 TEXT 函数将数字转换成日期型，如图 6-74 所示。

C2		×	✓	*fx*	=TEXT(MID(B2,7,8),"0000-00-00")

	A	B	C	D	E
1	姓名	身份证号	出生日期		
2	严	51****197604095634	1976-04-09		
3	钱	41****197805216362	1978-05-21		
4	魏	43****197302247985	1973-02-24		
5	金	23****197103068261	1971-03-06		
6	蒋	36****196107246846	1961-07-24		

图 6-74　使用 TEXT 函数示例

本 章 习 题

1. 数据分析的步骤有哪些？
2. Excel 数据类型有哪几种？并分别描述其输入的特点。
3. 数据输入有效性验证的作用是什么？
4. 条件格式的作用是什么？
5. 简述分类汇总的操作过程。
6. 举例说明数据透视表的作用。
7. 描述折线图的作用。
8. 使用 Vlookup 函数需要注意什么？

第三部分　编程语言
(以 Python 为例)

第七章　Python 语言编程基础

7.1　初识 Python

7.1.1　Python 语言简介

Python 是一个高层次的结合了解释性、编译性、互动性等特性的面向对象的脚本语言。

Python 的设计具有很强的可读性，相比其他语言经常使用英文关键字或使用其他语言的一些标点符号增加了阅读难度等不足，它具有比其他语言更有特色的语法结构，主要有4 个方面：

(1) Python 是解释型的语言——这意味着开发过程中没有了编译这个环节，类似于PHP 和 Perl 语言。

(2) Python 是交互式的语言——这意味着可以在一个 Python 提示符"＞＞＞"后直接执行代码。

(3) Python 是面向对象的语言——这意味着 Python 支持面向对象的风格或代码封装在对象的编程技术。

(4) Python 是初学者的语言——对初级程序员而言，Python 是一种强大的语言，它支持广泛的应用程序开发，从简单的文字处理到浏览器再到游戏等。

7.1.2　Python 语言的产生及发展

Python 英文原意为"蟒蛇"，直到 1989 年荷兰人 Guido van Rossum(简称 Guido)发明了一种面向对象的解释型编程语言，并将其命名为 Python，才赋予了它表示一门编程语言的含义。Python 语言的 Logo 如图 7-1 所示。

Python 的诞生是极具戏剧性的，据 Guido 自述，Python 语言是他在圣诞节期间为了打发时间而开发出来的，之所以会选择 Python 作为该编程语言的名字，是因为他是 Monty Python 戏剧团体的忠实粉丝。

图 7-1　Python 语言的 Logo

Python 语言是在 ABC 教学语言的基础上发展来的。遗憾的是，ABC 语言虽然非常强大，但却没有普及应用，Guido 认为是因为它不开放而导致的。基于这个考虑，Guido 在开发 Python 时，不仅为其添加了很多 ABC 没有的功能，还为其设计了各种丰富而强大的库，利用这些 Python 库，程序员可以把使用其他语言制作的各种模块(尤其是 C 语言和 C++)很轻松地联结在一起，因此 Python 又常被称为"胶水"语言。

由此可见，看似 Python 是"不经意间"被开发出来的，但丝毫不比其他编程语言差。事实也是如此，自 1991 年 Python 第一个公开发行版问世以来，其使用普及度都非常高：

2004 年起，Python 的使用率呈线性增长，不断受到编程者的欢迎和喜爱；

2010 年，Python 荣膺 TIOBE 2010 年度语言桂冠；

2017 年，IEEE Spectrum 发布的 2017 年度编程语言排行榜中，Python 位居第 1 位；

2020 年 12 月份，根据 TIOBE 排行榜的显示，Python 位居第 3 位，且有继续提升的态势(如表 7-1 所示)。

表 7-1 2020 年 12 月份编程语言 TIOBE 排行榜(前 8 名)

2020 年 12 月	2019 年 12 月	编程语言	市场份额	变化
1	2	C	16.48%	+0.4%
2	1	Java	12.53%	−4.72%
3	3	Python	12.21%	+1.90%
4	4	C++	6.91%	+0.71%
5	6	C#	4.20%	−0.60%
6	5	Visual Basic .NET	3.92%	−0.83%
7	7	JavaScript	2.35%	+0.26%
8	8	PHP	2.12%	−0.07%

Python 是一种面向对象的、解释型的、通用的、开源的脚本编程语言。现在 Python 是由一个核心开发团队在维护，Guido van Rossum 仍然发挥着至关重要的作用，指导其进展。

Python 语言之所以非常流行，主要有两点原因：

(1) Python 简单易用，学习成本低，看起来非常优雅干净；

(2) Python 标准库和第三库众多，功能强大，既可以开发小工具，也可以开发企业级应用。

下面举个例子来说明 Python 的简单。比如要实现某个功能，C 语言可能需要 100 行代码，而 Python 可能只需要几行代码，因为 C 语言什么都要从头开始，而 Python 已经内置了很多常见功能，我们只需要导入包，然后调用一个函数即可。

简单就是 Python 的巨大魅力之一，用惯了 Python 再用其他高级语言(比如 C 语言)会很不适应。

7.1.3 Python 语言的特点

1. Python 语言的优点

(1) 语法简单。和传统的 C/C++、Java、C#等语言相比，Python 对代码格式的要求没有那么严格，这种宽松使得用户在编写代码时比较舒服，不用在细枝末节上花费太多精力。例如：

- Python 不要求在每个语句的最后写分号，当然写上也没错；
- 定义变量时不需要指明类型，甚至可以给同一个变量赋值不同类型的数据。

(2) Python 是开源的。开源即开放源代码，意思是所有用户都可以看到源代码。Python 的开源体现在两方面：

① 程序员使用 Python 编写的代码是开源的。比如我们开发了一个 BBS 系统放在互联网上让用户下载，那么用户下载到的就是该系统的所有源代码，并且可以随意修改。这也是解释型语言本身的特性，想要运行程序就必须有源代码。

② Python 解释器和模块是开源的。官方将 Python 解释器和模块的代码开源，是希望所有 Python 用户都参与进来，一起改进 Python 的性能，弥补 Python 的漏洞。

(3) Python 是免费的。开源并不等于免费，开源软件和免费软件是两个概念，只不过大多数的开源软件也是免费软件。Python 就是这样一种语言，它既开源又免费。用户使用 Python 进行开发或者发布自己的程序，不需要支付任何费用，也不用担心版权问题，即使作为商业用途，Python 也是免费的。

(4) Python 是高级语言。这里所说的高级，是指 Python 封装较深，屏蔽了很多底层细节，比如 Python 会自动管理内存(需要时自动分配，不需要时自动释放)。高级语言的优点是使用方便，不用顾虑细枝末节；缺点是容易让人浅尝辄止，知其然不知其所以然。

(5) Python 是解释型语言，能跨平台。解释型语言一般都是跨平台的(可移植性好)，Python 也不例外。

(6) Python 是面向对象的编程语言。面向对象是现代编程语言一般都具备的特性，否则在开发大型程序时会捉襟见肘。Python 支持面向对象，但它不强制使用面向对象。Java 是典型的面向对象的编程语言，但是它强制必须以类和对象的形式来组织代码。

(7) Python 功能强大(模块众多)。Python 的模块众多，基本实现了所有的常见功能，从简单的字符串处理，到复杂的 3D 图形绘制，借助 Python 模块都可以轻松完成。Python 社区发展良好，除了 Python 官方提供的核心模块，很多第三方机构也会参与进来开发模块，这其中就有 Google、Facebook、Microsoft 等软件巨头。即使是一些小众的功能，Python 往往也有对应的开源模块，甚至有可能不止一个模块。

(8) Python 可扩展性强。Python 的可扩展性体现在它的模块，Python 具有脚本语言中最丰富和强大的类库，这些类库覆盖了文件 I/O、GUI、网络编程、数据库访问、文本操作等绝大部分应用场景。这些类库的底层代码不一定都是 Python，还有很多 C/C++的身影。当一段关键代码需要运行速度更快时，就可以使用 C/C++语言实现，然后在 Python 中调用它们。

2. Python 语言的缺点

除了上面提到的各种优点，Python 也有缺点。

(1) 运行速度慢。运行速度慢是解释型语言的通病，Python 也不例外。Python 速度慢不仅仅是因为它一边运行一边"翻译"源代码，还因为它是高级语言，屏蔽了很多底层细节。这个代价也是很大的，Python 要多做很多工作，有些工作是很消耗资源的，比如管理内存等。Python 的运行速度几乎是最慢的，不但远远慢于 C/C++，还慢于 Java。但是速度慢并未给程序运行带来负面影响。首先是计算机的硬件速度越来越快，多花钱就可以堆出高性能的硬件，硬件性能的提升可以弥补软件性能的不足。其次是有些应用场景可以容忍速度慢，比如网站，用户打开一个网页的大部分时间是在等待网络请求，而不是等待服务器执行网页程序。服务器花 1 ms 执行程序和花 20 ms 执行程序，对用户来说是毫无感觉的，因为网络连接时间往往需要 500 ms 甚至 2000 ms。

（2）代码加密困难。不像编译型语言的源代码会被编译成可执行程序，Python 是直接运行源代码，因此对源代码加密比较困难。

7.1.4　Python 语言的主要应用领域

1．WEB 开发

Python 拥有很多免费数据函数库、免费 Web 网页模板系统以及与 Web 服务器进行交互的库，可以实现 Web 开发，搭建 Web 框架，目前比较有名气的 Python Web 框架为 Django。从事该领域应从数据、组件、安全等多领域进行学习，从底层了解其工作原理便可驾驭任何业内主流的 Web 框架。

2．桌面软件

Python 在图形界面开发上很强大，可以用 tkinter/PyQT 框架开发各种桌面软件。

3．网络编程

网络编程是 Python 应用的另一方向，网络编程在生活和开发中无处不在，哪里有通信哪里就有网络，它可以称为是一切开发的"基石"。

4．爬虫开发

在爬虫领域，Python 几乎是霸主地位，它将网络的一切数据作为资源，通过自动化程序进行有针对性的数据采集以及处理。从事该领域应学习爬虫策略、高性能异步 I/O、分布式爬虫等，并针对 Scrapy 框架源码进行深入剖析，理解其原理并实现自定义爬虫框架。

5．云计算开发

Python 是从事云计算工作需要掌握的一门编程语言，云计算框架 OpenStack 就是由 Python 开发的，如果想要深入学习并进行二次开发，就需要具备 Python 的技能。

6．人工智能

MASA 和 Google 早期大量使用 Python，为 Python 积累了丰富的科学运算库，当 AI 时代来临后，Python 从众多编程语言中脱颖而出，各种人工智能算法都基于 Python 编写，尤其是 PyTorch 之后，Python 作为 AI 时代头牌语言的位置基本确定。

7．自动化运维

Python 是一门综合性的语言，能满足绝大部分自动化运维需求，前端和后端都可以做。从事该领域，应从设计层面、框架选择、灵活性、扩展性、故障处理以及如何优化等层面进行学习。

8．金融分析

金融分析包含金融知识和 Python 相关模块的学习，学习内容囊括 NumPy/Pandas/Scipy 数据分析模块等，以及常见金融分析策略如"双均线""周规则交易""羊驼策略""Dual Thrust 交易策略"等。

9．科学运算

Python 是一门很适合做科学计算的编程语言，从 1997 年开始，NASA 就大量使用 Python 进行各种复杂的科学运算，随着 NumPy、SciPy、Matplotlib、Enthought Librarys 等众多程序库的开发，Python 越来越适合做科学计算、绘制高质量的 2D 和 3D 图像。

10．游戏开发

在网络游戏开发中，Python 也有很多应用，相比于 Lua 或 C++，Python 比 Lua 有更高阶的抽象能力，可以用更少的代码描述游戏业务逻辑，Python 非常适合编写 1 万行以上的项目，而且能够很好地把网游项目的规模控制在 10 万行代码以内。

7.1.5　Python 2.x 和 3.x 的区别

Python 由 Guido van Rossum 于 1989 年底发明，第一版公开发行于 1991 年。官方宣布，2020 年 1 月 1 日，停止 Python 2 的更新。Python 2.7 被确定为最后一个 Python 2.x 版本。

Python 的 3.0 版本，常被称为 Python 3000，或简称 Py3k，相对于 Python 的早期版本，这是一个较大的升级。为了不带入过多的累赘，Python 3.0 在设计的时候没有考虑向下兼容。截至 2020 年 12 月 1 日，Python 的最高版本为 Python 3.9.1，本章主要介绍 Python 3.8.x 的使用。

7.2　Python 开发环境搭建

7.2.1　Python 的安装

Python 的安装步骤如下：

(1) 访问 Python 官网地址：https://www.python.org/downloads/，然后单击"Downloads"选项，在弹出的下拉选项中选择计算机的操作系统类型，如果计算机安装的是 Windows 操作系统，单击"Windows"选项，具体操作如图 7-2 所示。

图 7-2　各个平台 Python 下载页面截图

(2) 选择对应的安装包(以 Windows64 位操作系统为例)，操作如图 7-3 所示。

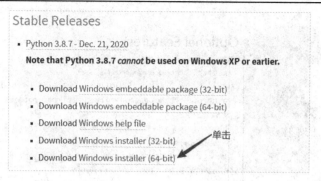

图 7-3　Python 3.8 下载页面截图

对安装文件的说明：

Windows embeddable package(32 bit)/(64 bit)："·zip"格式，支持 32 位/64 位 Windows 操作系统的绿色免安装版本，可以直接嵌入(集成)到其他的应用程序中；

Windows installer(32 bit)/(64 bit)："·exe"格式，支持 32 位/64 位 Windows 操作系统的可执行程序，这是完整的离线安装包，一般都是选择这种下载方式。

(3) 双击下载得到的 Python-3.8.7-amd64.exe，就可以正式开始安装 Python 了，如图 7-4 所示。

图 7-4　Python 安装向导

安装时请尽量勾选"Add Python 3.8 to PATH"，这样可以将 Python 命令工具所在目录添加到系统 Path 环境变量中，以后开发程序或者运行 Python 命令会非常方便。

Python 支持两种安装方式，即默认安装和自定义安装。

① 默认安装会自动勾选所有组件，并安装在 C 盘；

② 自定义安装可以手动选择要安装的组件，并安装到其他盘符。

(4) 选择自定义安装(默认安装将跨过本步骤)，可将 Python 安装到常用的目录，避免 C 盘文件过多。单击"Customize installation"进入下一步，选择要安装的 Python 组件。如果没有特殊要求，保持默认即可，也就是全部勾选，如图 7-5 所示。

(5) 单击"Next"继续，选择安装目录，如图 7-6 所示。

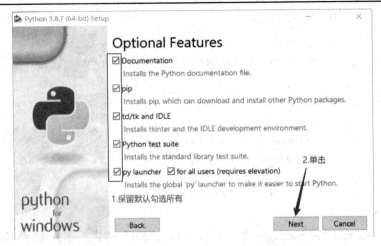

图 7-5　选择要安装的 Python 组件

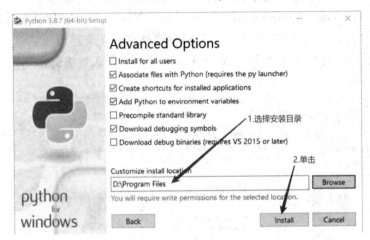

图 7-6　选择安装目录

选择好安装目录，单击"Install"，等待片刻就可以完成安装。

(6) 安装完成以后，打开 Windows 的命令行程序(命令提示符)，在窗口中输入 python 命令(注意字母 p 是小写的)，如果出现 Python 的版本信息，并看到命令提示符">>>"，就说明安装成功了，如图 7-7 所示。

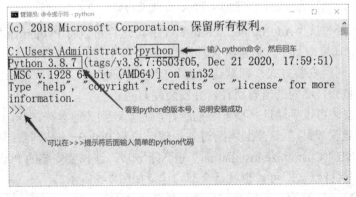

图 7-7　安装验证

运行"python"命令启动的是 Python 交互式编程环境，在">>>"后面输入代码，可立即看到执行结果，如图 7-8 所示。

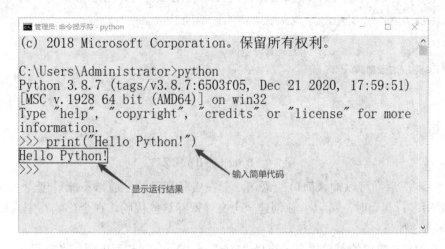

图 7-8 运行 Python 命令

7.2.2 Python 的 IDE 环境

1. 什么是 IDE

IDE 是 "Integrated Development Environment" 的缩写，中文称为集成开发环境，即辅助程序员进行开发工作的应用软件，是一个总称。

用 Python 语言进行程序开发，既可以选用 Python 自带的 IDLE，也可以选择使用 PyCharm 和 VScode 作为 IDE。

PyCharm 是 JetBrains 公司(www.jetbrains.com)研发，用于开发 Python 的 IDE 开发工具。近几年来，JetBrains 公司开发出多款开发工具，其中很多工具都好评如潮，这些工具可以编写 Python、C/C++、C#、Java、JavaScript、PHP 等编程语言。如果专注于 Python 应用程序的开发，建议读者使用 PyCharm 集成开发环境。

Visual Studio Code 简称 VS Code，是由微软公司开发的 IDE 工具。与微软其他 IDE(如 Visual Studio)不同的是，Visual Studio Code 是跨平台的，可以安装在 Windows、Linux 和 MacOS 平台上运行。不仅如此，Visual Studio Code 没有限定只能开发特定语言程序，事实上只要安装了合适的扩展插件，它就可以开发任何编程语言程序，包括 Python。下一节内容将会具体介绍 VS Code 集成开发环境的安装和使用方法。

2. Python 自带 IDLE

在安装 Python 后，会自动安装一个 IDLE，它是一个 Python Shell (可以在打开的 IDLE 窗口的标题栏上看到)，程序开发人员可以利用 Python Shell 与 Python 交互。

本节将以 Windows 10 系统中的 IDLE 为例，详细介绍如何使用 IDLE 开发 Python 程序。

单击系统的开始菜单，然后依次选择"Python 3.8"→"IDLE (Python 3.8 64-bit)"菜单项，即可打开 IDLE 窗口，如图 7-9 所示。

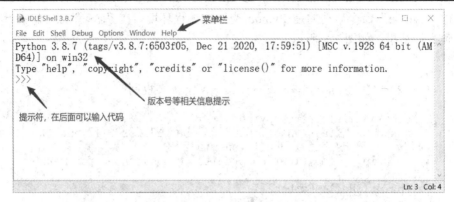

图 7-9　Python 的 IDLE 窗口

在 "＞＞＞" 后面可以输入简单的语句，但在实际开发中，通常不能只包含一行代码，当需要编写多行代码时，可以单独创建一个文件保存这些代码，在全部编写完成后一起执行。具体方法如下：

(1) 在 IDLE 窗口的菜单栏上，选择 "File" → "New File" 菜单项，将打开一个新窗口，在该窗口中，可以直接编写 Python 代码。如图 7-10 所示。

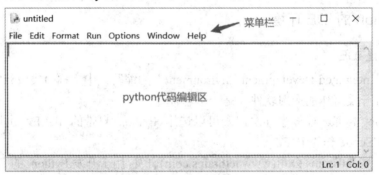

图 7-10　新建 Python 文件窗口

(2) 按下快捷键 "Ctrl+S" 保存文件，这里将文件名称设置为 demo.py。其中，".py" 是 Python 文件的扩展名。在菜单栏中选择 "Run" → "Run Module" 菜单项(也可以直接按下快捷键 "F5")运行程序，如图 7-11 所示。

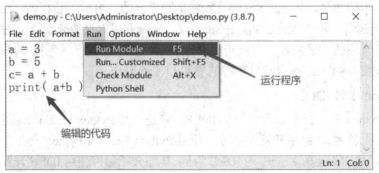

图 7-11　运行程序

(3) 运行程序后，在 Python Shell 窗口中可以看到程序运行的结果，如图 7-12 所示。

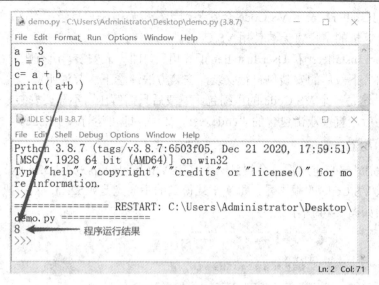

图 7-12　运行结果

7.2.3　VS Code 的安装

下面就来讲解如何下载并安装 VS Code，使其能够支持 Python 编程。

1. 下载 VS Code 安装包

在浏览器地址栏中输入官网下载地址：https://code.visualstudio.com/download，然后回车，看到如图 7-13 所示的界面。

图 7-13　VS Code 下载界面

可以看到，官方准备了分别适用于 Windows、Linux 和 Mac 操作系统的安装包，可根据实际情况，选择适合自己电脑的安装包(以下以 Windows 1064 位操作系统为例)。

Windows 系统提供的安装包中，还被细分为 User Installer、System Installer 以及 ".zip"版，它们之间的区别是：

(1) User Installer：表示 VS Code 会安装到计算机当前账户目录中，这意味着使用其他账号登录陆计算机的用户将无法使用 VS Code。

(2) System Installer：和 User Installer 正好相反，即一人安装，所有账户都可以使用(本例中选择此项，下载后的安装包自行安装，安装方法请看下一节说明)。

(3) .zip：这是一个 VS Code 的压缩包，下载后只需解压，不需要安装。也就是说，解压此压缩包之后，直接双击包含的"code.exe"文件，即可运行 VS Code。

2．安装 VS Code

(1) 下载完成安装包之后，会得到一个名为 VSCodeSetup-x64-1.52.1.exe 的文件(1.52.1代表当前下载 VS Code 的版本号，每次下载得到的不一定是 1.52.1)，双击执行该文件，看到的安装界面如图 7-14 所示。

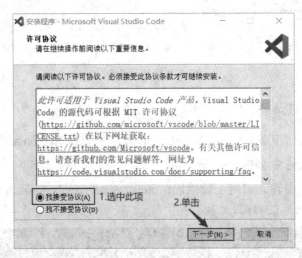

图 7-14　VS Code 安装界面

(2) 按照图 7-14 的提示勾选"我接受协议"，然后单击"下一步"，进入图 7-15 所示的设置安装目录界面。

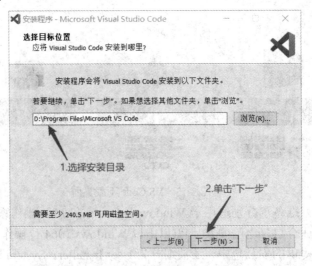

图 7-15　VS Code 设置安装目录界面

（3）选择好安装位置后，继续单击"下一步"，进入图 7-16 所示的选择开始菜单文件夹界面。

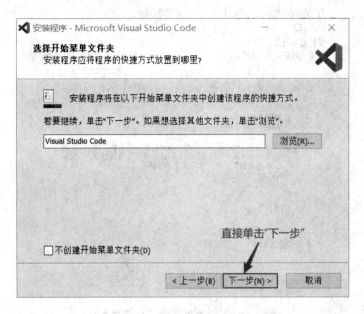

图 7-16　VS Code 选择开始菜单文件夹界面

（4）这里不需要改动，默认即可，直接单击"下一步"，进入图 7-17 所示的选择其他任务界面。

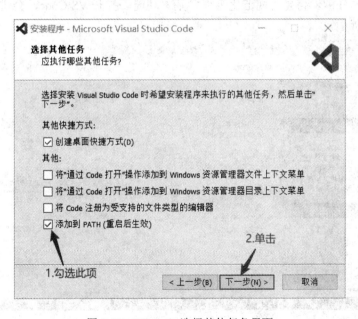

图 7-17　VS Code 选择其他任务界面

（5）可根据自己的操作习惯，勾选适合自己的选项，需要注意的是，"添加到 PATH(重启后生效)"选项一定要勾选。选择完成后，单击"下一步"，进入图 7-18 所示的安装准备就绪界面。

(6) 图 7-18 显示的是前面选择对 VS Code 做的配置，确认无误后单击"安装"，即可正式安装 VS Code。安装成功后，单击"完成"按钮。

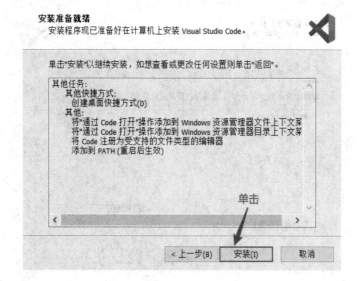

图 7-18　VS Code 安装准备就绪界面

3．安装 VS Code 插件

刚刚安装成功的 VS Code 是没有 Python 扩展的，因此需要安装 Python 扩展插件，该插件提供了代码分析、高亮、规范化等很多基本功能。打开 VS Code，会进入图 7-19 所示的 VS Code 主界面。

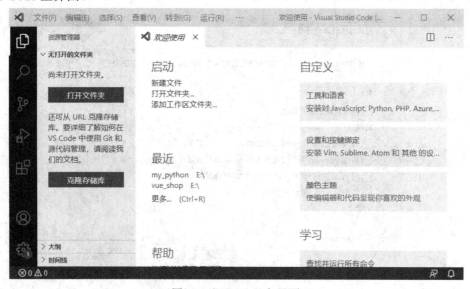

图 7-19　VS Code 主界面

如图 7-20 所示，单击扩展按钮，并搜索 Python 扩展插件，找到合适的扩展(这里选择的是第一个，这是 Python 的调试工具)，单击"安装"即可。

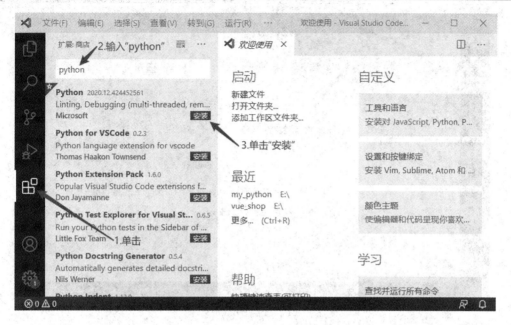

图 7-20　VS Code 安装 Python 扩展插件

其他插件可以根据自己的习惯和喜好自行安装，安装方法同上，常用的插件如下：

(1) Anaconda Extension Pack：可以自动补全 Anaconda 包中的属性名称。原始的代码提示基本只包含了 Python 标准库，这个插件安装之后使用的第三方库基本都能实现代码提示，并且还会额外显示每个方法的帮助。

(2) Code Spell Checker：单词拼写检查。有时候会拼错单词，这个插件不仅可以指出错误，还能提供正确单词的拼写方式。安装好之后，选中拼写错误的单词，旁边会出现黄色小灯泡，单击选择单词，可以直接替换。

(3) Guides：提供缩进检查。有时候 for、if 写多了，就会分不清对应的列数，VS code 虽然自带缩进检查，但是不明显，这个插件将缩进线显示为红色，非常醒目。

(4) Bracket Pair Colorizer：代码颜色高亮，一般只会帮你区分不同的变量。这款插件给不同的括号换上了不同的颜色，括号多的时候非常实用。

7.2.4　编写第一个 Python 程序

下面介绍如何使用 VS Code 编辑第一个 Python 程序，操作步骤如下：

第 1 步：先在计算机的某个分区中(比如 E 盘)新建一个文件夹"my_python"；

第 2 步：打开 VS Code，然后依次单击"文件"菜单→"打开文件夹"选项→选中 E 盘中的"my_python"文件夹→单击"选择文件夹"按钮；

第 3 步：在 VS Code 左边的资源管理器窗口中单击"MY_PYTHON"选项后面新建文件按钮，接着输入文件名"hello.py"，最后回车确定。具体操作如图 7-21 所示。

(4) 在"hello.py"编辑窗口中编辑代码，然后保存，单击运行按钮，在底部终端中可以查看运行的结果，如图 7-22 所示。

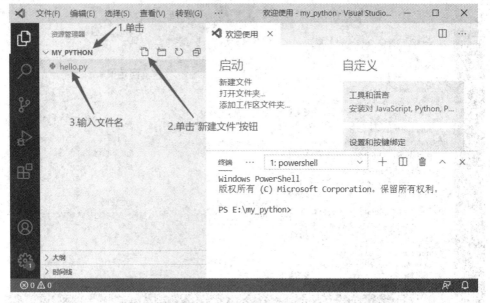

图 7-21　新建 Python 文件

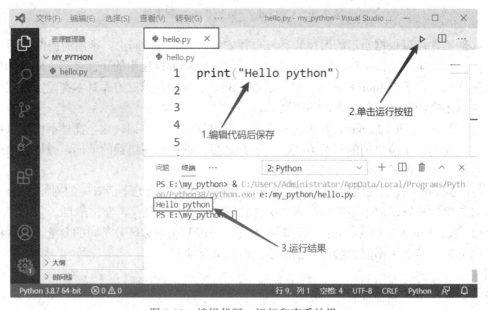

图 7-22　编辑代码、运行和查看结果

7.3　算法与流程图

7.3.1　算法的基本概念

　　算法是指解题方案的准确而完整的描述，是一系列解决问题的清晰指令，算法代表着用系统的方法描述解决问题的策略机制。也就是说，算法能够根据一定规范的输入，在有限时间内获得所要求的输出。

简单来说，算法就是按照一定的规则解决某一类问题的明确和有限的步骤，即解决问题的方法和步骤。

问题 1：一个农夫带着一只狼、一只羊、一颗白菜过河，由于船太小，只能装下农夫和另一样东西，无人看管时，狼吃羊，羊吃菜，问怎样才能平安过河？

解决方法：

(1) 先把羊带过去，返回；

(2) 把狼带过去，并把羊再带回；

(3) 把白菜带过去，返回；

(4) 最后把羊再一次带过去。

算法是计算机处理信息的本质，因为计算机程序本质上是一个由算法来告诉计算机确切的步骤和执行的内容任务。一般地，当算法在处理信息时，会从输入设备或数据的存储地址读取数据，并把结果写入输出设备或某个存储地址供以后再调用。

如果一个算法有缺陷，或不适合于某个问题，那么执行这个算法将不会解决这个问题。即使算法能解决问题，通常在处理同一问题时，也可能存在多种算法，而不同的算法可能用不同的时间、空间和效率来完成同样的任务。一个算法的优劣可以用空间复杂度与时间复杂度来衡量。时间复杂度是指执行算法所需要的计算工作量；空间复杂度是指执行算法所需要消耗的内存空间。

7.3.2　算法的特征

一个算法应该具有以下五个重要的特征：

(1) 输入项：一个算法可以有 0 个或多个输入，以刻画运算对象的初始情况。所谓 0 个输入，是指算法本身定出了初始条件。

(2) 输出项：一个算法可以有一个或多个输出，以反映对输入数据加工处理后的结果。没有输出的算法是毫无意义的；

(3) 有穷性：指算法必须能在执行有限个步骤之后终止。

(4) 确定性：算法的每一步骤必须有确切的定义，即不会出现二义性。

(5) 可行性：算法中执行的任何计算步骤都可以被分解为基本的可执行的操作步骤，即每个计算步骤都可以在有限时间内完成(也称之为有效性)。

7.3.3　算法的表示方法

算法的常用表示方法有如下三种：使用自然语言描述算法、使用流程图描述算法、使用伪代码描述算法。

下面来看怎样使用这三种不同的表示方法描述解决问题的过程，以求解 sum = 1+2+3+4+5+…+(n-1)+n 为例。

1. 用自然语言描述算法

使用自然语言描述从 1 开始的连续 n 个自然数求和的算法如下：

(1) 确定一个 n 的值；

(2) 假设等号右边的算式项中的初始值 i 为 1；

(3) 假设 sum 的初始值为 0;

(4) 如果 i≤n 时，执行(5)，否则转去执行(8);

(5) 计算 sum 加上 i 的值后，重新赋值给 sum;

(6) 计算 i 加 1，然后将值重新赋值给 i;

(7) 转去执行(4);

(8) 输出 sum 的值，算法结束。

从上面描述的求解过程中不难发现，虽然使用自然语言描述算法比较容易掌握，但是存在着很大的缺陷。例如，当算法中含有多分支或者循环操作时很难表述清楚。另外，使用自然语言描述算法很容易造成歧义(也称为二义性)，比如有这样一句话——"武松打死老虎"，既可以理解为"武松/打死/老虎"，可以理解为"武松/打/死老虎"。自然语言中的语句和停顿不同，可能造成他人对相同一句话产生不同的理解。为了解决自然语言描述算法中可能存在着的二义性，可以使用流程图来描述算法。

2．用流程图描述算法

使用流程图描述从 1 开始的连续 n 个自然数求和的算法如图 7-23 所示。

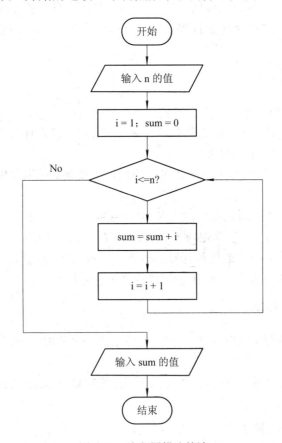

图 7-23　流程图描述算法

从上面的算法流程图中，可以比较清晰地看出求解问题的执行过程。在进一步学习使用流程图描述算法之前，有必要对流程图中的一些常用符号做以解释，如表 7-2 所示。

表 7-2 流程图符号说明表

符号	名称	作 用
⬭	开始、结束符	表示算法的开始和结束符号
▱	输入、输出框	表示算法过程中，从外部获取的信息(输入)，然后将处理后的信息输出
▭	处理框	表示算法过程中，需要处理的内容，只有一个入口和一个出口
◇	判断框	表示算法过程中的分支结构，菱形框的四个顶点中，通常上面的顶点表示入口，根据需要用其余的顶点表示出口
⟶	流程线	算法过程中指向流程的方向

无论是使用自然语言还是使用流程图描述算法，仅仅是表述了编程者解决问题的一种思路，都无法被计算机直接接受并进行操作，由此引进了第三种非常接近于计算机编程语言的算法描述方法——伪代码。

3. 用伪代码描述算法

使用伪代码描述从 1 开始的连续 n 个自然数求和的算法如下：

(1) 算法开始；

(2) 输入 n 的值；

(3) i←1；

(4) sum←0；

(5) do while i<=n：

    { sum ← sum + i；

      i← i + 1；}

(6) 输出 sum 的值；

(7) 算法结束。

伪代码是一种用来书写程序或描述算法时使用的非正式、透明的表述方法。它并非是一种编程语言，这种方法针对的是一台虚拟的计算机。

伪代码通常采用自然语言、数学公式和符号来描述算法的操作步骤，同时采用计算机高级语言(如 C、Python、C++、Java 等)的控制结构来描述算法步骤的执行顺序。但是，任何计算机高级程序设计语言都是无法被计算机直接执行的，必须先将其转换成低级语言(由高级程序设计软件中的编译器或者解释器完成)，然后才能被计算机执行。

7.4 Python 基础语法

7.4.1 标准输入/输出方法

1. 标准输入方法

input()函数是 Python 语言的一个内置函数，它的功能是通过用户输入，接受一个标准输入数据，默认为字符串(string)类型。

内置函数和标准库函数是不一样的。

Python 解释器也是一个程序，它给用户提供了一些常用功能，并给它们起了独一无二的名字，这些常用功能就是内置函数。Python 解释器启动以后，内置函数就生效了，可以直接拿来使用。

Python 标准库相当于解释器的外部扩展，它并不会随着解释器的启动而启动，要想使用这些外部扩展，必须提前导入，导入的方法在后面的章节再做介绍。

input()函数格式如下：

```
x = input("提示字符串")
```

x 是需要接收用户输入的对象，"提示字符串"的内容在函数执行时会显示在屏幕上，用于提示用户输入。提示信息可以为空，即括号内无任何内容，函数执行时不会显示提示信息。例如：

```
#求任意两个数之和
x1 = input("请输入第一个数：")
x2 = input("请输入第二个数：")
print("结果为：", x1+x2 )
```

以上程序运行后，按照提示输入数据(✓代表回车键)，运行结果如下：

```
请输入第一个数：10✓
请输入第二个数：20✓
结果为：1020
```

从运行结果可以看出，输入的 10 和 20 相加的结果为 1020，显然运行结果不是我们所期望的值 30，为什么呢？

因为 input()函数默认返回的数据是字符串类型，如果需要使用其他数据类型，可以使用数据类型转换函数进行转换。数据类型转换函数都属于 Python 的内置函数，用户可以直接使用。常用的数据类型转换函数如表 7-3 所示。

表 7-3　数据类型转换函数

函数名	使　用　说　明
int(x)	将 x 转换成整数类型
float(x)	将 x 转换成浮点数类型
complex(real，[,imag])	创建一个复数
str(x)	将 x 转换为字符串
repr(x)	将 x 转换为表达式字符串
eval(str)	计算在字符串中的有效 Python 表达式，并返回一个对象
chr(x)	将整数 x 转换为一个字符
ord(x)	将一个字符 x 转换为它对应的整数值
hex(x)	将一个整数 x 转换为一个十六进制字符串

例如，把以上代码改为：

```
#求任意两个数之和
```

```
x1 = int( input("请输入第一个数：" ))
x2 = int( input("请输入第二个数：" ))
print("结果为：", x1+x2 )
```

运行程序时按照提示输入数据，运行结果如下：

```
请输入第一个数：10↙
请输入第二个数：20↙
结果为：30
```

再如，从键盘上输入一个半径值，求圆的面积，代码如下：

```
#输入半径，求圆的面积
r = float( input("请输入圆的半径值：" ))          #input 返回值转换成 float 类型
s = 3.14 * r * r
print("面积为：", s )
```

运行程序时按照提示输入数据，运行结果如下：

```
请输入圆的半径值：10↙
面积为：314.00
```

2．标准输出方法

print()也是 Python 的内置函数，它的功能就是在屏幕上输出文本信息，其格式如下：

```
print("输出项")
```

说明："输出项"可以是数值、字符串、布尔值、列表或字典等数据类型。如果输出项不是字符串，就不需要加上双引号。例如如下代码：

```
name = "张三"              #name 姓名变量
age=18                     #age 年龄变量
print("用户信息为：" )       #输出字符串(要加上双引号)
print(age)                 #输出年龄变量
print( name )              #输出姓名变量
```

程序运行结果显示：

```
用户信息为：
18
张三
```

print()函数执行完成后默认换行，如不需要换行，则在输出内容之后加上 end =""，例如如下代码：

```
name = "张三"                          #name 姓名变量
age=18                                 #age 年龄变量
print("用户信息为：", end = ""   )       #输出字符串，空格结束
print(age,end = "")                    #输出年龄变量，空格结束
```

```
print( name )                          #输出姓名变量
```

程序运行结果显示：

用户信息为：18 张三

print()函数可以一次输出多个输出项，多个输出项之间用逗号分隔，结果输出默认用空格分隔。例如如下代码：

```
name = "张三"                          #name 姓名变量
age=18                                 #age 年龄变量
print("用户信息为： ", age, name)       #输出多项内容(用逗号分隔)
```

程序运行结果显示：

用户信息为：18 张三　　　　　　　　　　#运行结果默认用空格分隔

如希望用其他字符分隔，则在输出内容之后加上 sep =""，例如如下代码：

```
name = "张三"                          #name 姓名变量
age=18                                 #age 年龄变量
print("用户信息为: ", age, name,sep ="$") #输出多项内容(用$分隔)
```

程序运行结果显示：

用户信息为：$18 $ 张三

7.4.2　变量与数据类型

1. 变量

任何编程语言都需要处理数据，比如数字、字符串、字符等，我们可以直接使用数据，也可以将数据保存到变量中，方便以后使用。

变量可以看成一个小箱子，专门用来"盛装"程序中的数据。每个变量都拥有独一无二的名字，通过变量的名字就能找到变量中的数据。

Python 语言变量的命名规则如下：

- 名称第一字符为英文字母或者下划线；
- 名称第一字符后可以使用英文字母、下划线和数字；
- 名称不能使用 Python 的关键字或保留字符；
- 名称区分大小写，单词与单词之间使用下划线连接。

Python 中的关键字和保留字可以从 shell 命令行中查看，方法如下：

```
>>> import keyword              #导入 keyword 模块
>>> keyword.kwlist              #调用 kwlist 显示保留关键字列表
```

运行结果显示如下：

['False', 'None', 'True', 'and', 'as', 'assert', 'break', 'class', 'continue', 'def', 'del', 'elif', 'else', 'except', 'finally', 'for', 'from', 'global', 'if', 'import', 'in', 'is', 'lambda', 'nonlocal', 'not', 'or', 'pass', 'raise', 'return', 'try', 'while', 'with', 'yield']

在编程语言中，将数据放入变量的过程叫作赋值(Assignment)。Python 使用等号 "=" 作为赋值运算符，具体格式为：

```
name = value
```

name 表示变量名；value 表示值，也就是要存储的数据。

在 Python 中，变量使用等号赋值以后会被创建，定义完成后可以直接使用，例如：

```
name = "张三"                          #name 为字符串类型变量
age=18                               #age 为整型变量
print("用户信息为：", age, name)
```

和变量相对应的是常量，它们都是用来"盛装"数据的小箱子，不同的是：变量保存的数据可以被多次修改，而常量一旦保存某个数据之后就不能修改了。通常情况下，常量就是用来给变量赋值用的。

2．数据类型

变量可以有多种数据类型，Python 中主要提供六个标准的数据类型：

- Numbers(数字类型)
- Strings(字符串类型)
- Lists(列表类型)
- Tuples(元组类型)
- Dictionaries(字典类型)
- Sets(集合类型)

数字类型和字符串类型是 Python 中最基本的数据类型，列表、元组、字典和集合是 Python 中的组合数据类型。组合数据类型将放在后面的内容中做介绍，下面先介绍基本数据类型的使用方法。

(1) 数字类型。Python 的数字类型有整型(int)、浮点型(float)和复数类型(complex)三种，数字类型可以进行算术运算、关系运算和逻辑运算等。

① 整型(int)表示整数，包括正整数、负整数和 0，例如 18、–5、0、0110 等都属于整数。

整型的数还包括各种进制，0b 开始的表示二进制，0o 开始的表示八进制，0x 开始的表示十六进制，进制之间可以使用函数进行转换，使用时需要注意数值符合进制。

② 浮点型(float)是含有小数的数值，用于实数的表示，由正负号、数字和小数点组成(正号可以省略)，如–3.14、0.5、9.32 等。

③ 复数类型(complex)由实数和虚数组成，用于复数的表示，虚数部分需加上 j 或 J，如–1.5j、0.14j、1.37j。Python 的复数类型是其他语言一般没有的。

另外，还有布尔型(booleans)，它是整型(int)的子类，用于逻辑判断真(True)或假(False)，用数值 1 和 0 分别代表常量 True 和 False。

在 Python 语言中，False 可以是数值为 0、对象为 None 或者是序列中的空字符串、空列表、空元组等。

(2) 字符串类型(Strings)。字符串用于 Unicode 字符序列，使用一对单引号、双引号和使用三对单引号或者双引号引起来的字符就是字符串，如'hello python'、"2100500188"、

"'China'"、"""GuangXi!"""。

严格地说，在 Python 中的字符串是一种对象类型，其类型标识符使用"str"表示，通常用单引号"'"或者双引号" " "包裹起来。

字符串和前面讲过的数字一样，都是对象的类型，或者说都是值。

字符串中还有一种特殊的字符叫作转义字符，转义字符通常用于不能够直接输入的各种特殊字符。在某个字符前面加上反斜杠"\"表示转义字符。如果不想让反斜杠"\"发生转义，则可以在字符串前面加个"r"表示原始字符串。Python 常用转义字符如表7-4 所示。

表 7-4　Python 常用转义字符表

转义字符	说　明
\\	反斜杠
\'	单引号
\"	双引号
\a	响铃
\b	退格符
\f	换页符
\n	换行符
\r	回车符
\t	水平制表符
\v	垂直制表符
\0	Null，空字符串
\0dd	以八进制表示的 ASCII 对应字符
\xhh	以十六进制表示的 ASCII 对应字符

字符串的基本操作包括：求字符串的长度、字符串的连接、字符串的索引和切片、字符串的格式化和字符串的操作方法等。

① 求字符串的长度。字符串的长度是字符串包含字符的个数(包含空格)，可以用 Python 内置 len()函数求字符串的长度。如：

```
str1 = "This is python program!"
length = len(str1)
print("字符串包含字符数：",length)
```

运行结果如下：

```
字符串包含字符数：　23
```

② 字符串的连接。字符串的连接是指将多个字符串连接在一起组成一个新的字符串。

当字符串之间没有任何连接符或者用"+"连接时，这些字符串会直接连接在一起，组成新的字符串。当字符串之间用逗号隔开时，将把字符串组成一个元组的数据类型(后面将介绍)。例如有如下代码：

```
str2 = "This ""is ""python ""program!"        #字符串间没有任何分隔符
str3 = "China "+"BeiJing "+"ZhongGuanCun"      #字符串间用+号连接
print(str2)
print(str3)
```

运行结果如下：

```
This is python program!
China BeiJing ZhongGuanCun
```

如把程序改为下面代码：

```
str2 = "This ",  "is",  "pytho ",  "program!"    #字符串之间用逗号隔开
print(str2)
```

运行结果如下：

```
('This', 'is', 'python', 'program!')            #圆括号包含起来是元组类型
```

③ 字符串的索引和切片。字符串是一个有序集合，因此可以通过偏移量实现索引和切片的操作。在字符串中字符从左到右的字符索引依次为 0、1、2、3、……、len()-1，字符从右到左的索引依次为-1、-2、-3、……、-len()。简单来说，索引其实是指字符串的排列顺序，可以通过索引来查找该顺序上的字符。例如有如下程序：

```
str4 = "Hello world!"
print(str4[0])          #输出第一个字符
print(str4[1])          #输出第二个字符
print(str4[-1])         #输出倒数第一个字符
print(str4[-2])         #输出倒数第二个字符
```

程序运行结果如下：

```
H
e
!
d
```

注意：虽然索引可以获得该顺序上的字符，但是不能通过该索引去修改对应的字符。例如：

```
str4 = "Hello world!"
str4[0] = "h"           #假设想把字符串的第一个字符修改为小写的 h
print(str4[0])
```

运行结果提示错误如下：

```
Traceback (most recent call last):
    File "e:/my_python/hello.py", line 2, in <module>
        str4[0] = "h"
TypeError: 'str' object does not support item assignment
```

切片，也叫分片，是指从某一个索引范围中获取连续的多个字符(又称为子字符)。常用格式如下：

```
stringname[start:end]
```

这里的"stringname"是指被切片的字符串，"start"和"end"分别指开始和结束时字符的索引，其中切片的最后一个字符的索引是"end−1"的值，这里有一个诀窍叫：包左不包右。例如：

```
str6 = "abcdefg"
print(str6[0:4])    #获取索引为 0-4 之间的字符串，但不包括索引为 4 的字符
```

运行结果如下：

```
abcd
```

若不指定开始切片的索引位置，默认是从 0 开始；若不指定结束切片的索引位置，默认索引位置是字符串末尾。例如：

```
str7 = "Hello_Python"
print(str7[:4])     #开始位置不指定，默认从第一个字符开始
print(str7[4:])     #结束位置不指定，默认到最后一个字符
```

运行结果如下：

```
Hell                #print(str7[:4])
o_Python            #print(str7[4:])
```

默认切片的字符串是连续的，但是也可以通过指定步长 (step)来跳过中间的字符，其中默认的 step 是 1，可以指定步长为 2，例如：

```
str8 = "123456789"
print(str8[1:7:2])  #从索引位置 1 开始，到索引位置 7 结束(不包括 7)，步长为 2
```

运行结果如下：

```
246
```

④ 字符串的格式化。想要进行字符串格式化可以使用 format()方法，例如以下代码：

```
print("name:{0},age:{1}".format("zhangsan",18))
```

运行结果如下：

```
name:zhangsan,age:18
```

⑤ 字符串的操作方法。因为字符串是 str 类型对象，所以 Python 内置了一系列操作字符串的方法。其中常用的方法如表 7-5 所示。

表 7-5　字符串的常用操作方法

方法名	功 能 描 述
strip([chars])	若方法里面的 chars 不指定，则默认去掉字符串的首、尾空格或者换行符；若指定了 chars，则会删除首尾的 chars
count('chars',start,end)	统计 chars 字符串或者字符在 str 中出现的次数，从 start 顺序开始查找一直到 end 顺序范围结束，默认是从顺序 0 开始
capitalize()	将字符串的首字母大写
replace(oldstr, newstr,count)	用旧的子字符串替换新的子字符串，若不指定 count 默认全部替换
find('str',start,end)	查找并返回子字符在 start 到 end 范围内的顺序，默认范围是从父字符串的头开始到尾结束，指定范围内没有该字符串返回−1
index('str',start,end)	该函数与 find 函数一样，但是，如果在某一个范围内没有找到该字符串，则不再返回−1，而是直接报错
isalnum()	字符串是否由字母或数字组成，是则返回 True，否则返回 False
isalpha()	字符串是否全是由字母组成，是则返回 True，否则返回 False
isdigit()	字符串是否全是由数字组成，是则返回 True，否则返回 False
isspace()	字符串是否全是由空格组成，是则返回 True，否则返回 False
islower()	字符串是否全是小写，是则返回 True，否则返回 False
isupper()	字符串是否全是大写，是则返回 True，否则返回 False
istitle()	字符串首字母是否是大写，是则返回 True，否则返回 False
lower()	将字符串中的字母全部转换成小写字母
upper()	将字符串中的字母全部转换成大写字母
split(sep,maxsplit)	将字符串按照指定的 sep 字符进行分割，maxsplit 是指定需要分割的次数，若不指定 sep，则默认是分割空格
startswith(sub[,start[,end]])	判断字符串在指定范围内是否以 sub 开头，默认范围是整个字符串
endswith(sub[,start[,end]])	判断字符串在指定范围内是否是以 sub 结尾，默认范围是整个字符串

字符串方法的使用格式如下：

字符串变量名.方法名( )

例如，输入一个字符串，判断其是否是身份证号码，其代码如下：

```
card = input("请输入身份证号码：")
card_before = card[0:17]          #card_before 用来存放前 17 位
card_last = card[-1]              #card_last 用来存放最后一位
if len(card) != 18:              #判断输入字符数是否是 18
    print("您输入身份证号不是 18 位")
else:
    if (card_before.isdigit() and    #前 17 位必须全部位数字
        (card_last.isdigit() or      #并且最后一个是数字、'X'或'x'
        card_last == 'X' or
        card_last == 'x' )):
        print("您输入身份证号正确")
```

```
    else:
        print("您输入身份证号格式错误")
```

运行后输入不同的测试数据显示结果如下：

请输入身份证号码：45030520001226↙
您输入身份证号不是 18 位
请输入身份证号码：45030520001226587a↙
您输入身份证号格式错误
请输入身份证号码：45030520001226587X↙
您输入身份证号正确

7.4.3　运算符及表达式

1．算术运算符

算术运算符也即数学运算符，用来对数字进行数学运算，比如加、减、乘、除。Python支持的基本算术运算符如表 7-6 所示。

表 7-6　算术运算符

运算符	说　明	表达式示例	结果
+	加	10.5+23	33.5
-	减	3.14-2	1.14
*	乘	3*4.5	13.5
/	除法(和数学中的规则一样)	5/2	2.5
//	整除(只保留商的整数部分)	10 // 3	3
%	取余，即返回除法的余数	10 % 3	1
**	幂运算/次方运算，即返回 x 的 y 次方	2 ** 4	16，即 2^4

2．比较运算符

比较运算符，也称关系运算符，用于对常量、变量或表达式的结果进行大小比较。如果这种比较是成立的，则返回 True(真)，反之则返回 False(假)。Python 支持的比较运算符如表 7-7 所示。

表 7-7　比较运算符

运算符	说　明	表达式示例	结果
==	等于：判断是否相等	3==2	False
!=	不等于：判断是否不相等	3!= 2	True
>	大于：判断是否大于	3> 2	True
<	小于：判断是否小于	5 < 2	False
>=	大于等于：判断是否大于等于	3>= 2	True
<=	小于等于：判断是否小于等于	5 <= 2	False

3．逻辑运算符

逻辑运算符 and(与)、or(或)、not(非)用于逻辑运算，判断表达式的 True 或者 False，逻辑运算符一般和关系运算符结合使用。Python 支持的逻辑运算符如表 7-8 所示。

表 7-8 逻辑运算符

运算符	说 明	表达式示例	结果
and	与：表达式只要有一边为 False，则结果为 False，否则为 True	14>6 and 45.6 > 90	False
or	或：表达式只要有一边为 True，则结果为 True，否则为 False	3!= 2 or 1>2	True
not	非：表达式取反，即与原值相反	!(3> 2)	False

在 Python 中，and 和 or 不一定会计算右边表达式的值，有时候只计算左边表达式的值就能得到最终结果。这种情况也称"短路"现象。

对于 and 运算符：如果左边表达式的值为假，那么就不用计算右边表达式的值了，因为不管右边表达式的值是什么，都不会影响最终结果，最终结果都是假，此时 and 会把左边表达式的值作为最终结果。如果左边表达式的值为真，那么最终值是不能确定的，and 会继续计算右边表达式的值，并将右边表达式的值作为最终结果。

对于 or 运算符：如果左边表达式的值为真，那么就不用计算右边表达式的值了，因为不管右边表达式的值是什么，都不会影响最终结果，最终结果都是真，此时 or 会把左边表达式的值作为最终结果。如果左边表达式的值为假，那么最终值是不能确定的，or 会继续计算右边表达式的值，并将右边表达式的值作为最终结果。

示例代码如下：

```
str1="Hello "
str2="Python"
print( False and print( str1 ) )
print( True and print( str1 ) )
print( False or print( str1 ) )
print( True and print( str1 ) )
```

运行结果如下：

```
False
Hello
None            #为什么输出是 None 呢？
Hello
None
Hello
None
```

4．赋值运算符

赋值运算符用来把右侧的值传递给左侧的变量，可以直接将右侧的值交给左侧的变量，也可以进行某些运算后再交给左侧的变量，比如加减乘除、函数调用、逻辑运算等。

Python 中最基本的赋值运算符是等号"="；结合其他运算符，"="还能扩展出更强大的赋值运算符。Python 支持的赋值运算符如表 7-9 所示。

表 7-9 赋值运算符

运算符	说 明	表达式示例	等价形式
=	最基本的赋值运算	x = y	x = y
+=	加赋值	x += y	x = x + y
-=	减赋值	x -= y	x = x - y
*=	乘赋值	x *= y	x = x * y
/=	除赋值	x /= y	x = x / y
%=	取余数赋值	x %= y	x = x % y
**=	幂赋值	x **= y	x = x ** y
//=	取整数赋值	x //= y	x = x // y

Python 中的赋值表达式也是有值的，它的值就是赋值表达式左侧变量的值。如果将赋值表达式的值再赋值给另外一个变量，这就构成了连续赋值。代码如下：

```
a = b = c = 10        #连续赋值
print( "a=", a )
print( "b=", b )
print( "c=", c )
```

程序运行结果为：

```
a= 10
b= 10
c= 10
```

扩展赋值运算符只能对已经存在的变量赋值，因为赋值过程中需要变量本身参与运算，如果变量没有提前定义，它的值就是未知的，无法参与运算。例如下面的代码是错误的：

```
a +=5        #错误，因为 a 之前没有被定义，a 的值未知，不能参与运算
```

程序修改为：

```
a = 1
a +=5        #正确，因为在上一行代码中 a 已经被定义并且赋值
```

5. 位运算符

Python 位运算按照数据在内存中的二进制位(Bit)进行操作，只能用来操作整数类型。Python 支持的位运算符如表 7-10 所示。

表 7-10 位 运 算 符

运算符	说 明	使用形式	表达式示例
&	按位与	a & b	4 & 5
|	按位或	a | b	4 | 5
^	按位异或	a ^ b	4 ^ 5
~	按位取反	~a	~4
<<	按位左移	a << b	4 << 2，表示整数 4 按位左移 2 位
>>	按位右移	a >> b	4 >> 2，表示整数 4 按位右移 2 位

(1) 按位与运算符"&"：只有参与运算的两个位都为 1 时，结果才为 1，否则为 0。例如 1&1 为 1，0&0 为 0，1&0 也为 0，这和逻辑运算符"&&"非常类似。

(2) 按位或运算符"|"：两个二进制位有一个为 1 时，结果就为 1，两个都为 0 时结果才为 0。例如 1|1 为 1，0|0 为 0，1|0 为 1，这和逻辑运算中的"||"非常类似。

(3) 按位异或运算符"^"：参与运算的两个二进制位不同时，结果为 1，相同时结果为 0。例如 0^1 为 1，0^0 为 0，1^1 为 0。

(4) 按位取反运算符"~"：为单目运算符(只有一个操作数)，右结合性，作用是对参与运算的二进制位取反。例如~1 为 0，~0 为 1，这和逻辑运算中的"!"非常类似。

(5) 左移运算符"<<"：用来把操作数的各个二进制位全部左移若干位，高位丢弃，低位补 0。

(6) 右移运算符">>"：用来把操作数的各个二进制位全部右移若干位，低位丢弃，高位补 0 或 1。如果数据的最高位是 0，那么就补 0；如果数据的最高位是 1，那么就补 1。

Python 位运算一般用于底层开发(算法设计、驱动、图像处理、单片机等)，在应用层开发(Web 开发、Linux 运维等)中并不常见。前面对位运算符只做了简单的介绍，如果读者要从事底层开发，可以自行查阅相关资料。

6. 运算符优先级

所谓优先级，就是当多个运算符同时出现在一个表达式中时，先执行哪个运算符。Python 运算符优先级和结合性如表 7-11 所示。

表 7-11　运算符优先级和结合性

运算符说明	Python 运算符	优先级	结合性
小括号	( )	19	无
索引运算符	x[i] 或 x[i1: i2 [:i3]]	18	左
属性访问	x.attribute	17	左
乘方	**	16	右
按位取反	~	15	右
符号运算符	+(正号)、-(负号)	14	右
乘除	*、/、//、%	13	左
加减	+、-	12	左
位移	>>、<<	11	左
按位与	&	10	右
按位异或	^	9	左
按位或			8	左
比较运算符	==、!=、>、>=、<、<=	7	左
is 运算符	is、is not	6	左
in 运算符	in、not in	5	左
逻辑非	not	4	右
逻辑与	and	3	左
逻辑或	or	2	左
逗号运算符	exp1, exp2	1	左

虽然 Python 运算符存在优先级的关系，但不推荐过度依赖运算符的优先级，这会导致程序的可读性降低。因此建议读者：

(1) 不要把一个表达式写得过于复杂，如果表达式过于复杂，可以尝试把它拆分开来书写。

(2) 不要过多地依赖运算符的优先级来控制表达式的执行顺序，这样可读性太差，应尽量使用"( )"来控制表达式的执行顺序。

7.4.4　Python 的注释、长语句行与缩进

1. Python 的注释

注释用来向用户提示或解释某些代码的作用和功能，它可以出现在代码中的任何位置。Python 解释器在执行代码时会忽略注释，不做任何处理，就好像它不存在一样。

注释的最大作用是提高程序的可读性，优秀的程序员在编写代码时都会加上代码注释。一般情况下，合理的代码注释应该占源代码的 1/3 左右。

Python 支持两种类型的注释，分别是单行注释和多行注释。

(1) 单行注释。Python 使用井号"#"作为单行注释的符号，语法格式为：

```
#注释内容
```

从井号"#"开始，直到这行结束为止的所有内容都是注释。Python 解释器遇到"#"时，会忽略它后面的整行内容。

说明多行代码的功能时一般将注释放在代码的上一行，例如：

```
# 计算两个变量之和
a = 5
b = 3
print( a+b )
```

说明单行代码的功能时一般将注释放在代码的右侧，例如：

```
r = 10                        # r：半径变量
s = 3.14 * r * r              # s：面积变量
print( "面积为：", s)          # 输出结果
```

(2) 多行注释。多行注释指的是一次性注释程序中多行的内容(包含一行)。Python 使用三个连续的单引号"'''"或者三个连续的双引号""""来注释多行内容，具体格式如下：

```
'''
程序功能：输入半径 r 的值，求圆的面积 s，
例如 r=10，结果输出 314。
'''
```

或者：

```
"""
程序功能：输入半径 r 的值，求圆的面积 s，
```

例如 r=10，结果输出 314。
"""

2．长语句行

使用 Python 语言写代码时，一般每行建议输入的字符数不要超过 80 个字符，如果当前行的字符数超过 80 个字符，允许使用 "\\" 或者使用圆括号来进行连接，具体格式如下：

```python
#使用反斜杠连接行(不建议使用)
year = 2020
if year % 4 == 0 and \
    year % 100 != 0 or \
    year % 400 == 0:
    print("是闰年")
```

或者：

```python
#使用圆括号连接行(推荐使用)
year = 2020
if (year % 4 == 0 and
    year % 100 != 0 or
    year % 400 == 0):
    print("是闰年")
```

3．缩进

Python 使用冒号和代码缩进来区分代码之间的层次。代码缩进是 Python 的一种语法规则，错误的代码缩进可能导致代码的含义完全不同，例如：

```python
age = 16                          #把 16 赋值给变量 age
if  age  >=  18:                  #判断 age 是否大于等于 18
    print("您的年龄：", age )      #输出年龄值(缩进四个空格)
    print( "您已经是成年人" )       #输出字符串(缩进四个空格)
```

此程序执行后没有任何输出结果。因为 if 后面的关系表达式"age >= 18"的结果为假(即为 False)，所以位于 if 语句的代码块内的两个 print()语句都没有被执行，导致没有输出任何结果。此时把上面的代码进行修改，最后一行缩进不同，代码如下：

```python
age = 16                          #把 16 赋值给变量 age
if  age  >=  18:                  #判断 age 是否大于等于 18
    print("您的年龄：", age )      #输出年龄值(缩进四个空格)
print( "您已经是成年人" )           #输出字符串(无缩进)
```

执行结果会输出"您已经是成年人"，因为 print("您已经是成年人")位于 if 代码块之外，它和 if 语句是同一个级别，它永远会被执行。

建议在编写代码时使用四个空格来表示代码缩进，不推荐使用 Tab 键或者其他数量的空格数来表示代码缩进。部分 Python 的编辑器(如 IDLE、VS code、Pycharm 等)都能根据所输入的代码层次关系自动地实现代码缩进，可以大大提高编程的效率。

7.5　Python 流程控制

7.5.1　流程控制简介

流程控制是指在程序运行时，对指令运行顺序的控制。通常，程序流程结构分为三种：顺序结构、分支结构和循环结构。

(1) 顺序结构是程序中最常见的流程结构。按照程序中语句的先后顺序，自上而下依次执行，称为顺序结构。顺序结构比较简单，本节之前多数程序示例采用的几乎都是顺序结构，所以本节中不再对顺序结构做详细介绍。

(2) 分支结构也叫选择结构，是根据 if 条件的真假(True 或者 False)来决定要执行的代码。

(3) 循环结构则是重复执行相同的代码段，直到整个循环结束或者使用 break 强制跳出循环为止。

Python 语言中，一般使用 if 语句实现分支结构，用 for 和 while 语句实现循环结构。

7.5.2　分支结构

分支结构主要采用 if 语句来实现。分支结构分支的多少又可以分为单向分支结构、双向分支结构和多路分支结构。

1. 单向分支结构

单项分支结构使用简单的 if 语句来实现，语法如下：

if 表达式：
　　语句块

说明：若表达式值为 True，则执行语句块，否则不执行语句块。

一般来说，条件表达式是由条件运算符和相应的数据所构成的，在 Python 中，所有合法的表达式都可以作为条件表达式。条件表达式的值只要不是 False、0、空值(None)、空列表、空集合、空元组、空字符串等，其他均为 True。

单向分支结构的流程图如图 7-24 所示。

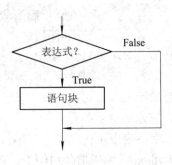

图 7-24　单向分支结构流程图

2．双向分支结构

双向分支结构由 if 和 else 两部分组成，当表达式的值为 True 时，执行语句块 1，否则执行语句块 2。双向分支结构的语法如下：

```
if 表达式：
    语句块 1
else：
    语句块 2
```

双向分支结构的流程图如图 7-25 所示。

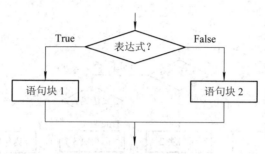

图 7-25　双向分支结构流程图

程序举例：

```
course = int(input("输入课程成绩："))
if course >= 60:
    print("合格")
else:
    print("不合格")
```

程序运行时，输入 85，然后回车，其显示结果如下：

```
输入课程成绩：85↙
合格
```

程序运行时，输入 45，然后回车，其显示结果如下：

```
输入课程成绩：45↙
不合格
```

3．多向分支结构

多向分支结构由 if、一个或多个 elif 和一个 else 子块组成，else 子块可省略。一个 if 语句可以包含多个 elif 语句，但结尾最多只能有一个 else。多向分支结构的语法如下：

```
if 表达式 1：
    语句块 1
elif 表达式 2：
    语句块 2
elif 表达式 3：
    语句块 3
```

```
    ……
else:
    语句块 n
```

说明：多向分支结构在执行时，会从上到下逐个判断表达式是否成立，一旦遇到某个成立的表达式，就执行后面紧跟的语句块，此时，剩下的代码就不再执行了，不管后面的表达式是否成立。如果所有的表达式都不成立，就执行 else 后面的语句块 n。

总起来说，不管有多少个分支，都只能执行一个分支，或者一个也不执行，不能同时执行多个分支。多向分支结构的流程图如图 7-26 所示。

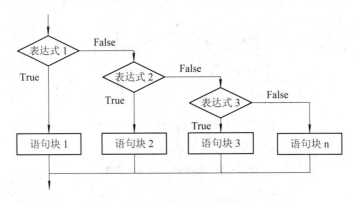

图 7-26　多向分支结构流程图

程序举例：输入某门课程的百分制成绩，将其转换成五级制输出。

```python
course = int(input("输入课程成绩："))
if course >= 90:
    print("优秀")
elif course >= 80:
    print("良好")
elif course >= 70:
    print("中等")
elif course >= 60:
    print("及格")
else:
    print("不及格")
```

各种分支结构可以进行嵌套来表达更复杂的逻辑关系。使用分支结构嵌套时，一定要控制好不同级别的代码块的缩进，否则就不能被 Python 正确理解和执行。在分支结构嵌套中，if、if…else、if…elif…else 可以进行一次或多次相互嵌套。示例代码如下：

```python
#从键盘输入一个整数，判断其是否能够同时被 3 和 5 整除？
n = int(input("请输入一个整数："))
if n % 3 = = 0:
    if n % 5 = = 0:
```

```
            print(n,"能同时被 3 和 5 整除！")
        else:
            print(n,"能被 3 整除，但是不能被 5 整除！")
    else:
        if n % 5 == 0:
            print(n,"能被 5 整除，但是不能被 3 整除！")
        else:
            print(n,"既不能被 3 整除，也不能被 5 整除！")
```

程序运行后，输入不同的数，运行结果如下：

```
请输入一个整数：10↙
10 能被 5 整除，但是不能被 3 整除！
请输入一个整数：9↙
9 能被 3 整除，但是不能被 5 整除！
请输入一个整数：15↙
15 能同时被 3 和 5 整除！
请输入一个整数：25↙
25 能被 5 整除，但是不能被 3 整除！
```

7.5.3 循环结构

循环是我们生活中常见的，比如每天都要吃饭、上课、睡觉等，这些都是典型的循环。循环结构是指在程序中需要反复执行某个功能而设置的一种程序结构。

Python 提供 for 和 while 两种循环语句。for 语句用来遍历序列对象内的元素，通常用在循环次数已知的情况下；while 语句提供了编写通用循环的方法。

1. while 循环

Python 中，while 循环和 if 条件分支语句类似，即在条件(表达式)为真的情况下，会执行相应的代码块。不同之处在于，只要条件为真，while 就会一直重复执行那段代码块。

while 语句基本语法格式如下：

```
while 条件表达式：
    代码块
```

代码块又称为循环体，指的是缩进格式相同的多行代码。

while 语句执行的具体流程为：首先判断条件表达式的值，其值为真(True)时，则执行代码块中的语句，当执行完毕后，再回过头来重新判断条件表达式的值是否为真，若仍为真，则继续重新执行代码块……如此循环，直到条件表达式的值为假(False)，才终止循环。

while 循环结构的执行流程如图 7-27 所示。

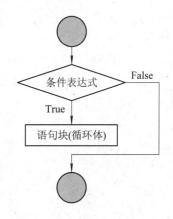

图 7-27 while 循环结构流程图

例如，求 s = 1 + 2 + 3 + … + 100 之和，就可以使用 while 循环来实现，其代码如下：

```
i = 1                   #循环控制变量
s = 0                   #s 存放累加的值
while i <= 100:
    s = s + i           #循环一次，把 i 的值累加到 s 中
    i = i + 1           #修改 i 的值
print( 's=', s )        #输出结果
```

注意，在使用 while 循环时，一定要保证循环条件有变成假的时候，否则这个循环将成为一个死循环。所谓死循环，指的是无法结束循环的循环结构，例如将上面 while 循环中的"i = i + 1"代码注释掉，再运行程序会发现，程序运行永远不会结束(因为 i <= 100 一直为 True)，除非用"Ctrl + C"强制关闭程序的运行。

再次强调，只要位于 while 循环体中的代码，其必须使用相同的缩进格式(通常缩进 4 个空格)，否则会报"IndentationError: unindent does not match any outer indentation level"(缩进不匹配任何外在的缩进级别)。例如，将上面程序中"i = i + 1"语句前移一个空格，再次执行该程序，此时就会报 IndentationError 错误。

2．for 循环

for 语句，用来遍历序列对象内的元素，通常在已知循环次数的情况下使用。for 循环遍历的序列对象可以是字符串、列表、元组、字典、集合或者用 range 函数生成的数列等。for 循环基本格式如下：

```
for   变量  in 序列或迭代对象:
      代码块
```

for 执行时，依次将可迭代对象中的值赋给变量，变量每赋值一次，则执行一次循环体。for 循环结构的执行流程如图 7-28 所示。

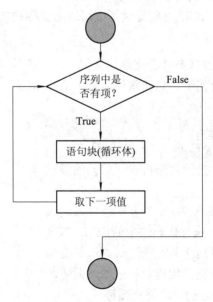

图 7-28　for 循环执行流程图

例如，求 s = 1 + 2 + 3 + … + 100 之和，使用 for 循环来实现，其代码如下：

```
s = 0                          #s 存放累加的值
for i in range(1，101):        #range()函数生成数列 1~100
    s = s + i                  #循环一次，把 i 的值累加到 s 中
print('s=', s)                 #输出结果
```

range()函数一般用来生成一个等差数列，其一般格式如下：

```
range(start，end，step)
```

其中：start——数列开始数(开始数是 0 可以省略第一个参数)，end——数列结束数(end-1)，step——步长(步长为 1 可以省略第三个参数)，代码举例如下：

```
for i in range(5):
    print(i,end=' ')
```

运行结果：

```
0 1 2 3 4
```

再如：

```
for i in range(2，10，2):
    print(i, end=' ')
```

运行结果：

```
2 4 6 8
```

3. 循环中的 break 和 continue 语句

在执行 while 循环或者 for 循环时，只要循环条件满足，程序将会一直执行循环体。但在某些场景，如果希望在循环结束前就强制结束循环，可以使用 break 和 continue 语句来实现。

(1) continue 语句：可以跳过执行本次循环体中剩余的代码，转而执行下一次的循环。

(2) break 语句：可以立即终止当前循环的执行，跳出当前所在的循环结构。无论是 while 循环还是 for 循环，只要执行 break 语句，就会强行结束整个循环。

包含 break 和 continue 语句的循环结构执行过程如图 7-29 所示。

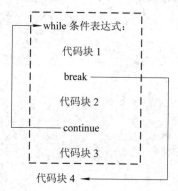

图 7-29　break 和 continue 语句执行过程

例如，输出 20 以内能被 3 整除的整数，代码如下：

```
for i in range(1,20):
    if i % 3 != 0:              #如果不是 3 的倍数，不输出
        continue
    print(i, end=' ')
```

运行结果如下：

```
3 6 9 12 15 18
```

再如，输入若干门课程的成绩(输入负数时结束输入)，求总成绩，代码如下：

```
s = 0
while True:
    score = int(input("请输入成绩："))
    if score < 0:                       #当输入成绩为负数时，结束整个循环
        break
    s = s + score
print("总成绩:", s)
```

运行结果如下：

```
请输入成绩：85↙
请输入成绩：75↙
请输入成绩：65↙
请输入成绩：95↙
请输入成绩：-1↙
总成绩: 320
```

4. 循环中 else 语句的使用

Python 中，无论是 while 循环还是 for 循环，其后都可以紧跟着一个 else 语句，它的作用是当循环条件为 False 时跳出循环，程序会最先执行 else 后面的代码块。包含 else 语句的循环结构的代码格式如下：

```
while  条件表达式:
    代码块 1
else:
    代码块 2
```

或

```
for   变量  in 序列或迭代对象:
    代码块 1
else:
    代码块 2
```

特别注意，如果循环体中有 break 语句被执行，即用 break 强制结束循环，那么循环结

构后面的 else 就不会被执行到，只有循环正常结束才会执行循环结构后面的 else 语句。例如，判断一个数是否是素数，其代码如下：

```
x = int(input("输入一个数："))
i = 2
while i < x:
    if x==1 or x==2:                    #1 和 2 是素数
        print(x,"是素数",sep="")
        break
    if x % i == 0:                      #如果 i 是 x 的一因子，则不是素数
        print(x,"不是素数",sep="")
        break
    i = i + 1
else:                                   #如循环体中 break 执行，else 不被执行
    print(x,"是素数",sep="")
```

运行结果如下：

```
输入一个数：1↙
1 是素数
输入一个数：2↙
2 是素数
输入一个数：3↙
3 是素数
输入一个数：4↙
4 不是素数
输入一个数：6↙
6 不是素数
输入一个数：7↙
7 是素数
```

5．循环嵌套

Python 中的 while 和 for 循环结构也支持嵌套。所谓嵌套，就是一条语句里面还有另一条语句，例如 for 里面还有 for，while 里面还有 while，甚至 while 中有 for 或者 for 中有 while 也都是允许的。

当两个(甚至多个)循环结构相互嵌套时，位于外层的循环结构常简称为外层循环或外循环，位于内层的循环结构常简称为内层循环或内循环。

对于循环嵌套结构的代码，Python 解释器执行的流程为：

(1) 当外层循环条件为 True 时，则执行外层循环结构中的循环体；

(2) 外层循环体中包含了普通程序和内循环，当内层循环的循环条件为 True 时会执行此循环中的循环体，直到内层循环条件为 False，跳出内循环；

(3) 如果此时外层循环的条件仍为 True，则返回第(2)步，继续执行外层循环体，直到

外层循环的循环条件为 False;

(4) 当内层循环的循环条件为 False,且外层循环的循环条件也为 False 时,则整个嵌套循环才算执行完毕。

循环嵌套的执行流程如图 7-30 所示。

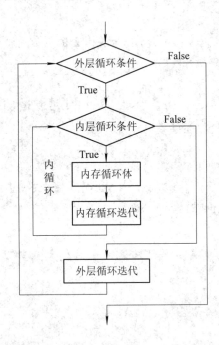

图 7-30　循环嵌套的执行流程图

程序举例:用二重循环输出九九乘法表,代码如下:

```python
for i in range(1,10):          #外层循环
    for j in range(1,10):      #内层循环
        if j <= i:
            print(i,"x",j,"=",i*j, sep="",end=" ")
    print(" ")
```

运行结果如下:

```
1x1=1
2x1=2 2x2=4
3x1=3 3x2=6 3x3=9
4x1=4 4x2=8 4x3=12 4x4=16
5x1=5 5x2=10 5x3=15 5x4=20 5x5=25
6x1=6 6x2=12 6x3=18 6x4=24 6x5=30 6x6=36
7x1=7 7x2=14 7x3=21 7x4=28 7x5=35 7x6=42 7x7=49
8x1=8 8x2=16 8x3=24 8x4=32 8x5=40 8x6=48 8x7=56 8x8=64
9x1=9 9x2=18 9x3=27 9x4=36 9x5=45 9x6=54 9x7=63 9x8=72 9x9=81
```

7.6　Python 组合数据类型

Python 的组合数据类型主要有列表、元组、字典和集合等，其中列表和元组属于序列类型，字典属于映射类型，集合属于集合类型。本节主要对列表、元组、字典和集合这四种数据类型做简单的介绍。

7.6.1　列表

列表(Lists)属于 Python 中的序列类型，它是任意对象的有序集合，通过"位置"或者"索引"访问其中的元素，它具有可变对象、可变长度、异构和任意嵌套的特点。

1. 创建列表

在创建列表时，列表元素放置在方括号[ ] 中，以逗号来分隔各元素，其格式如下：

```
list_name = [值 1, 值 2, 值 3, ……, 值 n]
```

程序举例如下：

```
list1 = [65, 75, 85, 95, 100]                    #list1 列表创建
list2 = ["H", "e", "l", "l", "o", "!"]           #list2 列表创建
list3 = ['China', 'Beijing', 'Shanghai', 'Nanjing']    #list3 列表创建
print(list1)                #输出列表 list1
print(list2)                #输出列表 list2
print(list3)                #输出列表 list3
```

程序运行结果如下：

```
[65, 75, 85, 95, 100]
["H", "e", "l", "l", "o", "!"]
['China', 'Beijing', 'Shanghai', 'Nanjing']
```

创建空列表时不指定任何元素的值，其格式如下：

```
list4 = []                          #创建空列表
```

列表中允许有不同数据类型的元素，例如：

```
stu = [18, "张三", "10101", 85, "M", 'shanghai']        #列表中可以有各种数据类型
```

但通常建议列表中元素最好使用相同的数据类型。

列表还可以嵌套使用，例如以下代码：

```
list1 = [65, 75, 85, 95, 100]
list2 = ["H", "e", "l", "l", "o", "!"]
list3 = ['China', 'Beijing', 'Shanghai', 'Nanjing']
list4 = [list1,list2,list3]           #列表嵌套
print(list4)
```

运行结果如下：

```
[[65, 75, 85, 95, 100], ['H', 'e', 'l', 'l', 'o', '!'], ['China', 'Beijing', 'Shanghai', 'Nanjing']]
```

2. 使用列表

跟字符串类似，列表也可以使用"位置"或者"索引"来访问列表中的元素，还可以通过"切片"操作来截取列表中的部分元素。特别注意，"位置"或者"索引"从左往右时，索引值从 0 开始，从右往左自−1 开始。列表属于可变数据类型，因此可以通过赋值运算来修改列表中某个元素的值。示例代码如下：

```
stu_list = ["10101","zhangsan",18,"beijing",75,85,95]
print(stu_list[0])          #输出列表第一个元素的值
stu_list[2] = 20            #修改索引值为 2(第三个元素)元素的值
print(stu_list[-3:])        #输出倒数第三个到末尾的所有元素
print(stu_list[:4])         #输出前四个元素
```

运行结果如下：

```
10101                           #输出列表第一个元素的值
[75, 85, 95]                    #输出倒数第三个到末尾的所有元素
['10101', 'zhangsan', 20, 'beijing']   #输出前四个元素
```

3. 删除列表

(1) 删除列表的元素。可以使用 del 语句来删除列表的某个元素，其格式如下：

```
del list_name[索引值]
```

该索引的元素被删除后，后面的元素将会自动移动并填补该位置。在不知道或不关心元素的索引时，可以使用列表内置方法 remove()来删除指定的元素值，例如：

```
listname.remove('值')
```

(2) 清空列表。可以采用重新创建一个与原列表名相同的空列表的方法，例如：

```
listname = []
```

(3) 删除整个列表。可以使用 del 语句删除整个列表，格式为：

```
del list_name
```

示例代码如下：

```
list_name = [65,85,75,50,85,50,95]
del list_name[-1]        #删除最后一个元素
print(list_name)
list_name.remove(50)     #删除第一个值为 50 的元素
print(list_name)
list_name = []           #清空列表
print(list_name)
del list_name            #删除整个列表
```

```
print(list_name)
```

程序运行结果如下：

```
[65, 85, 75, 50, 85, 50]        #最后一个元素 95 已经被删除了
[65, 85, 75, 85, 50]            #第一个值为 50 的元素被删除了
[ ]                             #列表被清空，输出显示是空列表
Traceback (most recent call last):
  File "e:/my_python/hello.py", line 9, in <module>
    print(list_name)
NameError: name 'list_name' is not defined      #列表被删除，输出错误提示
```

4. 列表内置函数和方法

列表常用的内置函数如表 7-12 所示。

表 7-12　列表常用内置函数

函 数 名	功 能 描 述
len(list_name)	返回列表元素数量
max(list_name)	返回列表元素最大值
min(list_name)	返回列表元素最小值
List(tuple_name)	将元组转换成列表

示例代码如下：

```
list_name = [65,85,75,50,85,50,95]
print(len(list_name))               #输出列表元素个数
print(max(list_name))               #输出最大值
print(min(list_name))               #输出最小值
print(list((1,2,3,4,5,6)))          #将元组(1,2,3,4,5,6)转换成列表输出
```

程序运行结果如下：

```
7                   #列表 list_name 中有 7 个元素
95                  #列表 list_name 元素最大值 95
50                  #列表 list_name 元素最小值 50
[1, 2, 3, 4, 5, 6]  #元组(1,2,3,4,5,6)转换成列表输出
```

列表常用操作方法如表 7-13 所示。

表 7-13　列表常用操作方法

方 法	功 能 描 述
append(元素)	添加新的元素在列表末尾
count(元素)	统计该元素在列表中出现的次数
extend(序列)	追加另一个序列类型中的多个值到该列表末尾(用新列表扩展原来的列表)
index(元素)	从列表中找出某个值第一个匹配元素的索引位置

续表

方　　法	功　能　描　述
insert(位置, 元素)	将元素插入列表
pop([index=-1])	移除列表中的一个元素("-1"表示从右侧数第一个元素,也就是最后一个索引的元素),并且返回该元素的值
remove(元素)	移除列表中的第一个匹配某个值的元素
reverse()	将列表中元素反向
sort(cmp=None, key=None, reverse=False)	对列表进行排序,reverse=False 或是没有此参数则是升序,reverse=True 则是降序
clear()	清空列表
copy()	复制列表

将某个值追加到列表的末尾,示例代码如下:

```
list_name = [1,2,3,4,5]
list_name.append(100)              #将 100 追加到列表的末尾
print(list_name)
```

程序运行结果如下:

```
[1, 2, 3, 4, 5, 100]
```

统计该元素在列表中出现的次数,示例代码如下:

```
list_name = [1,2,3,2,4,2,5,2,6]
print(list_name.count(2))          #统计 2 在列表中出现的次数
```

程序运行结果如下:

```
4
```

将一个序列数据追加到原有列表的末尾,示例代码如下:

```
list1 = [1,3,5,7,9]
list2 = [2,4,6,8,10]
list1.extend(list2)                #把列表 list2 追加到 list1 的末尾
print(list1)
```

运行结果如下:

```
[1, 3, 5, 7, 9, 2, 4, 6, 8, 10]
```

将某个值插入到列表中指定的位置,示例代码如下:

```
list1 = [1,3,5,7,9]
list1.insert(2,100)                #把 100 插入到索引值为 2 的位置
print(list1)
```

运行结果如下:

```
[1, 3, 100, 5, 7, 9]
```

将列表中元素值倒序输出，示例代码如下：

```
list1 = [1,3,5,7,9]
list1.reverse()                    #将 list1 中元素值倒序
print(list1)
```

运行结果如下：

```
[9, 7, 5, 3, 1]
```

将列表中的元素值进行排序，示例代码如下：

```
list1 = [1,3,5,7,9,2,4,6,8,10]
list1.sort()                       #将 list1 中元素值排序(无参数，默认升序)
print(list1)
list1.sort(reverse = True)         #将 list1 中元素值降序输出
print(list1)
```

运行结果如下：

```
[1, 2, 3, 4, 5, 6, 7, 8, 9, 10]    #升序
[10, 9, 8, 7, 6, 5, 4, 3, 2, 1]    #降序
```

7.6.2　元组

元组(Tuples)与列表一样，属于 Python 中的序列类型，它是任意对象的有序集合，通过"位置"或者"索引"访问其中的元素，它具有可变长度、异构和任意嵌套的特点，与列表不同的是：元组中的元素是不可修改的。

1. 创建元组

元组的创建很简单，把元素放入小括号中，并在每两个元素中之间使用逗号隔开即可，其一般格式如下：

```
tuple_name =(值 1, 值 2, 值 3, ……, 值 n)
```

示例代码如下：

```
tuple1 = (10, 20, 30, 40, 50)
tuple2 = "p" , "y" , "t" , "h" , "o" , "n"      #用逗号隔开的多个字符串是元组
tuple3 = ('zhangsan', 'M', 20, 'beijing')
print(tuple1)
print(tuple2)
print(tuple3)
```

程序运行结果如下：

```
(10, 20, 30, 40, 50)
('p', 'y', 't', 'h', 'o', 'n')
('zhangsan', 'M', 20, 'beijing')
```

创建空元组格式如下:

```
tuple_name =()
```

需要注意的是,为避免歧义,当元组中只有一个元素时,必须在该元素后加上逗号,否则括号会被当作运算符,例如:

```
tuple4 = (456,)          #创建只有一个元素的元组
```

跟列表一样,元组也支持嵌套使用,示例代码如下:

```
tuple1 = (10, 20, 30, 40, 50)
tuple2 = ("p" , "y", "t", "h", "o", "n")
tuple5 = (tuple1, tuple2)
print(tuple5)
```

运行结果如下:

```
((10, 20, 30, 40, 50), ('p', 'y', 't', 'h', 'o', 'n'))    #元组嵌套:元组中的元素是元组
```

2. 使用元组

与列表相同,可以通过使用"位置"或者"索引"来访问元组中的值,"位置"或者"索引"从左到右是从 0 开始,从右到左是从 −1 开始,例如:

```
tuple6 = (1, 2, 3, 4, 5)
tuple6[2]表示元组 tuple6 中的第 3 个元素:3。
tuple6[-2] 表示元组 tuple6 中的倒数第 2 个元素:4。
```

元组也支持"切片"操作,例如:

```
tuple7 =("P", "y", "t", "h", "o", "n")
tuple7[:] 表示取元组 tuple7 的所有元素;
tuple7[3:] 表示取元组 tuple7 的索引为 3 的元素之后的所有元素;
tuple7[0:4:2] 表示元组 tuple7 的索引为 0 到 3 的元素,每隔一个元素取一个。
```

3. 删除元组

元组中的元素是不可变的,也就是不允许被删除的,但可以使用 del 语句删除整个元组:

```
del tuplename
```

代码示例如下:

```
tuple8 = ("p","y","t","h", "o", "n")
print(tuple8)           #删除之前输出元组
del tuple8              #删除元组
print(tuple8)           #删除之后输出元组
```

运行结果如下:

```
('p', 'y', 't', 'h', 'o', 'n')                    #删除之前输出正确
NameError: name 'tuple8' is not defined           #被删除之后输出提示错误
```

4．元组内置函数

元组常用的内置函数如表 7-14 所示。

表 7-14　元组常用内置函数

函数名	功能描述
len(tuple_name)	返回元组的元素数量
min(tuple_name)	返回元组中元素的最小值
max(tuple_name)	返回元组中元素的最大值
tuple(listn_name)	将列表转换为元组

示例程序代码如下：

```
tuple9 = (85,95,72,20,68,100)
print(len(tuple9))              #输出元组中元素个数
print(max(tuple9))             #输出元组中最大值
print(min(tuple9))             #输出元组中最小值
print(tuple([1,2,3,4,5,6]))    #列表转换成元组输出
```

运行结果如下：

```
6
100
20
(1, 2, 3, 4, 5, 6)
```

7.6.3　字典

字典(Dictionaries)，属于映射类型，它是通过键实现元素存取的，具有无序、可变长度、异构、嵌套和可变类型等特点。

1．创建字典

字典中的键和值是成对出现的，键和值之间用冒号分隔，不同的键值之间用逗号分割，并放置在花括号中，其格式如下：

```
dict_name = {键 1: 值 1, 键 2: 值 2, 键 3: 值 3, ……, 键 n: 值 n}
```

在同一个字典中，键应该是唯一的，但值则无此限制。

示例代码如下：

```
dict1 = {"english":85, "math":92, "chinese":78}
dict2 = {"name":"zhangsan", "sex":"W", "age":20, "addr":"bj", "tel":"13488888888"}
dict3 = {11:100, 22:200, 33:300}
print(dict1)
print(dict2)
print(dict3)
```

运行结果如下：

```
{'english': 85, 'math': 92, 'chinese': 78}
{'name': 'zhangsan', 'sex': 'W', 'age': 20, 'addr': 'bj', 'tel': '13488888888'}
{11: 100, 22: 200, 33: 300}
```

创建字典时，同一个键被多次赋值，最后一个值被认为是该键的值。例如：

```
dict4 = {"english":85, "math":92, "chinese":78,"math":100}    #math 被赋值两次
print(dict4)
```

运行结果如下：

```
{'english': 85, 'math': 100, 'chinese': 78}      #math：最后一次赋的值
```

字典也支持嵌套，格式如下：

```
dict_name = {键 1: {键 11: 值 11, 键 12: 值 12 },
键 2:{ 键 21: 值 21, 键 2: 值 22},
……,
键 n: {键 n1: 值 n1, 键 n2: 值 n2}}
```

示例代码如下：

```
dict5 = {"stu1": {"name":"zhangsan","sex":"W","age":20},
        "stu2": {"name":"lisi","sex":"M","age":18},
        "stu3": {"name":"wangwu","sex":"W","age":21}
        }
print(dict5)
```

运行结果如下：

```
{'stu1': {'name': 'zhangsan', 'sex': 'W', 'age': 20}, 'stu2': {'name': 'lisi', 'sex': 'M', 'age': 18},
'stu3': {'name': 'wangwu', 'sex': 'W', 'age': 21}}
```

2．使用字典

使用字典中的值时，只需要把对应的键放入方括号，格式为：

```
dict_name[键]
```

示例代码如下：

```
dict5 = {'name': 'zhangsan', 'sex': 'W', 'age': 20, 'addr': 'bj', 'tel': '13488888888'}
print(dict5["name"])            #输出键 name 对应的值
print(dict5["tel"])             #输出键 tel 对应的值
```

运行结果如下：

```
zhangsan                        #键 name 对应的值：zhangsan
13488888888                     #键 tel 对应的值：13788888888
```

可以对字典中的已有键对应的值进行修改，示例代码如下：

```
dict6 = {'name': 'zhangsan', 'sex': 'W', 'age': 20, 'addr': 'bj'}
```

```
dict6["addr"] = 'shanghai'          #修改键'addr'的值
print(dict6)
```

运行结果如下：

```
{'name': 'zhangsan', 'sex': 'W', 'age': 20, 'addr': 'shanghai'}          #键'addr'的值被修改
```

可以向字典末尾追加新的键值对，示例代码如下：

```
dict7 = {'name': 'zhangsan', 'sex': 'W', 'age': 20, 'addr': 'bj'}
dict7['tel'] = '17766666666'          #在末尾添加'tel'键和对应的值'17766666666'
print(dict7)
```

运行结果如下：

```
{'name': 'zhangsan', 'sex': 'W', 'age': 20, 'addr': 'bj', 'tel': '17766666666'}
```

3．删除元素和字典

可以使用 del 语句删除字典中的键和对应的值，格式为：

```
del dict_name[键]
```

使用 del 语句删除字典，格式为：

```
del dict_name
```

示例代码如下：

```
dict8 = {'name': 'zhangsan', 'sex': 'W', 'age': 20, 'addr': 'bj', "tel":"17766666666"}
del dict8["tel"]          #删除键"tel"及其对应的值"17766666666"
print(dict8)
del dict8          #删除整个字典
print(dict8)
```

运行结果如下：

```
{'name': 'zhangsan', 'sex': 'W', 'age': 20, 'addr': 'bj'}          #键"tel"及其对应的值被删除
NameError: name 'dict8' is not defined          #字典被删除，输出错误提示
```

4．字典内置函数和方法

字典常用的内置函数如表 7-15 所示。

表 7-15　字典常用内置函数

函　数　名	功　能　描　述
len(dist_name)	计算字典键值对的总数
str(dist_name)	把字典转换成字符串
type(dist_name)	返回字典类型

示例代码如下(在 python 命令提示符后输入)：

```
>>> dict9 = {'name': 'zhangsan', 'sex': 'W', 'age': 20, 'addr': 'bj', "tel":"17766666666"}
>>> len(dict9)          #计算该字典中键的总数
```

```
5
>>> str(dict9)                #将字典转换成字符串输出
"{'name': 'zhangsan', 'sex': 'W', 'age': 20, 'addr': 'bj', 'tel': '17766666666'}"
>>> type(dict9)               #返回数据类型
<class 'dict'>
```

在 VS code 中输入代码如下：

```
dict9 = {'name': 'zhangsan', 'sex': 'W', 'age': 20, 'addr': 'bj', "tel":"17766666666"}
print(len(dict9))
s = str(dict9)
print(s)
print(type(s))
```

运行结果如下：

```
5
{'name': 'zhangsan', 'sex': 'W', 'age': 20, 'addr': 'bj', 'tel': '17766666666'}
<class 'str'>
```

字典常用的操作方法如表 7-16 所示。

表 7-16　字典常用的操作方法

方　　法	说　　明
dictname.clear()	删除字典所有元素，清空字典
dictname.copy()	以字典类型返回某个字典的浅复制
dictname.fromkeys(seq[, value])	创建一个新字典，以序列中的元素作字典的键，值为字典所有键对应的初始值
dictname.get(value, default=None)	返回指定键的值，如果值不在字典中则返回 default 值
key in dictname	如果键在字典 dict 里则返回 True，否则返回 False
dictname.items()	以列表返回可遍历的(键，值) 元组数组
dictname.keys()	将一个字典所有的键生成列表并返回
dictname.setdefault(value, default=None)	和 dictname.get()类似，不同点是，如果键不存在于字典中，将会添加键并将值设为 default 对应的值
dictname.update(dictname2)	把字典 dictname2 的键/值对更新到 dictname 里
dictname.values()	以列表返回字典中的所有值
dictname.pop(key[,default])	删除字典给定键所对应的值，返回值为被删除的值；键值必须给出，否则返回 default 值
dictname.popitem()	删除字典中的一对键和值(一般删除末尾对)

clear 操作方法的示例代码如下：

```
dict10 = {11:100,22:200,33:300}
dict10.clear()
```

```
print(dict10)
```

运行结果如下：

```
{}              #字典被清空，输出空字典
```

copy 操作方法的示例代码如下：

```
dict10 = {11:100,22:200,33:300}
dict11 = dict10.copy()
print(dict11)
```

运行结果如下：

```
{11: 100, 22: 200, 33: 300}           #dict10 的内容被复制到 dict11
```

fromkeys 操作方法的示例代码如下：

```
dict12 = {}
print(dict12.fromkeys(["Chinese","English","Math"],100))
```

运行结果如下：

```
{'Chinese': 100, 'English': 100, 'Math': 100}
```

get 操作方法的示例代码如下：

```
dict13 = {'Chinese': 95, 'English': 85, 'Math': 100}
print(dict13.get("English", 0))        #输出键"English"的值
print(dict13.get("Computer", 0))       #输出键"Computer"的值
```

运行结果如下：

```
85       #键"English"存在，所以返回其对应的值 85
0        #因为键"Computer"不存在，所以返回默认值 0
```

key in dictname 的示例代码如下：

```
dict13 = {'Chinese': 95, 'English': 85, 'Math': 100}
print('Math' in dict13)
print("Computer" in dict13)
```

运行结果如下：

```
True
False
```

items、keys 和 values 操作方法的示例代码如下：

```
dict13 = {'Chinese': 95, 'English': 85, 'Math': 100}
print(dict13.items())
print(dict13.keys())
print(dict13.values())
```

运行结果如下：

```
dict_items([('Chinese', 95), ('English', 85), ('Math', 100)])
dict_keys(['Chinese', 'English', 'Math'])
dict_values([95, 85, 100])
```

setdefault 操作方法的示例代码如下：

```
dict13 = {'Chinese': 95, 'English': 85, 'Math': 100}
dict13.setdefault("Math",0)
dict13.setdefault("Computer",0)
print(dict13)
```

运行结果如下：

```
{'Chinese': 95, 'English': 85, 'Math': 100, 'Computer': 0}
```

update 操作方法的示例代码如下：

```
dict14 = {11:100, 22:200}
dict13 = {'Chinese': 95, 'English': 85, 'Math': 100}
dict14.update(dict13)
print(dict14)
```

运行结果如下：

```
{11: 100, 22: 200, 'Chinese': 95, 'English': 85, 'Math': 100}
```

pop 操作方法的示例代码如下：

```
dict13 = {'Chinese': 95, 'English': 85, 'Math': 100}
m = dict13.pop("Math")
print(dict13)
print(m)
```

运行结果如下：

```
{'Chinese': 95, 'English': 85}        #dict13 中键为"Math"被删除
100                                   #返回被删除的键"Math"对应的值 100
```

popitem 操作方法的示例代码如下：

```
dict13 = {'Chinese': 95, 'English': 85, 'Math': 100}
k = dict13.popitem()      #删除 dict13 最后一对键值，被删除的键值存放到 k 中
print(dict13)
print(k)
```

运行结果如下：

```
{'Chinese': 95, 'English': 85}
('Math', 100)
```

5．字典的遍历

通常使用 for 循环来遍历字典，示例代码如下：

```
dict13 = {'Chinese': 95, 'English': 85, 'Math': 100}
for k,v in dict13.items():        #变量 k 和 v 用于遍历字典中的键和值
    print(k)
    print(v)
```

运行结果如下：

```
Chinese
95
English
85
Math
100
```

如果只需要遍历字典中的键或者值，示例代码如下：

```
dict13 = {'Chinese': 95, 'English': 85, 'Math': 100}
print("所有键：")
for k in dict13.keys():
    print(k, end=" ")
print("\n 所有值：")
for v in dict13.values():
    print(v, end=" ")
```

运行结果如下：

```
所有键：
Chinese English Math
所有值：
95 85 100
```

7.6.4 集合

Python 中的集合和数学中的集合概念一样，用来保存不重复的元素，即集合中的元素都是唯一的，互不相同。

从形式上看，集合和字典类似，Python 集合会将所有元素放在一对大括号"{}"中，相邻元素之间用"，"分隔，如下所示：

```
{元素 1,元素 2, ……,元素 n}
```

集合中的元素个数没有限制。

1．创建集合

使用大括号 { }或者 set()创建非空集合，格式为：

```
set1 = {值 1, 值 2, 值 3, ……, 值 n}
```

或

```
set1 = set([值 1, 值 2, 值 3, ……, 值 n])
```

示例程序如下:

```
set1 = {10, 20, 30, 40, 50}
set2 = {'a', 'b', 'c', 'd', 'e'}
set3 = {'Beijing', 'Tianjin', 'Shanghai', 'Nanjing', 'Chongqing'}
set4 = set([11, 22, 33, 44, 55])
```

但创建空集合时必须使用 set(),格式为:

```
set_empty = set()
```

2. 使用集合

集合的一个显著的特点就是可以去掉重复的元素,示例程序如下:

```
set5 = {1, 2, 3, 4, 5, 1, 2, 3, 4,}
print (sample_set5)
```

运行结果如下:

```
{1, 2, 3, 4, 5}              #输出显示去掉重复的元素的集合
```

可以使用 len()函数来获得集合中元素的数量,这里集合的元素数量是去掉重复元素之后的数量。示例程序如下:

```
set6 = {1, 2, 3, 4, 5, 1, 2, 3, 4,}
print(len(sample_set6))          #输出集合的元素数量(去掉重复值)
```

运行结果如下:

```
5
```

集合是无序的,因此没有"索引"来指定调用某个元素,但可以使用 for 循环输出集合的元素,示例程序如下:

```
set6 = {1, 2, 3, 4, 5, 1, 2, 3, 4,}
for x in sample_set6:
print (x)
```

运行结果如下:

```
1
2
3
4
5
```

向集合中添加一个元素,可以使用 add()方法,即把需要添加的内容作为一个元素(整体),加入到集合中,其格式为:

set_name.add(元素值)

向集合中添加多个元素，可以使用 update()方法，将另一个类型中的元素拆分后，添加到原集合中，其格式为：

set_name.update(参数序列)

示例程序如下：

```
set7 = {1, 2, 3, 4, 5}
set8 = {'a','b','c'}
set7.add(6)                    #使用 add 方法添加元素到集合
set8.update('python')          #使用 update 方法添加一个序列到集合
print(set7)
print(set8)
```

运行结果如下：

```
{1, 2, 3, 4, 5, 6}
{'a', 'b', 'o', 'y', 't', 'n', 'p', 'c', 'h'}
```

集合可以被用来做成员测试，使用 in 或 not in 检查某个元素是否属于某个集合，示例程序如下：

```
set1 = {1, 2, 3, 4, 5}
set2 = {'a', 'b', 'c', 'd', 'e'}
print(3 in set1)               #判断 3 是否在集合中，是则返回 True
print('c' not in set2)         #判断"c 没有在集合中"
```

运行结果如下：

```
True
False
```

集合之间可以做集合运算：差集、并集、交集、对称差集等。示例程序如下：

```
set7 = {'C', 'D', 'E', 'F', 'G'}
set8 = {'E', 'F', 'G', 'A', 'B'}
a = set7 - set8                        #差集
b = set7 | set8                        #并集
c = set7 & set8                        #交集
d = set7 ^ set8                        #对称差集
print(a)
print(b)
print(c)
print(d)
```

运行结果如下：

```
{'D', 'C'}                    #set7 和 set8 差集
```

{'A', 'E', 'B', 'G', 'F', 'D', 'C'}	#set7 和 set8 并集
{'F', 'G', 'E'}	#set7 和 set8 交集
{'A', 'C', 'B', 'D'}	#set7 和 set8 对称差集

3．删除集合或元素

可以使用 remove()方法删除集合中的元素，格式为：

set_name.remove(元素)

可发使用 del 方法删除集合，格式为：

del set_name

示例程序如下：

```
set9 = {1, 2, 3, 4, 5}
set9.remove(1)              #使用 remove 方法删除元素
print(set9)
set9.clear()               #清空集合中的元素
print(set9)
del set9                   #删除集合
print(set9)
```

运行结果如下：

```
{2, 3, 4, 5}
set()
NameError: name 'set9' is not defined
```

4．集合常用方法

集合常用方法如表 7-17 所示。

表 7-17　集合常用方法

方　　法	功　能　描　述
ss.isdisjoint(otherset)	当集合 ss 与另一集合 otherset 不相交时，返回 True，否则返回 False
ss.issubset(otherset)或 ss <= otherset	如果集合 ss 是另一集合 otherset 的子集，则返回 True，否则返回 False
ss < otherset	如果集合 ss 是另一集合 otherset 的真子集，则返回 True，否则返回 False
ss.issuperset(otherset)或 ss >= otherset	如果集合 ss 是另一集合 otherset 的父集，则返回 True，否则返回 False
ss > otherset	如果集合 ss 是另一集合 otherset 的父集，且 otherset 是 ss 的子集，则返回 True，否则返回 False
ss.union(*othersets)	返回 ss 和 othersets 的并集，包含有 set 和 othersets 的所有元素
ss.intersection(*othersets)	返回 ss 和 othersets 的交集，包含在 ss 并且也在 othersets 中的元素
ss.difference(*othersets)	返回 ss 与 othersets 的差集，只包含在 ss 中但不在 othersets 中的元素

续表

方　法	功 能 描 述
ss.symmetric_difference (othersets)	返回 ss 与 othersets 的对称差集，只包含在 ss 中但不在 othersets 中，和不在 ss 中但在 othersets 中的元素
ss.copy()	返回集合 ss 的浅拷贝
ss.intersection_update (*othersets)	在 ss 中保留它与其他集合的交集
ss.difference_update (*othersets)	从 ss 中移除它与其他集合的交集，保留不在其他集合中的元素
ss.symmetric_difference_update(otherset)	集合 ss 与另一集合 otherset 交集的补集，将结果返回到 ss
ss.discard(元素)	从集合 ss 中移除元素，如果该元素不在 ss 中，则什么都不做
ss.pop()	移除并返回集合 ss 中的任一元素，如果 ss 为空，则报告 KeyError

7.7　Python 函数与模块

7.7.1　函数概述

1. 函数定义

一个程序可以按不同的功能拆分成不同的模块，而函数就是能实现某一部分功能的代码块。

在 Python 中，定义一个函数要使用 def 语句，依次写出函数名、括号、括号中的参数和冒号(:)，然后在缩进块中编写函数体，函数的返回值用 return 语句返回。

函数定义一般格式如下：

```
def 函数名(参数列表):
    //实现特定功能的多行代码
    [return [返回值]]
```

注意：Python 是靠缩进块来标明函数的作用域范围的，缩进块内是函数体，这和其他高级编程语言是有区别的，比如：C/C++、java 和 R 语言大括号{ }内的是函数体。

现以求正方形面积的函数 area_of_square 为例，示例代码如下：

```
def area_of_square(x):
s = x * x
return s
```

Python 不但能非常灵活地定义函数，而且本身内置了很多有用的函数，可以直接调用。

2. 全局变量

在函数外面定义的变量称为全局变量。全局变量的作用域在整个代码段(文件、模块)，在整个程序代码中都能被访问到。在函数内部可以去访问全局变量。如下例所示代码：

```
def foodsprice(per_price, number):
    sum_price = per_price * number
    print('全局变量 PER_PRICE_1 的值：', PER_PRICE_1)
    return sum_price
PER_PRICE_1 = float(input('请输入单价：'))          #全局变量
NUMBER_1 = float(input('请输入斤数：'))             #全局变量
SUM_PRICE_1 = foodsprice(PER_PRICE_1, NUMBER_1)
print('蔬菜的价格是：', SUM_PRICE_1)
```

运行结果如下：

```
请输入单价：12✓
请输入斤数：3✓
全局变量 PER_PRICE_1 的值：   12.0
蔬菜的价格是：   36.0
```

在上例中，在定义的函数 foodsprice 内部去访问在函数外面定义的全局变量 PER_PRICE_1，能得到期望的输入结果 12.0。

在函数内部可以去访问全局变量，但不要去修改全局变量，否则会得不到想要的结果。这是因为在函数内部试图去修改一个全局变量时，系统会采用屏蔽(Shadowing)的方式，自动创建一个新的同名的局部变量去代替全局变量，当函数调用结束后，函数的栈空间会被释放，数据也会随之释放。

如果要在函数内部去修改全局变量的值，并使之在整个程序生效，采用关键字 global 即可。示例代码如下：

```
def foodsprice(per_price,number):
    global PER_PRICE_1
    PER_PRICE_1 = 15                 #在函数内部修改全部变量 PER_PRICE_1 的值
    sum_price = per_price * number
    print('全局变量 PER_PRICE_1 的值：', PER_PRICE_1)
    return sum_price
PER_PRICE_1 = float(input('请输入单价：'))
NUMBER_1 = float(input('请输入斤数：'))
SUM_PRICE_1 = foodsprice(PER_PRICE_1, NUMBER_1)
print('蔬菜的价格是：', SUM_PRICE_1)
```

运行结果如下：

```
请输入单价：12✓
请输入斤数：3✓
全局变量 PER_PRICE_1 的值：   15              #全部变量的值已经被修改
蔬菜的价格是：   36.0
```

3．局部变量

在函数内部定义的参数和变量称为局部变量，超出了这个函数的作用域，局部变量是无效的，它的作用域仅在函数内部。示例代码如下：

```
def foodsprice(per_price,number):
    sum_price = per_price * number          #sum_price 是局部变量
    return sum_price
PER_PRICE_1 = float(input('请输入单价：'))
NUMBER_1 = float(input('请输入斤数：'))
SUM_PRICE_1 = foodsprice(PER_PRICE_1,NUMBER_1)
print('蔬菜的价格是：',SUM_PRICE_1)
print('局部变量 sum_price 的值：',sum_price)          #在函数外部访问局部变量
```

运行结果如下：

```
请输入单价：12✓
请输入斤数：3✓
蔬菜的价格是：36.0
NameError: name 'sum_price' is not defined          #输出错误提示
```

在上例中，试图在函数作用域外访问函数内的局部变量 sum_price，程序报出了 NameError 的异常，提示变量 sum_price 没有定义。

7.7.2　函数参数与返回值

1．函数参数

函数的参数就是函数运算所需要的数据。代码如下所示：

```
def MyFirstFunction(name_city):          #定义函数 MyFirstFunction
        print('我喜欢的城市:'+ name_city)
MyFirstFunction('北京')          #函数第一次调用
MyFirstFunction('上海')          #函数第二次调用
```

运行结果如下：

```
我喜欢的城市:北京          #第一次调用输出结果
我喜欢的城市:上海          #第二次调用输出结果
```

在上例中，对函数 MyFirstFunction 的形参 name_city 赋予了不同的实参"北京""上海"后，函数就输出不同的结果。

函数有了参数之后，函数的输出结果就可变了，如果需要多个参数，函数用逗号"，"(英文状态下输入)隔开即可。

在 Python 中对函数参数的数量没有限制，但是定义函数参数的个数不宜太多，一般 2~3 个即可。在定义函数时，一般要把函数参数的意义注释清楚，便于阅读程序。

什么是形参和实参呢？定义函数时小括号"()"内的参数叫形参。而实参则是指函数在调用过程中传递给形参的参数。示例代码如下：

```
def MyFirstFunction(name_city):                    #name_city 是形参
        print('我喜欢的城市: '+ name_city)
MyFirstFunction('北京')                            #'北京'是实参
```

2. 参数传递方式

在 Python 中,将函数参数分为四类: 位置参数、关键字参数、默认值参数和可变参数。

(1) 位置参数。调用函数时,传入参数(实参)值按照位置顺序依次赋给参数(形参),这样的参数称为位置参数。如下例所示代码:

```
def Sub(x,y):
        return x-y
print(Sub(100, 30))
```

运行结果如下:

```
70
```

上例中,Sub(x,y)函数有两个参数,即 x 和 y,这两个参数都是位置参数,调用函数时,传入的两个值按照位置顺序依次赋给参数 x 和 y(即 100 传给 x,30 传给 y),得到的两数相减的结果是 70。

如果交换了参数的位置,就会得到不同的结果,如上例中交换参数后的示例代码如下:

```
def Sub(x,y):
        return x-y
print(Sub(30, 100))             #参数交换成 30,100
```

运行结果如下:

```
-70
```

从上面的运行结果可以看出,交换了参数顺序后的运行结果是−70,而不是我们期望的结果 70。

(2) 关键字参数。关键字参数就是在函数调用的时候,通过参数名指定需要赋值的参数。通常在调用一个函数的时候,如果参数有多个,我们常常会混淆参数的顺序,达不到希望的效果。在 Python 中引入关键字参数就可解决这个潜在的问题。如下例所示代码:

```
def Subtraction(num_1,num_2):
        return (num_1 - num_2)
print(Subtraction(34,11))
print(Subtraction(11,34))
print(Subtraction(num_2=11,num_1=34))             #使用关键字参数
```

运行结果如下:

```
23
-23
23
```

在上例中,第 1 次调用函数 Subtraction 时,给 2 个参数顺序赋值 34、11 时得到的结果是 23;第 2 次调用该函数时,交换了 2 个赋值参数的顺序,得到的结果是−23,这不是所

期望的结果；第 3 次调用该函数时，引用了关键字参数并对其分别赋值，虽然改变了顺序，但仍然得到了所期望的结果 23。

（3）默认值参数。在定义函数时给参数赋了一个初值，这样的参数称为默认值参数。应用默认值参数的意义在于，当在函数调用的时候忘记了给函数参数赋值的时候，函数就会自动使用默认值来代替，而使函数调用不会出现错误。如下例所示代码：

```
def Subtraction(num_1=99,num_2=45):          #默认值参数
    return (num_1 - num_2)
print(Subtraction())
print(Subtraction(46))
print(Subtraction(46,12))
```

运行结果如下：

```
54
1
34
```

在上例中，函数 Subtraction 的功能为返回两个数相减的结果。在定义函数时分别给 2 个参数 num_1、num_2 赋了初值 99 和 45，分别做了 3 次调用：第 1 次调用时没有赋值，程序就引用了 2 个参数的默认值 99、45，返回的结果是 54；第 2 次调用时，给第 1 个参数赋值为 46，程序就引用了第 2 个参数的默认值 45，返回的结果是 1；第 3 次调用时，给 2 个参数分别赋值为 46 和 12，程序就没有引用函数定义的默认值，返回的结果是 34。

（4）可变参数。在定义函数参数时，若我们不知道究竟需要多少个参数，则只要在参数前面加上星号"*"即可，这样的参数称为可变参数。如下例所示代码：

```
def val_par(*param):                          #形参是可变参数
    print('第三个参数是：',param[2]);
    print('可变参数的长度是：',len(param));
print(val_par('程序设计',35,9,9.8,2.37,'Python'))
```

运行结果如下：

```
第三个参数是：  9
可变参数的长度是：  6
```

在上例中，定义函数 val_par 的参数 param 为可变参数，在调用该函数的时候就可以根据实际的应用来输入不同长度、不同类型的参数值。

可变参数又称收集参数，是将一个元组赋值给可变参数。如果可变参数后面还有其他参数，则在参数传递时要把可变参数后的参数作为关键字参数来赋值，或者在定义函数参数时要给它赋默认值，否则会出错。如下例所示代码：

```
val_par(*param,str1):                          #形参包含可变参数和其他参数
    print('第三个参数是：',param[2]);
    print('可变参数的长度是：',len(param));
print(val_par('程序设计',35,9,9.8,2.37,'Python','函数'))          #参数使用错误
print(val_par('程序设计',345,9,9.8,2.37,'Python',str1='函数'))     #参数使用正确
```

运行结果如下：

SyntaxError: unexpected indent
第三个参数是： 9
可变参数的长度是： 6

在上例中,在定义函数 val_par()时分别定义了 1 个可变参数 param 和 1 个普通参数 str1,在第 1 次调用该函数的时候由于没有将可变参数后面的普通参数作为关键字参数来传值,导致程序运行时报错。在第二次调用该函数时将可变参数后的普通参数作为关键字参数传值(str1='函数')后,程序运行正常。再如：

```
def val_par(*param,str1='可变函数'):              #str1 是普通参数且带有默认值
        print('可变参数后的参数是：',str1);
        print('可变参数的长度是：',len(param));
print(val_par('程序设计',35,9,9.8,2.37,'Python'))
```

运行结果如下：

可变参数后的参数是：可变函数
可变参数的长度是： 6

在上例中,定义函数 val_par()时分别定义了 1 个可变参数 param 和 1 个普通参数 str1,并给参数 str1 赋了初值"可变函数",在调用该函数的时候,程序引用了函数的默认值参数,没有将可变参数后面的普通参数值作为关键字参数来传值,程序运行仍然正常。

3. 函数返回值

有些时候,需要函数返回一些数据来报告函数实现的结果。Python 中用关键字"return"返回指定的值。如下例所示代码：

```
def Subtraction(num_1,num_2):
        return (num_1 - num_2)
print(Subtraction(65,23))              #第一次调用函数 Subtraction
print(Subtraction(34,11))              #第二次调用函数 Subtraction
```

运行结果如下：

42
23

如果函数中没有用关键字 return 指定返回值,则返回一个"None"对象。如下例所示：

```
def test_return():
        print('Hello First1')              #函数体中没有关键字 return
tempt = test_return()
print(tempt)
print(type(tempt))
```

运行结果如下：

Hello First1

```
None
<class 'NoneType'>
```

Python 可以动态地确定变量类型，当没有变量只有名字时，Python 可以返回多个类型的值。如下例所示代码：

```
def back_test():
    return ['Python 程序设计', 3.14, 123]          #返回值是列表数据
print(back_test())
```

运行结果如下：

```
['Python 程序设计', 3.14, 123]                     #输出是列表数据
```

再如下例所示代码：

```
def back_test():
    return 'Python 程序设计', 3.14, 123           #多个返回值用逗号隔开(元组)
print(back_test())
```

运行结果如下：

```
('Python 程序设计', 3.14, 123)                     #输出是元组数据
```

从上面两个例子中可以看出，在函数调用后如需要返回多个数据，可以把多个数据包装成列表或者元组返回。

7.7.3　函数的调用

函数分为自定义函数和内置函数。自定义函数需要先定义再调用，内置函数则直接调用，有的内置函数是在特定的模块，用 import 命令导入模块后才可调用。当对函数的使用方法不清楚时，可以在交互式命令行通过 help(函数名)查看函数的帮助信息。

要调用一个函数，需要知道函数的名称和参数。函数名其实就是指向一个函数对象的引用，可以把函数名赋给一个变量。如果调用函数传入的参数数量不对，会报 TypeError 的错误，同时 Python 会明确地告诉参数的个数。如果传入的参数数量是对的，但参数类型不能被函数所接受，也会报 TypeError 错误，同时给出错误信息。

函数调用主要分为嵌套调用和递归调用两种方式。

1．嵌套调用

一个函数里面又调用了另一个函数，这就是函数嵌套调用。示例代码如下：

```
def test1():                    #定义函数 test1
    print("*"*50)
def test2():                    #定义函数 test2
    print("-"*50)
    test1()                     #在 test2 中调用 test1：嵌套调用
    print("+"*50)
test2()                         #调用 test2
```

执行过程中，函数 test2 中调用了另一个函数 test1，那么执行到调用 test1 函数时，会先把函数 test1 中的任务都执行完，才会回到 test2 中调用函数 test1 的位置，继续执行后续的代码。

Python 允许在函数内部创建另一个函数，这种函数叫内嵌函数或者内部函数。内嵌函数的作用域在其内部，如果内嵌函数的作用域超出了这个范围就不起作用。如下例所示代码：

```
def function_1():                    #定义函数 function_1
    print('正在调用 function_1()...')
    def function_2():                #在 function_1 内部定义 function_2
        print('正在调用 function_2()...')
    function_2()                     #在 function_1 内部调用 function_2：正确


function_1()                         #调用函数 function_1()
function_2()                         #在 function_1 外部调用 function_2：错误
```

运行结果如下：

```
正在调用 function_1()...
正在调用 function_2()...
Traceback (most recent call last):
   File "e:/my_python/hello.py", line 9, in <module>
     function_2()              #在 function_1 外部调用 function_2：错误
NameError: name 'function_2' is not defined
```

2．递归调用

在一个函数内部，可以调用其他函数，假如一个函数在其内部可以调用自己，那么这个函数就是递归函数。递归函数的优点是定义简单、逻辑清晰。理论上，所有的递归函数都可以写成循环的方式，但循环的逻辑不如递归清晰。

使用递归函数需要注意防止栈溢出。在计算机中，函数调用是通过栈(stack)这种数据结构实现的，每当进入一个函数调用，栈就会加一层栈帧，每当函数返回，栈就会减一层栈帧。由于栈的大小不是无限的，因此，递归调用的次数过多会导致栈溢出。比如输入 1000 个栈帧，就会提示错误 "RuntimeError: maximum recursion depth exceeded in comparison"。

为了防止栈的溢出，可以使用尾递归优化，尾递归是指在函数返回的时候，调用自己本身，并且 return 语句不能包含表达式。这样，编译器或者解释器就可以把尾递归做优化，使递归本身无论调用多少次，都只占用一个栈帧，不会出现栈溢出的情况，尾递归的实现方式是：使函数本身返回的是函数本身。

使用递归函数的优点是逻辑简单清晰，缺点是过深的调用会导致栈溢出。遗憾的是，大多数编程语言没有针对尾递归做优化，Python 解释器也没有做优化，任何递归函数都存在栈溢出的问题。

例如，用循环来求 9!，示例代码如下：

```
sum = 1
```

```
for i in range(1,10):
    sum *= i
print(sum)
```

使用函数递归调用来求 9!，示例代码如下：

```
def fact(x):
    if x == 1:
        return x
    return x * fact( x-1 )          #递归调用
print(fact(9))
```

7.7.5　模块

1．模块概述

模块就是一个以 ".py" 结尾的实现特定功能的独立的程序代码文件。如下例所示代码：

```
def fbnc(n):
    result = 1
    result_1 = 1
    result_2 = 1
    if n < 1:
        print('输入有误！')
        return -1
    while (n-2) > 0:
        result = result_2 + result_1
        result_1 = result_2
        result_2 = result
        n -= 1
    return result
number = int(input('请输入一个正整数：'))
result = fbnc(number)
print("%d 的斐波那契数列是：%d" % (number,result))
```

把以上代码保存为 febolacci.py，febolacci.py 文件的功能就是一个求斐波那契数列的模块，如需要可以在其他程序中使用。

模块主要有系统模块、自定义模块和第三方模块等。

2．模块的导入方法

要导入系统模块或者已经定义好的模块，有三种方法：

(1) 第一种方法是(常用)：

import module

module——模块名，如果有多个模块，模块名称之间用逗号 "," 隔开。导入模块后，就可以引用模块内的函数，语法格式如下：

模块名.函数名

注意事项：

① 在 IDLE 交互环境中，有一个使用的小技巧，当输入导入的模块名和点号"."之后，系统会将模块内的函数罗列出来以供选择。

② 可以通过 help(模块名)查看模块的帮助信息，其中，FUNCTIONS 介绍了模块内函数的使用方法。

③ 不管执行了多少次 import，一个模块只会被导入一次。

④ 导入模块后，就可用模块名称这个变量访问模块的函数等功能。

(2) 第二种方法是：

from　模块名　import　函数名

注意事项：

函数名如果有多个，可用逗号"，"隔开。函数名可用通配符"*"导出所有的函数，但这种方法要慎用，因为导出的函数名称容易和其他函数名称冲突。

(3) 第三种方法是：

import　模块名　as　新名字

这种导入模块的方法，相当于给导入的模块名称重新起一个别名，便于记忆，也方便在程序中调用。

3. 自定义模块和包

1) 自定义模块

自定义模块的方法和步骤是：在安装 Python 的目录下，新建一个以".py"为后缀名的文件，然后编辑该文件。

在自定义模块时，有几点要注意：

(1) 为了使 IDLE 能找到自定义模块，该模块要和调用的程序在同一目录下，否则在导入模块时会提示找不到模块的错误。

(2) 模块名要遵循 Python 变量命名规范，不要使用中文、特殊字符等。

(3) 自定义的模块名不要和系统内置的模块名相同，可以先在 IDLE 交互环境里用"import modle_name"命令检查，若成功则说明系统已存在此模块，然后考虑更改自定义的模块名。

2) 自定义包

在大型项目开发中一般有多个程序员协作共同开发一个项目，为了避免模块名重名，Python 引入了按目录来组织模块的方法，称为包(Package)。包是一个分层级的文件目录结构，它定义了由模块及子包，以及子包下的子包等组成的命名空间。

在自定义包时，需要注意：

(1) 每个包目录下面都会有一个"__init__.py"的文件，这个文件是必须存在的，否则，系统就把这个目录作为普通目录，而不是一个包。

(2) "__init__.py"可以是空文件，也可以有 Python 代码，因为"__init__.py"就是一个模块，而它的模块名就是 mymodle。

(3) 在 Python 中可以有多级目录，组成多层次的包结构。

3) __name__ 属性

一个模块被另一个程序第一次引入时，其主程序将运行。如果想在模块被引入时，模块中的某一程序块不执行，可以用 __name__ 属性来使该程序块仅在该模块自身运行时执行。示例代码如下：

```
def fun(a,b):
    return a+b
if __name__ == "__main__":          #以下代码只是在本模块中被运行
    a = fun(10,20)
    print(a)
```

4．模块应用实例

(1) 日期时间相关模块：datetime 模块。datetime 是 Python 处理日期和时间的标准模块，用于获取当前日期和时间，如下例所示代码：

```
from datetime import datetime
now = datetime.now()                #获取当前 datetime
print(now)
print(type(now))
```

运行结果如下：

```
2021-04-28 11:28:48.441443
<class 'datetime.datetime'>
```

从上例可以看出，datetime 是模块，datetime 模块还包含一个 datetime 类，通过 from datetime import datetime 导入的才是 datetime 这个类。如果仅导入 import datetime，则必须引用全名 datetime.datetime。datetime.now()返回当前日期和时间，其类型是 datetime。

(2) 系统相关模块：sys 模块。sys 模块是 Python 自带模块，包含了和系统相关的信息。通过运行以下命令，导入该模块：

```
import sys
```

通过 help(sys)或者 dir(sys)命令查看 sys 模块可用的方法：

```
dir(sys)
```

运行结果如下：

```
['__displayhook__', '__doc__', '__excepthook__', '__interactivehook__', '__loader__',
'__name__', '__package__', '__spec__', '__stderr__', '__stdin__', '__stdout__', '_clear_type_cache',
'_current_frames', '_debugmallocstats', '_enablelegacywindowsfsencoding',......]
```

(3) 数学模块：math 模块。math 模块是 Python 自带模块，包含了和数学运算公式相关的信息。通过运行以下命令，导入该模块：

```
>>> import math
```

通过 dir(math)命令查看 math 模块可用的方法：

```
>>> dir(math)
```

运行结果如下：

['__doc__', '__loader__', '__name__', '__package__', '__spec__', 'acos', 'acosh', 'asin', 'asinh', 'atan', 'atan2', 'atanh', 'ceil', 'copysign', 'cos', 'cosh', 'degrees', 'e', 'erf', 'erfc', 'exp', 'expm1', 'fabs', 'factorial', 'floor', 'fmod', 'frexp', 'fsum', 'gamma', 'gcd', 'hypot', 'inf', 'isclose', 'isfinite', 'isinf', 'isnan', 'ldexp', 'lgamma', 'log', 'log10', 'log1p', 'log2', 'modf', 'nan', 'pi', 'pow', 'radians', 'sin', 'sinh', 'sqrt', 'tan', 'tanh', 'tau', 'trunc']

上面的运行结果显示了 math 模块可用的函数。

程序举例：

```
#输入圆的半径，求原的面积
import math
r = float(input("请输入圆的半径："))
s = math.pi * r * r
print("圆的面积为：",s)
```

运行结果如下：

```
请输入圆的半径：10↙
圆的面积为：　314.1592653589793
```

(4) 随机数：random 模块。random 模块是 Python 自带模块，功能是生成随机数。通过运行以下命令，导入该模块：

```
>>> import random
```

通过 dir(random)命令查看 random 模块可用的方法：

```
>>> dir(random)
```

运行结果如下：

['BPF', 'LOG4', 'NV_MAGICCONST', 'RECIP_BPF', 'Random', 'SG_MAGICCONST', 'SystemRandom', 'TWOPI', '_BuiltinMethodType', '_MethodType', '_Sequence', '_Set', '__all__', '__builtins__', '__cached__', ...]

下面列举 random 模块部分常用方法：

① 生成随机整数：randint()。

运行以下代码：

```
>>> random.randint(10,2390)
```

运行结果如下：

```
1233
```

注意：上例用于生成一个指定范围内的整数，其中下限必须小于上限，否则，程序会报错，如下面例子所示代码：

```
>>> random.randint(20,10)       #错误：下限 20 ＞　上限 10
```

② 随机浮点数：random()。

运行以下代码：

```
>>> random.random()        #不带参数
```

运行结果如下：

```
0.47203863107027433
```

运行以下代码：

```
>>> random.uniform(35, 100)              #带上限、下限参数
```

运行结果如下：

```
78.02991602825188
```

运行以下代码：

```
>>> random.uniform(350, 100)
```

运行结果如下：

```
232.2659504153889
```

从上例的运行结果可见，随机浮点数时，下限可以大于上限。

③ 随机字符：choice。

运行以下代码：

```
import random
c = random.choice('98&@!~gho^')
print(c)
```

运行结果如下：

```
'g'
```

④ 洗牌：shuffle()。

运行以下代码：

```
test_shuffle = ['A','Q',1,6,7,9]
random.shuffle(test_shuffle)
print(test_shuffle)
```

运行结果如下：

```
[7, 6, 1, 'A', 'Q', 9]
```

7.8　Python 文件操作

7.8.1　打开文件

Python 使用内置函数 open()打开文件，创建 file 对象。在系统中，只有存在 file 对象后，

用户才能对文件进行相应的操作。

语法格式如下：

file object = open(file_name [, access_mode][, buffering])

各个参数的含义如下：

file_name：访问文件的字符串值，必选参数项。

access_mode：访问文件的模式，可选参数项。默认访问是只读("r")。

buffering：设置文件缓冲区，可选参数项。默认缓冲区大小是 4096 字节。

1．文件模式

访问文件的模式有读、写、追加等。以不同模式打开文件的详细功能如表 7-18 所示。

表 7-18　访问文件的模式

模式	描　　述
r	以只读方式打开文件。文件的指针将会放在文件的开头。这是默认模式
rb	以二进制格式打开一个文件用于只读。文件指针将会放在文件的开头。这是默认模式。一般用于非文本文件，如图片等
r+	打开一个文件用于读写。文件指针将会放在文件的开头
rb+	以二进制格式打开一个文件用于读写。文件指针将会放在文件的开头。一般用于非文本文件，如图片等
w	打开一个文件只用于写入。如果该文件已存在则打开文件，并从开头开始编辑，即原有内容会被删除。如果该文件不存在，创建新文件
wb	以二进制格式打开一个文件只用于写入。如果该文件已存在则打开文件，并从开头开始编辑，即原有内容会被删除。如果该文件不存在，则创建新文件。一般用于非文本文件，如图片等
w+	打开一个文件用于读写。如果该文件已存在则打开文件，并从开头开始编辑，即原有内容会被删除。如果该文件不存在，则创建新文件
wb+	以二进制格式打开一个文件用于读写。如果该文件已存在则打开文件，并从开头开始编辑，即原有内容会被删除。如果该文件不存在，则创建新文件。一般用于非文本文件，如图片等
a	打开一个文件用于追加。如果该文件已存在，文件指针将会放在文件的结尾。也就是说，新的内容将会被写入到已有内容之后。如果该文件不存在，则创建新文件进行写入
ab	以二进制格式打开一个文件用于追加。如果该文件已存在，文件指针将会放在文件的结尾。也就是说，新的内容将会被写入到已有内容之后。如果该文件不存在，则创建新文件进行写入
a+	打开一个文件用于读写。如果该文件已存在，文件指针将会放在文件的结尾。文件打开时会是追加模式。如果该文件不存在，则创建新文件用于读写
ab+	以二进制格式打开一个文件用于追加。如果该文件已存在，文件指针将会放在文件的结尾。如果该文件不存在，则创建新文件用于读写

例如以写模式打开并创建一个文件，如下所示：

str_file = open("G:\\file_test.txt","w")

2. 文件缓冲区

Python 文件缓冲区一般分为三种模式：全缓冲、行缓冲、无缓冲。

(1) 全缓冲：默认情况下，Python 文件写入采用全缓冲模式，空间大小为 4096 字节。前 4096 个字节的信息都会写在缓冲区中，当第 4097 个字节写入的时候，系统会把先前的 4096 个字节通过系统调用写入文件。同样，可以用 Buffering=n(单位为字节)自定义缓冲区的大小。

(2) 行缓冲：Buffering=1，系统每遇到一个换行符('\n')才进行系统调用，将缓冲区的信息写入文件。

(3) 无缓冲：Buffering=0，当需要将系统产生的信息实时写入文件时，就需要设置为无缓冲的模式。

7.8.2　文件读写基本方法

1. 读文件方法 read()

red()方法的语法格式如下：

String = fileobject.read([size]);

size——从文件中读取的字节数，如果未指定则读取文件的全部信息。read()函数返回值为从文件中读取的字符串。

2. 写文件方法 write()

write()方法的语法格式如下：

fileobject.write(string);

write()方法将字符串写入一个打开的文件。write()方法不会自动在字符串的末尾添加换行符('\n')，需要人为在字符串末尾添加换行符。

3. 读取整行方法 readline()

本函数用于从文件中读取整行，包括 "\n" 字符，语法格式如下：

String = fileObject.readline([size]);

size——从文件中读取的字节数，如果参数为正整数，则返回指定大小的字符串数据。

4. 读取所有行方法 readlines()

本函数用于读取文件中所有行，直到结束符 EOF，并返回列表，包括所有行的信息。该列表可以由 Python 的 "for... in ..." 结构进行处理。

readlines()方法的语法格式如下：

fileObject.readlines();

7.8.3　关闭文件

close()方法：用于关闭该文件，并清除文件缓冲区里的信息，关闭文件后不能再进行写入。语法格式如下：

fileObject.close();

当一个文件对象的引用被重新指定给另一个文件时，系统会关闭先前打开的文件。

7.8.4　重命名文件

rename()方法：用于将当前文件重新命名为一个新文件名称。语法格式如下：

os.rename(current_filename, new_filename)

其中，current_filename 为当前文件的名称；new_filename 为重新命名后的文件名称。

注意：要使用这个内置函数 rename()，必须先导入 os 模块，然后才可以调用相关的功能。

7.8.5　删除文件

remove()方法：用于删除系统中已经存在的文件。语法格式如下：

os.remove(file_name)

file_name——系统中已经存在的文件名称，即将要删除的文件名称。

注意：要使用这个内置函数 remove()，必须先导入 os 模块，然后才可以调用相关的功能。

7.8.5　文件操作应用实例

程序举例：

```
import sys
f = open("file_test.txt","w",encoding='utf8')        #以写模式打开文件
f.write("早上好！今天吃了早餐吗？\n")               #写入文件内容
f.write("中午好！今天的天气真好。\n")               #写入文件内容
f.write("晚上好！今天过得真快。\n")                 #写入文件内容
f.close         #关闭文件


f = open("file_test.txt","r",encoding='utf8')        #以读模式打开文件
content = f.readlines()         #将文件内容全部读入 content 列表中
for line in content:            #逐行显示列表内容
     print(line)
f.close()                       #关闭文件
```

程序运行结果：

早上好！今天吃了早餐吗？
中午好！今天的天气真好。
晚上好！今天过得真快。

本 章 习 题

1. 有 4 个数字 1、2、3、4，能组成多少个互不相同且无重复数字的三位数？各是多少？

2. 一个整数，它加上 100 后是一个完全平方数，再加上 168 又是一个完全平方数，请问该数是多少？

3. 输入某年某月某日，判断这一天是这一年的第几天？

4. 输入 3 个整数 x、y、z，请把这 3 个数由小到大输出。

5. 古典问题：有一对兔子，从出生后第三个月起每个月都生一对兔子，小兔子长到第三个月后每个月又生一对兔子，假如兔子都不死，问每个月的兔子总数为多少？

6. 判断 101~200 之间有多少个素数，并输出所有素数。

7. 输入一行字符，分别统计出其中英文字母、空格、数字和其他字符的个数。

8. 求 $s = a + aa + aaa + aaaa + aa\cdots a$ 的值，其中 a 是一个数字。例如 $2 + 22 + 222 + 2222 + 22222$(此时共有 5 个数相加)，几个数相加由键盘控制。

9. 一个数如果恰好等于它的因子之和，这个数就称为"完数"，例如 $6 = 1 + 2 + 3$，编程找出 1000 以内的所有完数。

10. 猴子吃桃问题：猴子第一天摘下若干个桃子，当即吃了一半，还不过瘾，又多吃了一个，第二天早上又将剩下的桃子吃掉一半，又多吃了一个。以后每天早上都吃了前一天剩下的一半零一个。到第 10 天早上想再吃时，见只剩下一个桃子了。求第一天共摘了多少。

11. 有一分数序列：$\dfrac{2}{1}$、$\dfrac{3}{2}$、$\dfrac{5}{3}$、$\dfrac{8}{5}$、$\dfrac{13}{8}$、$\dfrac{21}{13}$ …求出这个数列的前 20 项之和。

12. 求 $1 + 2! + 3! + \cdots + 20!$ 的和。

13. 给一个不多于 5 位的正整数，要求：① 求它是几位数；② 逆序打印出各位数字。

14. 一个 5 位数，判断它是不是回文数。如 12321 是回文数，个位与万位相同，十位与千位相同。

15. 按相反的顺序输出列表的值。

16. 对 10 个数进行排序。

17. 有一个已经排好序的数组。现输入一个数，要求按原来的规律将它插入数组中。

18. 输入数组，最大的与第一个元素交换，最小的与最后一个元素交换，输出数组。

19. 有 n 个整数，使其前面各数顺序向后移 m 个位置，最后 m 个数变成最前面的 m 个数。

20. 编写一个函数，输入 n 为偶数时，调用函数求 $\dfrac{1}{2} + \dfrac{1}{4} + \cdots + \dfrac{1}{n}$，当输入 n 为奇数时，调用函数 $\dfrac{1}{1} + \dfrac{1}{3} + \cdots + \dfrac{1}{n}$。

21. 某个公司采用公用电话传递数据，数据是四位的整数，在传递过程中是加密的，加密规则如下：每位数字都加上 5，然后用和除以 10 的余数代替该数字，再将第一位和第四位交换，第二位和第三位交换，请编写加密函数。

22. 从键盘输入一些字符，逐个把它们写到磁盘文件上，直到输入一个 # 为止。

23. 从键盘输入一个字符串，将小写字母全部转换成大写字母，然后输出到一个磁盘文件"test"中保存。

24. 有两个磁盘文件 A 和 B，各存放一行字母，要求把这两个文件中的信息合并(按字母顺序排列)，输出到一个新文件 C 中。